JN289540

熱河生物群化石図譜

羽毛恐竜の時代

THE JEHOL BIOTA
The Emergence of Feathered Dinosaurs, Beaked Birds and Flowering Plants

編集主幹
張弥曼
Mee-mann Chang

共編者
陳丕基　**王元青**　**王　原**
Pei-ji Chen　Yuan-qing Wang　Yuan Wang

監訳者
小畠郁生
Ikuo Obata

訳者
池田比佐子
Hisako Ikeda

朝倉書店
Asakura Publishing Co., Ltd.

THE JEHOL BIOTA
©Mee-mann Chang 2003
Originally published in China in 2003
by Shanghai Scientific & Technical Publishers
Japanese translation rights arranged through
TOHAN CORPORATION, TOKYO.

熱河生物群の全景（絵：曾孝濂/KIB）

熱河生物群のおもな動物の復元図

1. シノサウロプテリクス・プリマ *Sinosauropteryx prima* Ji et Ji, 1996（羽毛恐竜）
2. ザンヘオテリウム・クインクエクスピデンス *Zhangheotherium quinquecuspidens* Hu, Wang, Luo et Li, 1997（哺乳類）
3. プシッタコサウルス・メイレインゲンシス *Psittacosaurus meileyingensis* Sereno, Zhao, Cheng et Rao, 1988（恐竜）
4. ジェホロルニス・プリマ *Jeholornis prima* Zhou et Zhang, 2002（鳥類）
5. カウディプテリクス・ドンギ *Caudipteryx dongi* Zhou et Wang, 2000（羽毛恐竜）
6. カルロバトラクス・サンヤネンシス *Callobatrachus sanyanensis* Wang et Gao, 1999（カエル類）
7. マンチュロケリス・リアオシエンシス *Machurochelys liaoxiensis* Ji, 1995（カメ類）
8. ジンゾウサウルス・ヤンギ *Jinzhousaurus yangi* Wang et Xu, 2001（イグアノドン類）
9. ハオプテルス・グラキリス *Haopterus gracilis* Wang et Lü, 2001（翼竜）
10. シノプテルス・ドンギ *Sinopterus dongi* Wang et Zhou, 2002（翼竜）
11. クリコイドスケロスス・アエトゥス *Cricoidoscelosus aethus* Taylor, Schram et Shen, 1999（ザリガニ類）
12. アエスクニディウム・ヘイシャンコウェンセ *Aeschnidium heishankowense* (Hong, 1965)（トンボ類）
13. ヒファロサウルス・リンユアネンシス *Hyphalosaurus lingyuanensis* Gao, Tang et Wang, 1999（水生爬虫類）
14. リコプテラ属の一種 *Lycoptera* sp.（魚類）
15. プロトプテリクス・フェンニンゲンシス *Protopteryx fengningensis* Zhang et Zhou, 2000（鳥類）
16. プロトプセフルス・リウイ *Protopsephurus liui* Lu, 1994（魚類）
17. 未確定のコガネグモ類 Araenidae indet.
18. コンフキウソルニス・サンクトゥス *Confuciusornis sanctus* Hou, Zhou, Gu et Zhang, 1995（鳥類）
19. エオマイア・スカンソリア *Eomaia scansoria* Ji, Luo, Yuan, Wible, Zhang et Georgi, 2002（哺乳類）
20. ミクロラプトル・グイ *Microraptor gui* Xu, Zhou, Wang, Kuang, Zhang et Du, 2003（「4つの翼を持つ」恐竜）
21. ヤノルニス・マルティニ *Yanornis martini* Zhou et Zhang, 2001（鳥類）

熱河生物群復元図（絵：アンダーソン・ヤン）

魚　類
 1. ペイピアオステウス・パニ
 2. リコプテラ・ムロイイ

両生類
 3. カルロバトラクス・サンヤネンシス
 4. ジェホロトリトン・パラドクスス

カメ類
 5. マンチュロケリス・リアオシエンシス

コリストデラ類
 6. ヒファロサウルス・リンユアネンシス

トカゲ類
 7. ヤベイノサウルス・テヌイス

翼竜類
 8. ハオプテルス・グラキリス

恐竜類
 9. シノサウロプテリクス・プリマ
 10. カウディプテリクス・ドンギ
 11. シノルニトサウルス・ミルレニイ
 12. ジンゾウサウルス・ヤンギ
 13. ベイピアオサウルス・イネクスペクトゥス
 14. プシッタコサウルス・メイレインゲンシス

鳥　類
 15. コンフキウソルニス・サンクトゥス
 16. プロトプテリクス・フェンニンゲンシス
 17. カタイオルニス・ヤンディカ
 18. ロンギプテリクス・チャオヤンゲンシス
 19. ヤノルニス・マルティニ

哺乳類
 20. ザンヘオテリウム・クインクエクスピデンス

昆虫類
 21. エフェメロプシス・トリセタリス
 22. アエスクニディウム・ヘイシャンコウェンセ
 23. プロトネメストリウス・ジュラッシクス

腹足類
 24. プロバイカリア・ウィティメンシス

二枚貝類
 25. アルグニエルラ・リンユアネンシス

エビ類
 26. クリコイドスケロスス・アエトゥス

執筆者一覧

Cao, Mei-zhen　曹美珍　中国科学院南京地質古生物研究所
Chang, Mee-mann　張弥曼　中国科学院古脊椎動物古人類研究所
Chen, Jin-hua　陳金華　中国科学院南京地質古生物研究所
Chen, Pei-ji　陳丕基　中国科学院南京地質古生物研究所
Friis, Else Marie　フリース，エルセ・マリー　スウェーデン自然史博物館
Gao, Ke-qin　高克勤　北京大学地球・宇宙科学部
Hou, Lian-hai　侯連海　中国科学院古脊椎動物古人類研究所
Hu, Yan-xia　胡艶霞　中国科学院南京地質古生物研究所
Hu, Yao-ming　胡耀明　アメリカ自然史博物館/中国科学院古脊椎動物古人類研究所
Jin, Fan　金帆　中国科学院古脊椎動物古人類研究所
Leng, Qin　冷琴　中国科学院南京地質古生物研究所
Li, Chuan-kui　李傳夔　中国科学院古脊椎動物古人類研究所
Li, Wen-ben　黎文本　中国科学院南京地質古生物研究所
Liu, Jun　劉俊　アメリカ自然史博物館/中国科学院古脊椎動物古人類研究所
Lu, Hui-nan　盧輝楠　中国科学院南京地質古生物研究所
Pan, Hua-zhang　潘華璋　中国科学院南京地質古生物研究所
Shen, Yan-bin　沈炎彬　中国科学院南京地質古生物研究所
Wang, Qi-fei　王启飛　中国科学院南京地質古生物研究所
Wang, Xiao-lin　汪筱林　中国科学院古脊椎動物古人類研究所
Wang, Yuan　王原　中国科学院古脊椎動物古人類研究所
Wang, Yuan-qing　王元青　中国科学院古脊椎動物古人類研究所
Wu, Shun-qing　呉舜卿　中国科学院南京地質古生物研究所
Xu, Xing　徐星　中国科学院古脊椎動物古人類研究所
Yang, Jing-lin　楊景林　中国科学院南京地質古生物研究所
Zhang, Fu-cheng　張福成　中国科学院古脊椎動物古人類研究所
Zhang, Hai-chun　張海春　中国科学院南京地質古生物研究所
Zhang, Jiang-yong　張江永　中国科学院古脊椎動物古人類研究所
Zhang, Jun-feng　張俊峰　中国科学院南京地質古生物研究所
Zhou, Zhong-he　周忠和　中国科学院古脊椎動物古人類研究所
Zhu, Xiang-gen　朱祥根　中国科学院南京地質古生物研究所

目 次

序　説 …………………………………………………〔張弥曼〕… 1
中生代のポンペイ ………………………………〔汪筱林，周忠和〕… 9
腹足類 ……………………………………………〔潘華璋，朱祥根〕… 25
二枚貝類 …………………………………………………〔陣金華〕… 29
貝甲類 ……………………………………………………〔陣丕基〕… 32
貝形虫類 …………………………………………〔曹美珍，胡艶霞〕… 36
エビ類 ……………………………………………………〔沈炎彬〕… 40
昆虫類とクモ類 …………………………………〔張俊峰，張海春〕… 45
魚　類 ……………………………………………〔張江永，金帆〕… 54
両生類 ……………………………………………〔王原，高克勤〕… 60
カメ類 ……………………………………………………〔劉俊〕… 71
コリストデラ類 …………………………………〔劉俊，汪筱林〕… 74
有鱗類 ……………………………………………………〔劉俊〕… 81
翼竜類 ……………………………………………〔汪筱林，周忠和〕… 84
恐　竜 ……………………………………………………〔徐星〕… 92
鳥　類 ……………………………………〔張福成，周忠和，俟連海〕… 107
哺乳類 …………………………………………〔王元青，胡耀明，李傳夔〕… 124
シャジクモ類 …………………………………〔王眉飛，盧輝楠，楊景林〕… 134
陸生植物 …………………………………………………〔呉舜卿〕… 139
被子植物 ……………〔冷琴，呉舜卿，エルセ・マリー・フリース〕… 154
胞子と花粉 ………………………………………………〔黎文本〕… 161

参考文献　165
分類群リスト　173
研究機関・組織の略称　192
監訳者あとがき　193
事項索引　195
分類群索引　198

序説

張弥曼（Mee-mann Chang）

　ここ十年のあいだ，熱河生物群は世界中から新たな注目を浴び，科学者だけではなく，広く一般の関心も呼んでいる．『ネイチャー』や『サイエンス』といった名のある科学専門誌に，熱河生物群に関する研究論文が次々と載せられ，それをめぐって科学者のあいだで激しい論争が巻き起こり，各国のメディアもこぞって取材した．というのも，スティーヴン・J・グールドとトマス・S・クーンを合体させた好例が，ここに見られるからである．グールドは，カンブリア紀の爆発的進化で生じた多様な生物を「ワンダフル・ライフ」と呼んだ．一方，クーンが提唱した概念は，あるパラダイム（理論的枠組み）のもとに「通常科学」が発展し，それが危機に陥ると「科学革命」が起こって，新しいパラダイムが生じるというものである．そうすると，鳥の起源は恐竜だとするトマス・H・ハクスリーの説は新しいパラダイムであり，この説をジョン・オストロムが復活させたときに，長く続いた「通常科学」の期間を打ち破って「科学革命」が起こったと解釈できる．つまり，熱河生物群は中生代の「ワンダフル・ライフ」であり，ここで発見された「羽毛」恐竜は，この新しい（正確には，新しくよみがえった）パラダイムを裏づける直接証拠として，人々の目に映ったのである．恐竜の子孫が今も生きているという考え方に，一般人は好奇心をそそられた．ただ，科学的に見てもっと重要なのは，大昔の生物多様性がきれいに保存されている点である．熱河生物群からは，進化に関する多くの資料に加えて，古生態系についての膨大な情報が得られる．

　私たち中国人古生物学者がこうしたすばらしい化石を発見できたのは，幸運なめぐり合わせだった．同時に，中国国内ですぐれた科学研究をめざす機運が高まり，その流れに乗ったことも，また幸運だった．この目標達成に向けて，本書が一助となることを願う．本章では，熱河生物群の研究史をざっと振り返り，主要な生物について概説し，科学的重要性に目を向けてみよう．

　「熱河」という漢字は，ウェイド・ジャイルズ式で「Jehol」とローマ字表記される．この表記法は，1979年に中国本土でピンイン（中国語の表音アルファベット）式による固有名詞のローマ字表記が公式採用されるまで使われていた．ちなみに，ピンイン式での表記は「Rehe」である．しかし，ここでは『国際層序ガ

■ 四合屯村．（撮影：張杰／IVPP）

イド』(1976)にしたがって，あえて Jehol Group（熱河層群）および Jehol Biota（熱河生物群）あるいは Jehol Fauna（熱河動物群）という従来の用語を使う．「熱河」という漢字の文字どおりの意味は「熱い河」で，この地域に温泉が多いことに由来する．現在，遼寧省西部，河北省北部，内モンゴル南東部と呼ばれている場所は，かつて熱河省（図1）内の地方自治区域だったが，1956年にこの省名は廃止された．承徳の熱河温泉には「熱河」という漢字が刻みこまれた石碑があるが，今では，わずかにここに歴史的ななごりをとどめるのみである．この温泉はもともと清王朝の皇帝が利用した避暑地で，紫禁城での真夏の暑さを避けるために設けられた施設だった（図2）．

アメリカ人地質学者アマデウス・W・グレーボー教授（図3）は，その論文「中国北部の白亜紀軟体動物」(1923)のなかで，凌源県（現在は，遼寧省西部の凌

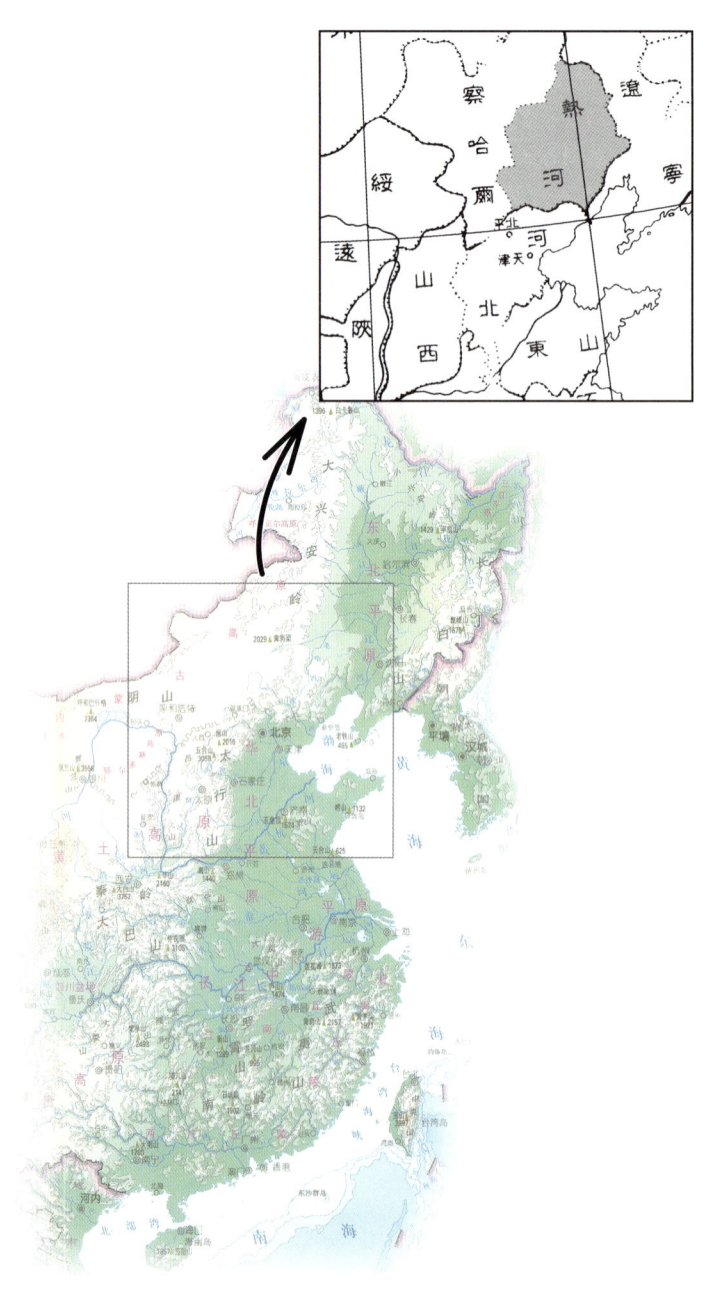

■1　中国東部の地図．熱河生物群という名称のもとになった「熱河省」にあたる地域（濃く塗られた部分）を拡大図で表示．(『中国分省新図』丁，翁，曾編，1936)

■2 承徳の避暑地にある熱河温泉.石碑に繁体字で刻まれた「熱河」の赤い文字.

■4 1962年に「E-E-L生物群」という言葉を提唱した中国科学院南京地質古生物研究所の軟体動物学者,顧知微(1918年生まれ).

■3 1928年に「熱河動物群」という言葉を提唱したアメリカ人地質学者アマデウス・W・グレーボー(1870〜1946).(提供:孫元林/PKU)

源市)付近の化石層を「熱河統」(Jehol Series)〔訳注:中国語表記は「熱河系」〕と名づけた.さらに1928年,中国の中生代層序を研究中に,初めて「熱河動物群」という言葉を使った.その後,南京地質古生物研究所の軟体動物学者,顧知微教授(図4)が,遼寧省西部の各地で,化石魚類リコプテラ(*Lycoptera*)を含む様々な堆積層を調査する.そして1962年,貝甲類エオセステリア・ミッデンドルフィイ(*Eosestheria middendorfii*)(以前はバイルデステリア・ミッデンドルフィイ *Bairdestheria middendorfii* と呼ばれていた)や昆虫類の幼生エフェメロプシス(*Ephemeropsis*),魚類のリコプテラ(*Lycoptera*)を含む地層に,「熱河層群」〔訳注:中国語表記は「熱河群」〕という言葉をあてた.また,それにあわせて,この地層の生物群を「熱河生物群」,もしくは,産出する化石生物の頭文字をつなげて,E-E-L生物群と呼んだ(図5).

中生代後期の熱河生物群とそれに類似する生物群は,中国北部からモンゴル,シベリアのトランスバイカリア地方,朝鮮半島,日本まで,広範囲にわたって分布していた(図6).この地域の広さは,現在のヨーロッパに近い.ここは中生代後期のオアシスであり,多くの動植物にとっての楽園だった.この頃,燕山造山運動が起き,北東から南西へ走る一連の断層盆地ができて,そこへ火山や河川,湖沼の作用による堆積物がぶ厚くたまる.おそらく火山が頻繁に噴火をくり返したせいで,動植物があっというまに埋もれ,すばらしい化石として保存されたのだろう.大昔の生物にとっては大災害だが,おかげで今日の研究には恵みがもたらされた.収集された化石は完全な骨格だけではない.羽毛や羽毛状構造など,やわらかい部分のあとかたも残っていた.遼寧省西部の朝陽や北票では,胃石のほかに,胃の内容物まで見つかった.

遼寧省西部の熱河生物群で最初に研究されたのは,凌源市の近くで発見された小さな魚類化石である.ダヴィッド神父が収集し,1880年にフランスの魚類学者H・E・ソヴァージュがプロレビアス・ダヴィディ(*Prolebias davidi*)と名づけた化石で,当時は第三紀のメダカ類(cyprinodont, pupfish)と思われていた.ところが1901年になって,イギリスの著名な魚類学者A・S・ウッドワードが中生代の魚類として分類しなおし,シベリアやモンゴル,中国北部に固有のリコプテラ(*Lycoptera*)という属名をつけた.熱河生物群の化石で今までに記載されているのは,植物が60種以上,脊椎動物は90種近く,そして無脊椎動物はほ

■5 熱河生物群の初期の研究で得られた代表的な3種類の化石．貝甲類エオセステリア（*Eosestheria*）（左上），昆虫の幼生エフェメロプシス（*Ephemeropsis*）（右上），魚類リコプテラ（*Lycoptera*）（下）．（撮影：IVPP）

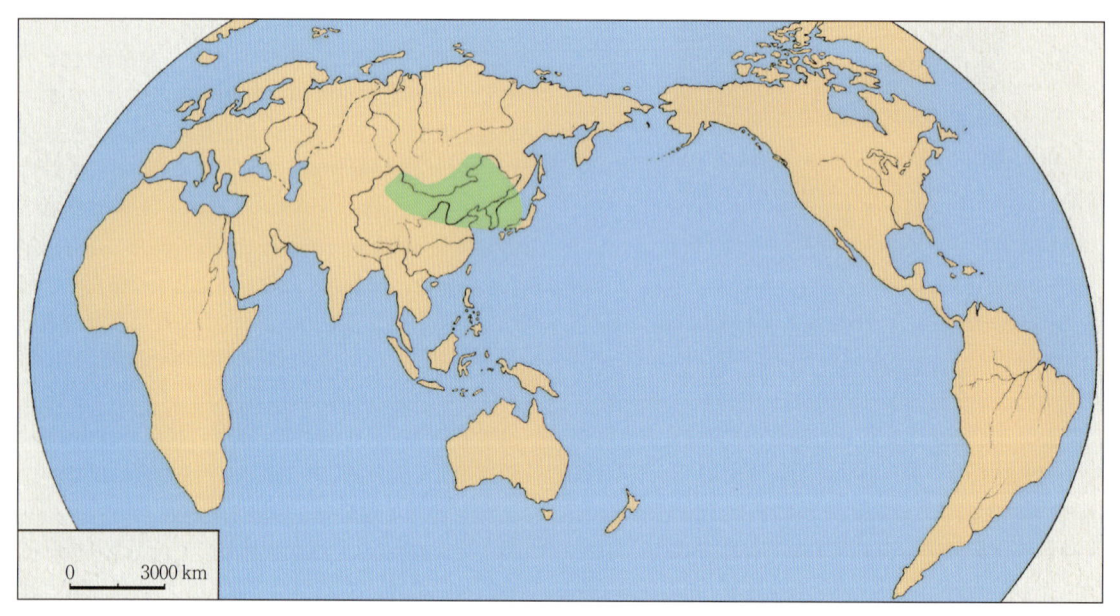

■6 全盛期における熱河生物群の分布域（緑色の範囲）．

ぼ1000種に達する．現在もさかんに研究が行われ，この数は急速に増えている．

熱河生物群には，研究者や一般の人たちを魅了する二重の要素がある．化石の保存状態は非常によく，美しくて豊富である．また，進化上の大きな問題を解明するための重要なヒントも得られる．たとえば，鳥類（Hou et al., 1995）や哺乳類，被子植物（花の咲く植物）といった，主要な生物の起源と多様化，鳥類の飛翔の起源，進化の速度とその過程，古生物地理や古生態，古環境などの情報も引き出せる．

遼寧省西部で最近発見された化石で最も注目を集めているのは，もちろん「羽毛」恐竜である．鳥類以外の動物で羽毛が発見されたのは，これが初めてだった．それだけではなく，羽毛や羽毛状構造は，多くの種類の恐竜でいくつも確認された．たとえば，シノサウロプテリクス（*Sinosauropteryx*）（Chen et al., 1998），カウディプテリクス（*Caudipteryx*），ベイピアオサウルス（*Beipiaosaurus*），プロタルカエオプテリクス（*Protarchaeopteryx*），シノルニトサウルス（*Sinornithosaurus*），ミクロラプトル（*Microraptor*）などである．これらの骨格を一目見れば，恐竜学者は迷わず，これは恐竜だと言うだろう．しかも，そのどれもが羽毛もしくは羽毛状構造を持っているのだ．はじめはやや面食らったものの，古生物学者の多くはすぐにその重要性に気づいた．羽毛や羽毛状構造の存在は，恐竜と鳥類が近い関係にあることを示していたのである．

実を言うと，130年ほど前に，すでにトマス・H・ハクスリーが，恐竜を鳥類の直接の祖先とする考えを明らかにしていた．そのうち恐竜の羽毛が発見されるだろう，と大胆な予測をする科学者もいた．だが，そうした見方は一般には受けいれられなかった．イェール大学のジョン・オストロム教授が小型獣脚類デイノニクス（*Deinonychus*）を研究し，最古の鳥類である始祖鳥（*Archaeopteryx*）に骨格が酷似していることに気づいたのは，1973年のことだった．小型獣脚類は鳥類の祖先ではないか，とオストロムは考えた．恐竜と鳥類の骨格には，両者を結びつける特徴がたくさんあった．しかし，おおかたの人間を納得させるには，羽毛におおわれた恐竜を実際に見せるのがいちばんだ．鳥類は恐竜の直接の子孫だと確信している者にとって，遼寧省西部から出た羽毛恐竜はまぎれもない「決定的証拠」である．ところが，ごく一部の古鳥類学者はいまだに，鳥類は槽歯類と呼ばれる原始的な爬虫類から生じた，と声高に主張し続けている．おまけに，羽毛や羽毛状構造を持つ恐竜はどうやら飛べなかったようだ．それなら，この羽毛は何のためにあったのだろう．保温やカムフラージュ，求愛，それとも防御が目的だったのか．鳥類の飛翔はどんなふうに始まったのか．原始的な鳥類は，地面を歩いたり走ったりしたあと，翼を広げて飛んだのか（「地面から上へ」説）．それとも，木から滑空して飛び始めたのか（「木から下へ」説）．新しい資料が見つかりさえすれば，これらの疑問がすべて解けるとは思えないし，鳥類の起源についての謎も残るだろう．より堅固な基盤に立った，説得力のある仮説を提唱するには，さらに細かく，総合的な研究が必要である．もちろん，その過程は地道で，華やかさに欠けるが，実におもしろくて知的刺激に満ちている．それに対し，理屈をこねたり，宗教がらみの論争を持ち込んだりすれば，かえって科学の進歩を妨げることになろう．

遼寧省西部の化石植物，特に被子植物もまた，非常に興味深い．被子植物の記録は，1930年代の矢部長克や遠藤誠道の研究までさかのぼる．この2人はポタモゲトン・ジェホレンシス（*Potamogeton jeholensis*）を記載した．しかし，資料の保存状態がよくなかったので，その研究はほとんど注目を集めなかった．その後，三木茂（1964）が，ポタモゲトン（ヒルムシロ属）とする同定に疑問を抱き，キンポウゲ属（*Ranunculus*）という解釈を下した．最近では，曹正堯と共同研究者（1997），そして段淑英（1997）が，単子葉植物と，心皮のついた結実器官について報告している．曹正堯らが発見したリアオシア・チェニイ（*Liaoxia chenii*）（カヤツリグサ科，Cyperaceae）とエラグロシテス・チャンギイ（*Eragrosites changii*）（イネ科，Gramineae）は，のちに呉舜卿（1999）や郭双興と呉向午（2000）によって，裸子植物のグネツム類（gnetales）に分類された．段淑英が報告したチャオヤンギア・リアンギイ（*Chaoyangia liangii*）もたぶん，被子植物ではなくグネツム類だろう．これに似た植物はモンゴルの白亜系下部の地層からも見つかり，V・A・クラシロフ（1982）が別の名前で記載している．キペラキテス属の一種（*Cyperacites* sp.），ポタモゲトンに似た穂状花序，グルワネルラ・ディクティプテラ（*Gurvanella dictyptera*）などである．アルカエフルクトゥス・リアオニンゲンシス（*Archaefructus liaoningensis*）は孫革，D・L・ディルチャーと共同研究者（1998）により被子植物として記載されたが，古植物学者の多くが完全に認めるまでにはいたっていない．孫やディルチャーたちは，この化石の年代をジュラ紀後期としているが，実際は白亜紀前期の可能性が高い．ヨーロッパやモンゴル，北アメリカ西部で以前発見された，初期の被子植物と同年代である．先ごろ，冷琴とE・M・フリース（2003）が，もっと確かな被子植物シノカルプス・デクッサトゥス（*Sinocarpus decussatus*）を記載している．熱河生物群の重要な植物としては，このほかに，裸子植物のセコイア・ジェホレンシス（*Sequoia jeholensis*）があげられる．これも，この属としては最古の記録と見られている（セコイア属は現在，カリフォルニアにだけ生き残っている）．ただ，球果と，葉の

表皮構造が欠けているので，この化石の扱いにはまだ慎重さを要する．ごく最近では，周志炎と鄭少林（2003）が，義県層から産出したイチョウ（Ginko）の排卵器官が，現生種のイチョウ，ギンゴ・ビロバ（Ginkgo biloba）のものによく似ている点を指摘し，イチョウの生殖器官が1億年以上，形態変化を起こしていないという研究結果を発表している．保存状態のよい標本が次々と見つかっているので，熱河生物群の古植物についても，より徹底した研究がなされるだろう．

熱河生物群は種類が豊富で産出数が多く，保存状態がきわめてよいため，世界でもほんの一握りしかない「化石のラーゲルシュテッテン」（保存状態のよい化石を大量に含む地層）に数えられる．最近記載された脊椎動物化石としては，硬骨魚類，原始的なカエル類，サンショウウオ類，水生爬虫類，トカゲ類，カメ類，恐竜類，初期の哺乳類などがある．また，無脊椎動物も豊富で，軟体動物，貝形虫類，貝甲類，昆虫類などが見つかっている．ここにあげた動物のリストはとても完全とは言いがたいが，さらなる調査を待つ熱河生物群の広大な全容を，かいま見ることができる．

熱河生物群は，大昔の陸塊どうしの関係，すなわち古生物地理を再現するうえで，重要な意味を持つ．熱河生物群の生物たちが生きていた時代，ユーラシアの東部は孤立した地域だった．トゥルガイ海峡によってユーラシア西部から切り離され，北アメリカとのあいだにも，今より広めのベーリング海峡があった（図7）．この地域の南側には，大昔の秦嶺山脈と大別山脈があり，南と北の生物が混じり合うのを妨げていたらしい．このように孤立していたせいで，熱河生物群には，他の大陸にはいない，また中国南部にも存在しない，固有の生物が多く見られる．たとえば，リコプテラは熱河生物群の分布範囲以外ではまったく見つからない魚類である．ヘラチョウザメ類（polyodontid）のプロトプセフルス（Protopsephurus）や，アミア類（amiiformes）のシナミア（Sinamia）も，同時代の他の堆積層からは出てこない．しかし，白亜紀後期には，アジアとアラスカのあいだに陸橋ができたため，こうした魚類のなかまが北アメリカで何種類も現れ，進化し始めた（図8）．これらの近いなかまは，今も遺存種として北アメリカに生き残っている．たとえば，ヒオドン（Hiodon）（ムーンアイ，mooneye）はリコプテラと，アミア（Amia）（bowfin）はシナミアと，ポリオドン（Polyodon）（ヘラチョウザメ，paddlefish）はプロトプセフルスと，それぞれ類縁関係がある．ほかにも，北アメリカの淡水系をレフュジア〔訳注：氷期の気候変化の影響を受けずに，昔のままの動植物群が残存している地域〕に選んで生きのびた魚類がいるようだ．これらは現在，他の地域では見つからず，大昔のなかまも，北アメリカ以外ではほとんど発掘されない．だが，熱河生物群にはそのなかまが確かに存在した．これが，熱河生物群の持つもうひとつの科学的重要性である．

熱河生物群の推定年代については，何十年も議論が続いている．なかでも，ジュラ紀後期（およそ1億4500万年前）という説と，白亜紀前期（およそ1億2500万年前）という2つの説が大きく対立してい

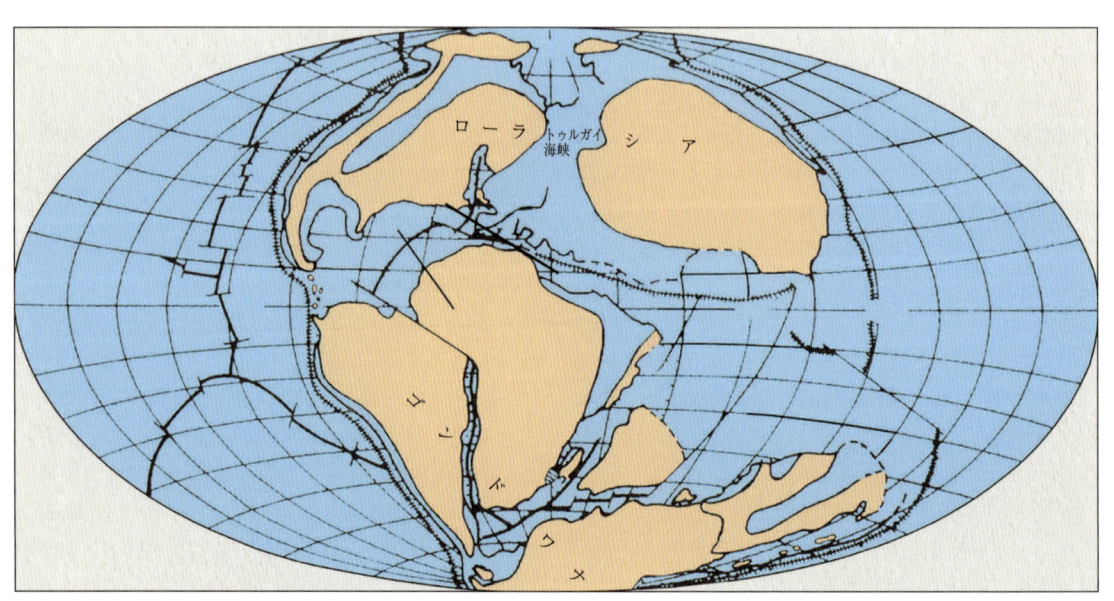

■7　白亜紀前期の世界の古地理図．（Fenton, Rich & Rich, 1989 を一部変更）

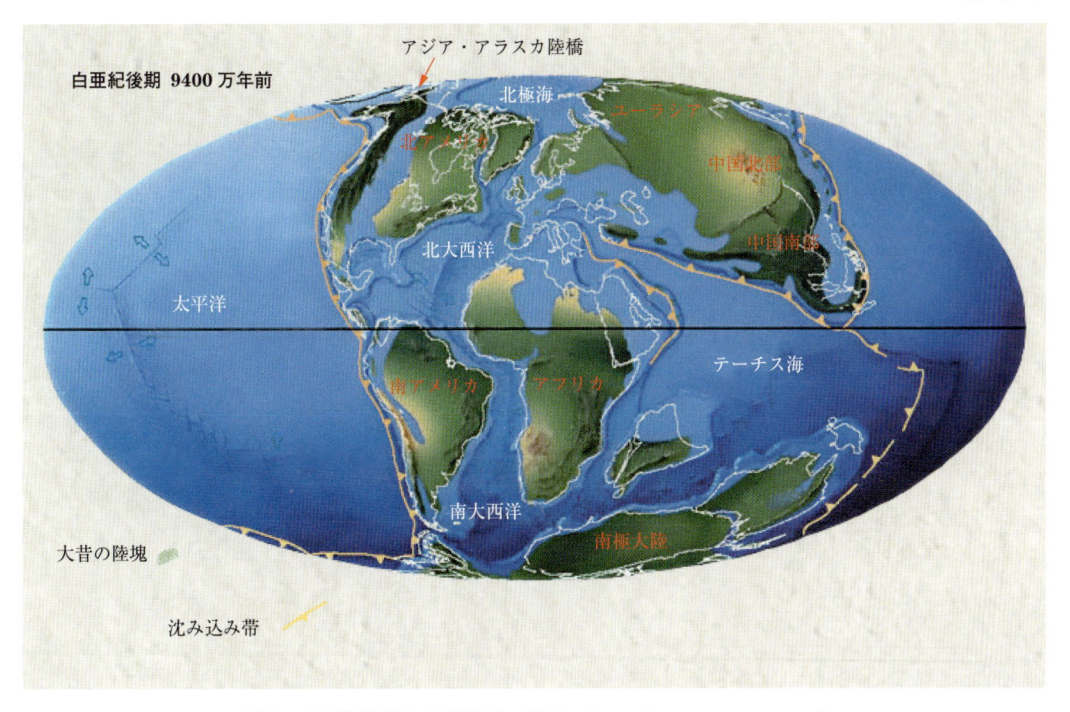

■8　白亜紀後期の古地理図．（出典：http://www.scotese.com）

る．近年，C・C・スイッシャーのグループ（1999，2002）と，羅清華のグループ（1999）がそれぞれ，義県層の年代推定を行っている．前者はサニディン単結晶アルゴン40/アルゴン39年代測定法を使って，およそ1億2500万年前（白亜紀前期）と推定した．一方，後者は黒雲母を利用して，アルゴン40/アルゴン39単粒子レーザー融解法による測定を行い，およそ1億4700万年前（ジュラ紀後期）という結果を出した．この生物群の年代推定に興味を持つ研究者は数多く，複数の機関で今でも研究が進められている．おそらく，この議論はまだしばらく続くと思われる．しかし，年代推定の技術が向上し，試料の採取と研究室での作業が念入りに行われれば，近い将来，より正しい結果が得られるだろう．

本書の内容は，熱河生物群の時間的な前後関係や位置関係を示し，見事な化石の一部を紹介し，現段階での解釈について概説したものである．ただ，執筆者が多く，扱う生物の種類が多岐にわたっているため，年代推定や地層の相互関係に多少の食い違いが生じるのは避けがたい．たとえば，ほとんどの章では，熱河層群といえば義県層と九仏堂層に限定されるが，これらの層の上もしくは下にある層まで含めた章もいくつかある．とはいえ，古生物学における最近の進歩に熱河生物群が与えた科学的影響は，いくら強調してもしすぎることはない．本書の内容が読者のみなさんの目を楽しませ，科学的興味を引き起こし，知的刺激を与えてくれることを願っている．

以前から，外国の研究者や著書目録の作成者たちは，中国人の名前にとまどいを覚えてきた．これを解消するため，アルファベットの人名表記では，中国式とは逆に，個人名を名字の前に置く英語式を使った．さらに，発音と区切りの混乱を避けるために，漢字2文字からなる個人名をハイフンでつなげ，「Shu-an Ji」のように表記した．ハイフンなしで「Shuan」と書くと，一続きと勘違いされ，漢字1文字だけの個人名と受けとめられるおそれがあるからだ．

謝　辞：　言うまでもなく，これほど大がかりな企画の場合，寄稿者の背景には，支えとなった縁の下の力持ちが数多く存在する．ごく一部だが，ここにご助力いただいた方々の名前をあげ，感謝を捧げたい．「陸生植物」の章に協力し，「被子植物」の章に快く加わってくれたE・M・フリース氏．化石植物について，貴重な助言を惜しげもなく与えてくれた周志炎氏．「両生類」「哺乳類」「コリストデラ類」の章でそれぞれの写真を提供してくれた趙爾宓氏，羅哲西氏，高克勤氏．「昆虫類」の章で情報と写真を提供してくれた任東氏．熱河層のトカゲ類の写真を提供してくれた姫書安氏．また，美しい挿絵を描いてくれた曾孝濂氏とアンダーソン・ヤン（楊恩生）氏にも，心からの謝意を表したい．さらに，フィールドワークがしやすいように手助

けしてくれた朝陽市当局と，遼寧省の国土資源局，調査に協力し，参加してくれた台湾自然科学博物館の方々にも，お礼を申しあげたい（図9）．なお，この研究計画は，中国科学院，中国の国家自然科学基金と科学技術部，米国地理学協会から資金援助を受けている．

■9 中国科学院古脊椎動物古人類研究所の野外調査班と，合同調査を行った自然科学博物館（台湾）の程延年教授（後列右から2番目）と研究員．1999年5月，遼寧省西部，尖山溝の発掘地を，中国科学院の副院長，陳宜瑜教授（後列右から6番目）と，朝陽市の代理市長，陳淑珍氏（後列右から5番目）が訪問．

中生代のポンペイ

汪筱林，周忠和（Xiao-lin Wang, Zhong-he Zhou）

　西暦79年，ヴェスヴィオ火山の噴火は，古代都市ポンペイを破壊しただけでなく，多くの人々の命を奪った．この都市跡が1748年に再び発見されたとき，ぶ厚い火山灰に飲みこまれたときのままの状態で，人や動物が見つかった．熱河生物群の生物たちも，白亜紀前期の世界で同じように噴火の犠牲になった．この「中生代のポンペイ」という窓を通して，1億年以上前に生きていた驚異の生物たちの世界をのぞき見ることができる．

　地質学の観点からすると，熱河生物群は比較的短い期間に発達し，東アジアの広範囲にすぐさま放散した．白亜紀における陸生脊椎動物の適応放散としては，最大級の規模である．熱河生物群から産出した保存状態のよい化石は，陸生生物の進化に起きた数多くのできごとを物語っている．

　1980年代から1990年代にかけて，遼寧省西部で見つかった鳥類や羽毛恐竜の化石には，世界中の古生物学者が熱い視線を注いだ．この地域では過去十年のあいだに，鳥類や恐竜の主要な化石産地が数十カ所も発見された．発掘に携わったのは，おもに中国科学院の古脊椎動物古人類研究所と南京地質古生物研究所の研究者たちである．隣接する河北省北部と，内モンゴル（内モンゴル自治区）南東部でも，遼寧省と同じように重要な発見がなされた．1997年から，古脊椎動物古人類研究所の野外調査スタッフは，遼寧省の北票，朝陽，阜新，および河北省の豊寧，そして内モンゴルの寧城で，大規模な発掘を数回にわたって行い，魚類，両生類，カメ類，水生爬虫類，トカゲ類，翼竜，恐竜，鳥類，哺乳類を含む，貴重な脊椎動物標本を大量に収集した．以来，遼寧省西部には，世界中から大勢の人々が毎年足を運び，古生物学者だけでなく一般人も訪れている．

■ 四合屯第1発掘地点．（撮影：張杰/IVPP）

熱河生物群は，この地域の気候が暖かく，多くの雨量が見込まれる時代に現れた．こうした気候のおかげで，動植物が栄え，分化するのに理想的な環境が整っていた．あちらこちらに湖があり，なかには，豊かに水をたたえた広くて深い湖も存在しただろう．そして，こうした湖に沿って植物が生い茂っていた．当時は頻繁に火山が噴火していた．脊椎動物化石の多くは，深めの湖にたまった堆積物のなかに保存されている．

白亜紀前期全体を通じて，熱河生物群の生息域では火山活動がさかんだった．義県層ができるあいだに，大規模な噴火が少なくとも三度起き，その結果，「湖沼堆積物と火山噴火」という顕著なサイクルが4回くり返されている．義県層の火山岩はおもに，玄武岩と安山岩からできている．義県層の湖沼堆積物は主として，大きな中性・塩基性噴火のあいまに形成されたものだが，その間にも小規模な中性・酸性噴火はときどき起きていた．九仏堂層の時代になると，火山活動の回数が減り，比較的おだやかな状態が続いた．

火山の噴火は，熱河生物群の発達と進化に長期的な影響を及ぼした．中性・酸性噴火が起きると，有毒ガスが大量に放出され，生態系全体を破壊する要因になったものと思われる．たとえば，四合屯発掘地には，きれいに保存された化石を多く含む地層がいくつかあり，鳥類や羽毛恐竜の大量死が起きたことがわかる．脊椎動物化石はたいてい，黒灰色の，湖成頁岩や泥岩に保存されている．これを火山灰（凝灰岩）の層がくり返しおおっている（図10）．ほとんどの化石は，関節がつながった状態で見つかる．鳥類や恐竜の化石に，羽毛や皮膚など，やわらかい組織のあとかたがついていたり，有機性の痕跡が残っていることもある．なかには，卵や胃石，胃の内容物まで保存された恐竜標本も見られる．植物の種子やトカゲ類，哺乳類の骨とわかるものをとどめているのだ．おそらく，火山の噴火で環境が変化し，これが鳥類など，脊椎動物の大量死を引き起こしたのだろう．死体は少しのあいだ湖面を漂ったあと，すぐに沈んで，深い湖底に埋もれた．大量に降った火山灰は，堆積作用を速める．そのため，死体はただちに完全な状態で保存された．この点では，大勢の人や動物が埋もれたポンペイの状況と変わらない．

■10　四合屯発掘地の層序断面．湖成堆積物（灰色の層）に凝灰岩（黄色の層）がはさみこまれている．

熱河生物群の脊椎動物化石産地としては、以下の場所が有名である．遼寧省西部では、北票の四合屯と陸家屯，凌源の范杖子と山嘴（大王杖子），錦州，義県の万仏堂，河夾心，呉家屯，西二虎橋，および朝陽の上河首，大平房，聯合，東大道．河北省北部では、豊寧の四岔口と森吉図．そして内モンゴル南東部にある，寧城の道虎溝と西台子（図11）．

半世紀以上にわたって熱河生物群の研究が行われ，特にここ十年のあいだに珍しい発見がなされた結果，熱河生物群の情報は飛躍的に増えた．エオセステリア-エフェメロプシス-リコプテラ群集（E-E-L動物群）と呼ばれていた時代とは雲泥の差だ．遼寧省西部で最近見つかった脊椎動物化石は，鳥類とその飛翔の起源，羽毛の起源，鳥類や哺乳類，被子植物の初期の適応放散に新たな光を投げかけ，また，白亜紀前期における大陸の生態系について，理解を深める助けとなった．

考古学の発掘現場では、厳密な格子システムが用いられるが，古生物学では、岩石層がその役目を果たす．岩石層に対して組織立った層序学的研究を行えば、どの位置に化石が埋まっているかを確認し，地質年代を推定することができる．最近見つかった鳥類化石や羽毛恐竜を含む岩石層は、これらの化石が発見されるずっと前から、古生物学者や地質学者が何世代にもわたって研究してきた．1920年代に「熱河統」や「熱河動物群」という呼び名を提唱したのは，アメリカ人地質学者アマデウス・W・グレーボーである．1962年には、顧知微教授が熱河層群を文献に載せる．熱河層群は中生代後期にできた一続きの岩石層で、火山性堆積物と湖成堆積物が重なりあい，凝灰質の物質を豊富に含む．この層群は、義県層とその上にかぶさる九仏堂層から構成される．

熱河層群はおもに中国東北部の河北省北部，遼寧省西部，そして内モンゴル南東部に分布している．この堆積層は、中生代後期のアジア東北部で、一連の断層盆地に形成された．主要な盆地としては、阜新-義県盆地，金嶺寺-羊山盆地，北票-朝陽盆地，建昌-喀左盆地，凌源-三十家子盆地，平荘-寧城盆地，赤峰-元宝山盆地があげられる．当時、太平洋の西岸でプレートが激しく衝突したため，ユーラシア大陸東岸で地殻運動が強まった．そして、地殻運動と度重なる噴火の

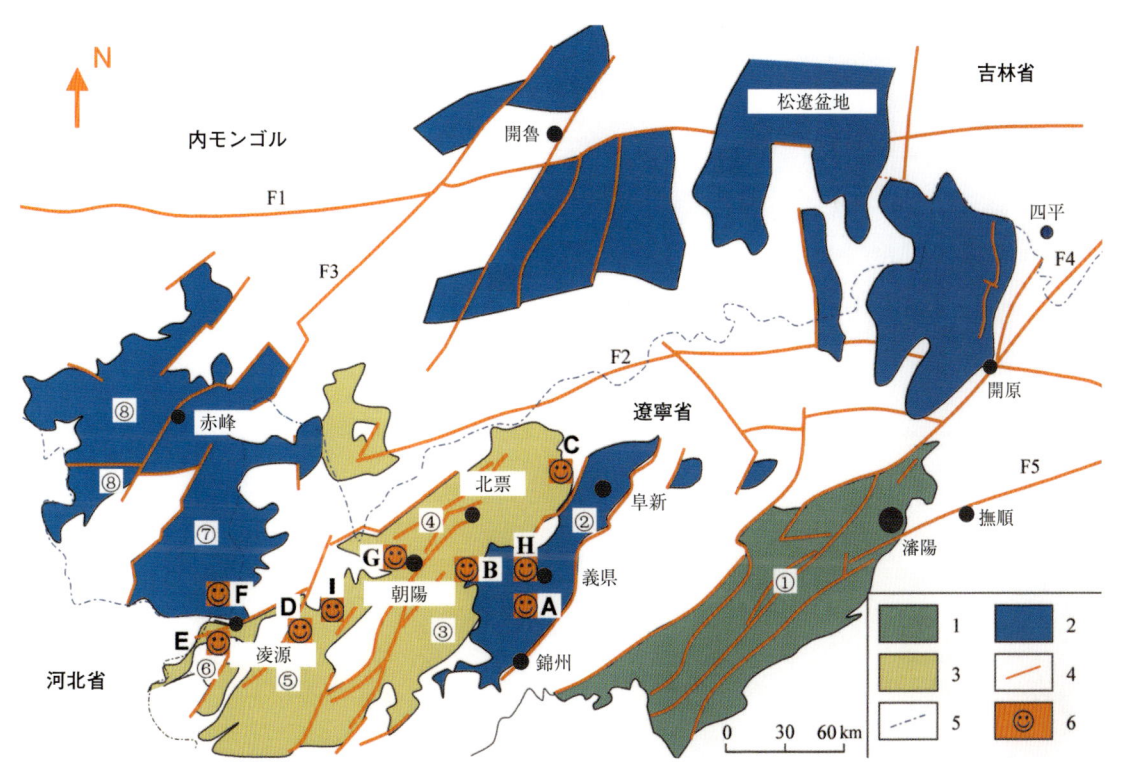

■11 遼寧省西部および近隣地域における、おもな脊椎動物化石産地の分布．1：第三紀盆地，2：白亜紀盆地，3：ジュラ紀-白亜紀盆地，4：断層（F），5：省境，6：脊椎動物化石産地．A：義県，金剛山，B：北票，四合屯，C：阜新，大五家子，D：朝陽，波羅赤，E：凌源，范杖子，F：寧城，道虎溝，G：朝陽，上河首．① 遼河盆地，② 阜新-義県盆地，③ 金嶺寺-羊山盆地，④ 北票-朝陽盆地，⑤ 建昌-喀左盆地，⑥ 凌源-三十家子盆地，⑦ 平荘-寧城盆地，⑧ 赤峰-元宝山盆地（盆地の地質情報の一部は、遼河石油管理局による）．

層序	層厚	年代・生物群	化石

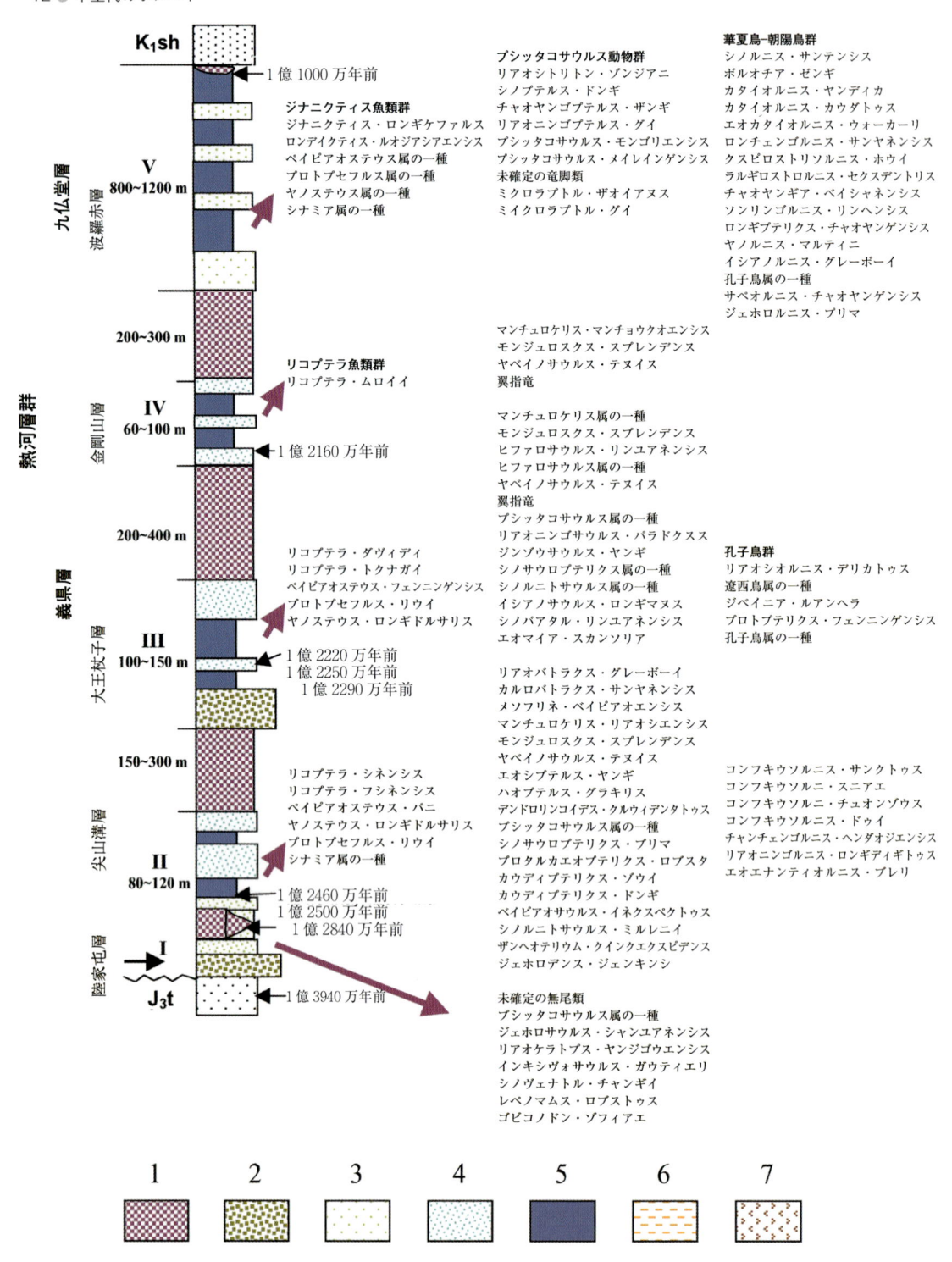

左側の柱状図：

- K₁sh
- 1億1000万年前

九仏堂層（波羅赤層）
- V: 800~1200 m

熱河層群
- 義県層
- 金剛山層
- IV: 60~100 m — 1億2160万年前
- 200~300 m
- 200~400 m

大王杖子層
- III: 100~150 m
- 1億2220万年前
- 1億2250万年前
- 1億2290万年前

尖山溝層
- 150~300 m
- II: 80~120 m
- 1億2460万年前
- 1億2500万年前
- 1億2840万年前

陸家屯層
- I
- J₃t — 1億3940万年前

プシッタコサウルス動物群
- リアオシトリトン・ゾンジアニ
- シノプテルス・ドンギ
- チャオヤンゴプテルス・ザンギ
- リアオニンゴプテルス・グイ
- プシッタコサウルス・モンゴリエンシス
- プシッタコサウルス・メイレインゲンシス
- 未確定の竜脚類
- ミクロラプトル・ザオイアヌス
- ミクロラプトル・グイ

ジナニクティス魚類群
- ジナニクティス・ロンギケファルス
- ロンデイクティス・ルオジアシアエンシス
- ベイピアオステウス属の一種
- プロトプセフルス・リウイ
- ヤノステウス属の一種
- シナミア属の一種

華夏鳥－朝陽鳥群
- シノルニス・サンテンシス
- ボルオチア・ゼンギ
- カタイオルニス・ヤンディカ
- カタイオルニス・カウダトゥス
- エオカタイオルニス・ウォーカーリ
- ロンチェンゴルニス・サンヤネンシス
- クスピロストリソルニス・ホウイ
- ラルギロストロルニス・セクスデントリス
- チャオヤンギア・ベイシャネンシス
- ソンリンゴルニス・リンヘンシス
- ロンギプテリクス・チャオヤンゲンシス
- ヤノルニス・マルティニ
- イシアノルニス・グレーボーイ
- 孔子鳥属の一種
- サペオルニス・チャオヤンゲンシス
- ジェホロルニス・プリマ

- マンチュロケリス・マンチョウクオエンシス
- モンジュロスクス・スプレンデンス
- ヤベイノサウルス・テヌイス
- 翼指竜

リコプテラ魚類群
- リコプテラ・ムロイイ

- マンチュロケリス属の一種
- モンジュロスクス・スプレンデンス
- ヒファロサウルス・リンユアネンシス
- ヒファロサウルス属の一種
- ヤベイノサウルス・テヌイス
- 翼指竜
- プシッタコサウルス属の一種
- リアオニンゴサウルス・パラドクスス
- ジンゾウサウルス・ヤンギ
- シノサウロプテリクス属の一種
- シノルニトサウルス属の一種
- イシアノサウルス属の一種
- シノバアタル・リンユアネンシス
- エオマイア・スカンソリア

- リコプテラ・ダヴィディ
- リコプテラ・トクナガイ
- ベイピアオステウス・フェンニンゲンシス
- プロトプセフルス・リウイ
- ヤノステウス・ロンギドルサリス

孔子鳥群
- リアオシオルニス・デリカトゥス
- 遼西鳥類の一種
- ジベイニア・ルアンヘラ
- プロトプテリクス・フェンニンゲンシス
- 孔子鳥属の一種

- リアオバトラクス・グレーボーイ
- カルロバトラクス・サンヤネンシス
- メソフリネ・ベイピアオエンシス
- マンチュロケリス・リアオシエンシス
- モンジュロスクス・スプレンデンス
- ヤベイノサウルス・テヌイス
- エオシプテルス・ヤンギ
- ハオプテルス・グラキリス
- デンドロリンコイデス・クルウィデンタトゥス
- プシッタコサウルス属の一種
- シノサウロプテリクス・プリマ
- プロタルカエオプテリクス・ロブスタ
- カウディプテリクス・ゾウイ
- カウディプテリクス・ドンギ
- ベイピアオサウルス・イネクスペクトゥス
- シノルニトサウルス・ミルレニイ
- ザンヘオテリウム・クインクエクスビデンス
- ジェホロデンス・ジェンキンシ

- リコプテラ・シネンシス
- リコプテラ・フシネンシス
- ベイピアオステウス・パニ
- ヤノステウス・ロンギドルサリス
- プロトプセフルス・リウイ
- シナミア属の一種

- コンフキウソルニス・サンクトゥス
- コンフキウソルニ・スニアエ
- コンフキウソルニ・チュオンゾウス
- コンフキウソルニ・ドゥイ
- チャンチェンゴルニス・ヘンダオジエンシス
- リアオニンゴルニス・ロンギディギトゥス
- エオエナンティオルニス・ブレリ

未確定の無尾類
- プシッタコサウルス属の一種
- ジェホロサウルス・シャンユアネンシス
- リアオケラトプス・ヤンジゴウエンシス
- インキシヴォサウルス・ガウティエリ
- シノヴェナトル・チャンギイ
- レペノマムス・ロブストゥス
- ゴビコノドン・ゾフィアエ

凡例：1　2　3　4　5　6　7

■12　熱河層群の生層序の累重関係．1：火山角礫岩の混じる玄武岩と安山岩（溶岩），2：火山角礫岩の混じる礫岩，3：砂岩と礫岩，4：凝灰質の砂岩と凝灰岩，5：頁岩と凝灰岩，6：シルトとシルト質泥岩，7：火山域の浅所貫入岩．

せいで，それぞれの盆地で，複雑に異なる構造の堆積物が積み重なっていく．したがって，これらの盆地の堆積物は，相互関係がわかりにくいことが多い．

熱河層群は，時代の古いほうから新しいほうへ向かって，義県層，九仏堂層，沙海層，阜新層からなるとされてきた．だが最近の研究では，沙海層と阜新層の岩石の性質や化石の群集が，義県層や九仏堂層のものとはかなり違うことがわかった．義県層はおもに玄武岩と安山岩からなり，湖成堆積物（凝灰質の砂岩，灰色や黒灰色の頁岩，泥岩と凝灰岩）があいだに入っている．現在，義県層では，4つの化石層が確認されている．九仏堂層はおもに湖沼性の堆積物から構成される（灰色や黄灰色，黒灰色の砂岩，シルト岩，頁岩，泥岩に，凝灰岩がはさみこまれている）．沙海層と阜新層はおもに石炭層と砕屑岩からなり，火山性物質はほとんど見られない．エオセステリア-エフェメロプシス-リコプテラ群集や羽毛恐竜，初期の鳥類など，独特の脊椎動物を含む典型的な熱河層群の化石は，義県層や九仏堂層でしか見つからない．これらの化石は義県層や，そのやや前の堆積層に出現しているので，白亜紀前期に大規模な生物放散が起き，そのほとんどが九仏堂層の時代まで存在し続けたことがわかる．つまり，義県層と九仏堂層は，熱河生物群の歴史全体を記録しているのである．現在，一般に認められている考え方では，熱河層群に入れられるのはこの2層のみである．

これまで確認されたところでは，特徴のある脊椎動物群集を含む，年代の異なる化石層（もしくは「部層」）が5つ存在する（図12）．下から上へ向かって順に，義県層最下部の陸家屯層（ジェホロサウルス-レペノマムス群集），義県層下部の尖山溝層（リコプテラ・シネンシス-孔子鳥群集），義県層中部の大王杖子層（リコプテラ・ダヴィディ-ヒファロサウルス群集），義県層上部の金剛山層（リコプテラ・ムロイイ-マンチュロケリス・マンチョウクオエンシス群集），そして九仏堂層の波羅赤層（ジナニクティス-華夏鳥群集）である．熱河層群の化石産地のほとんどは，上記の5層のいずれかにあてはまる．

義県層最下部の陸家屯層（部層）　この層はおもに金嶺寺-羊山盆地の四合屯と近隣地区に分布し，義

■13　遼寧省北票，上園の化石産地，陸家屯（義県層の基底部）．凝灰質の砂岩，泥岩，上にかぶさる玄武岩（1億2840万年前の溶岩）が見える．

県層の化石を含む層準として新たに認められたものである．四合屯地域の総合柱状図では，最下部層（第1部層）にあたる．陸家屯層が露出しているおもな化石産地は，北票市の陸家屯，小北溝，水泉，四合屯と，錦州市義県の六台である．なかでもいちばんの代表例は陸家屯である．

陸家屯の堆積層は，このあたりの盆地ができ始めた頃に堆積した．おもに凝灰質の礫岩と砂岩，シルト質の泥岩からなる堆積物が20〜40 mの厚さに積もっている（図13）．この層が形成されたとき，成体も幼体も含めて，大量の生物がほとんど同時に命を落とした．犠牲になった脊椎動物としては，小型鳥盤類のジェホロサウルス（*Jeholosaurus*），プシッタコサウルス（*Psittacosaurus*），リアオケラトプス（*Liaoceratops*），小型獣脚類のシノヴェナトル（*Sinovenator*）やインキシヴォサウルス（*Incisivosaurus*），原始的な哺乳類のレペノマムス（*Repenomamus*）やゴビコノドン（*Gobiconodon*），そしてカエル類などがあげられる．無脊椎動物化石は確認されていない．植物の断片や胞子，花粉の標本はいくらか収集されている．陸家屯の化石の多くは2000年と2001年に収集された．

1998年の秋以降，遼寧省凌源市の北に隣接する，内モンゴル赤峰市，寧城県の道虎溝（図14）から数多くの脊椎動物化石が掘り出された．たとえば，サンショウウオ類のジェホロトリトン・パラドクスス（*Jeholotriton paradoxus*）やクネルペトン・ティアンイ

■14　内モンゴル，寧城，山頭の化石産地，道虎溝（義県層の基底部だが，ジュラ紀中期の九竜山層という説もある）．2003年，中国科学院古脊椎動物古人類研究所による発掘現場．

■15　内モンゴル，赤峰，寧城の化石産地，西台子（義県層下部）．

エンシス（*Chunerpeton tianyiensis*），毛の生えた翼竜ジェホロプテルス・ニンチェンゲンシス（*Jeholopterus ningchengensis*），羽毛を持つ獣脚類で，樹上にすむマニラプトル類のエピデンドロサウルス・ニンチェンゲンシス（*Epidendrosaurus ningchengensis*）などである．この化石産地からは他にも，保存状態がきわめてよい昆虫類や植物が数多く掘り出された．こちらも注目に値するが，その年代推定についてはまだ意見がまとまっておらず，研究者によって，ジュラ紀中期から白亜紀前期までの開きがある．現在のところ，私たちは道虎溝の地層を，河北省北部の大北溝層と同時期で，遼寧省西部の陸家屯層と同じかそれよりやや下にあたる，と見ている．近くにある西台子（図15）では，道虎溝化石層準の上に位置する地層から，豊富なチョウザメ類のプロトプセフルス（*Protopsephurus*）やヤノステウス（*Yanosteus*），鳥類の孔子鳥（*Confuciusornis*），恐竜のプシッタコサウルス（*Psittacosaurus*）が採集されており，上にかぶさっている層準が義県層下部に相当することははっきりしている．

義県層下部の尖山溝層（部層）　尖山溝層はおもに，四合屯とその近隣地域に分布し，四合屯総合柱状図の第3部層にあたる（図16）．代表的な化石産地としては，四合屯と尖山溝があげられる．四合屯とその周辺地域には，20カ所ほどの化石産地があり，その分布域はだいたい南北に12〜14 km，東西に4〜5 kmの範囲に広がっている．特に注目すべき化石産地は，四合屯，尖山溝，張家溝，黄半吉溝，横道子，李八郎溝，黒蹄子溝などである．遼寧省西部，河北省北部，内モンゴル南東部にある他の盆地でも，尖山溝層に相当する化石層が見つかっている．たとえば，北票の上園層，義県の磚城子層などがその例である．

尖山溝層では，海跡湖，浅い湖，深めの湖，そして深い湖にいたる堆積サイクルが，2，3回くり返されている．堆積物はおもに，灰色や黒灰色の砂岩，頁岩，泥岩からなり，凝灰質の成分を多く含む．この層はまた，鳥類や羽毛恐竜を保存しているきわめて重要な層準でもある．

尖山溝層からは，脊椎動物の属や種が40近く見つかっている．たとえば，鳥類の孔子鳥や寧遼鳥，羽毛恐竜のシノサウロプテリクス（*Sinosauropteryx*），ベイピアオサウルス（*Beipiaosaurus*），シノルニトサウルス（*Sinornithosaurus*），カウディプテリクス（*Caudipteryx*），プロタルカエオプテリクス（*Protarchaeopteryx*），鳥盤類のプシッタコサウルス，翼指竜のハオプテルス（*Haopterus*）とエオシプテルス（*Eosipterus*），嘴口竜のデンドロリンコイデス（*Dendrorhynchoides*），両生類のカルロバトラクス（*Callobatrachus*）とメソフリネ（*Mesophryne*），原始的な哺乳類のザンヘオテリウム（*Zhangheotherium*）やジェホロデンス（*Jeholodens*），魚類のリコプテラ・シネンシス（*Lycoptera sinensis*），リコプテラ・フシネンシス（*L. fuxinensis*），ペイピアオステウス・パニ（*Peipiaosteus pani*）である．

なかでも，リコプテラ・シネンシス，リコプテラ・フシネンシス，ペイピアオステウス・パニ，孔子鳥，羽毛恐竜が豊富で，目を引く．尖山溝層の孔子鳥群は，熱河生物群の鳥類群としては，知られているかぎり最古である．この地層は無脊椎動物も豊富で，腹足類，二枚貝類，貝甲類，貝形虫類，昆虫類や，植物も数多く見つかる（シャジクモ類，胞子，花粉など）．

中国鳥（*Sinornis*）や華夏鳥（*Cathayornis*）（どちらも1992年に記載）の化石は断片的だったので，遼寧省の熱河生物群で本当にすばらしい脊椎動物化石が発見されたのは，1993年が最初ということになる．この年，クチバシを持つ鳥類としては最古のコンフキウソルニス・サンクトゥス（*Confuciusornis sanctus*）が，北票市の尖山溝発掘地で初めて見つかったのだ（図17）．この地域から産出した最初の重要な哺乳類化石は，相称歯類のザンヘオテリウム・クインクエクスピデンス（*Zhangheotherium quinquecuspidens*）だが，これもほぼ同じ頃に採集された．被子植物と推定されるアルカエフルクトゥス・リアオニンゲンシス（*Archaefructus liaoningensis*）は，近くにある黄半吉溝発掘地で見つかった．それから数年のあいだに，四合屯，張家溝，黒蹄子溝など，義県層下部の尖山溝層

16 ● 中生代のポンペイ

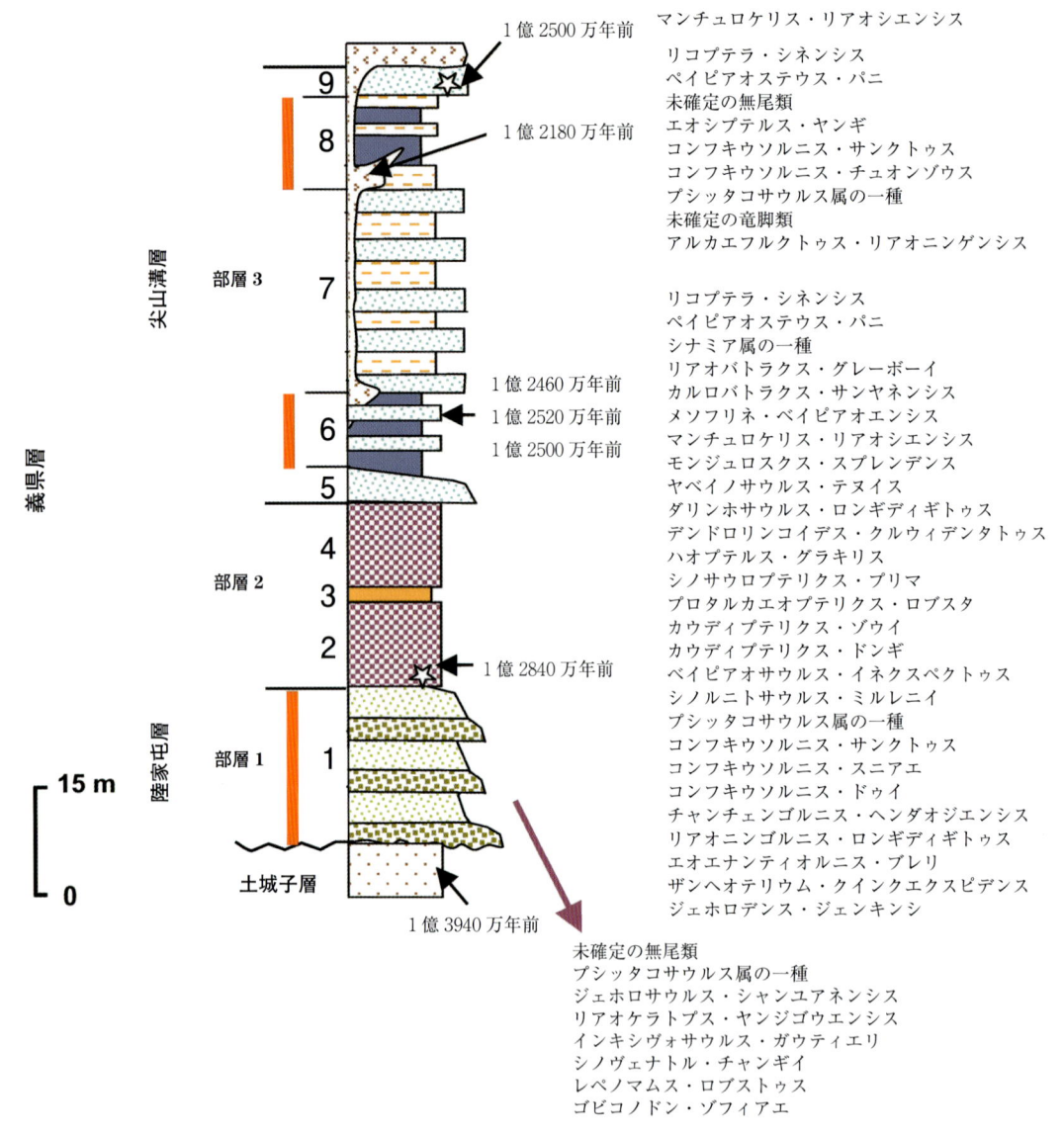

■16 四合屯および近隣地区における義県層下部の層序の累重関係．説明は図12を参照．

に属し，堆積物に脊椎動物化石を含む化石産地が，近辺で新たに20カ所ほど発見された．

　1995年から，北票市四合屯村の農民たちも化石発掘にかかわっている．そして，村の近くで原始的な鳥類をいくつか発見している．こうした鳥類化石の多くは，のちに孔子鳥であることが確認された．古脊椎動物古人類研究所の野外調査スタッフは，1997年にこの化石産地で大規模な発掘に着手し，4シーズン連続で作業を行った結果，何百という脊椎動物化石を採集し，無脊椎動物化石や植物化石も大量に発掘した．こうした多くの発見は世界中から関心を集め，四合屯はすぐに古生物学界で注目の的となった（図18）．ここから掘り出された興味深い脊椎動物は数多

いが，そのなかには，原始的な鳥類の孔子鳥やリアオニンゴルニス・ロンギディギトゥス（*Liaoningornis longidigitus*），羽毛恐竜のシノサウロプテリクス・プリマ（*Sinosauropteryx prima*），ベイピアオサウルス・イネクスペクトゥス（*Beipiaosaurus inexpectus*），シノルニトサウルス・ミルレニイ（*Sinornithosaurus millenii*），おなじみの鳥盤類恐竜プシッタコサウルス，翼竜のハオプテルス・グラキリス（*Haopterus gracilis*），両生類のカルロバトラクス・サンヤネンシス（*Callobatrachus sanyanensis*），原始的哺乳類のジェホロデンス・ジェンキンシ（*Jeholodens jenkinsi*）などが含まれている．驚くべきことに，これらの化石はおもに，厚さがわずか7mほどの頁岩に保存されてい

中生代のポンペイ ● 17

■17　遼寧省北票の化石産地，尖山溝（義県層下部）．

た（図19）．

　1999年に，四合屯地域で長期間にわたって行われた古脊椎動物古人類研究所の野外調査では，自然科学博物館（台湾）の研究者も加わり，魚類，恐竜，鳥類，昆虫類，植物の化石を数多く採集した．これらの生層序的枠組みを詳しく知るために，四合屯，横道子，張家溝で掘削を行い，150 mに及ぶ錐芯試料も採集した．試料の一部は現在，博物館で調べている最中である．

　張家溝発掘地（図20）は，四合屯発掘地の北3 kmほどのところにあり，カウディプテリクス・ゾウイ（*Caudipteryx zoui*），カウディプテリクス・ドンギ（*C. dongi*），プロタルカエオプテリクス・ロブスタ（*Protarchaeopteryx robusta*）など，重要な羽毛恐竜化石を産出している．ここでは1998年と2001年の2回にわたって大規模発掘を行い，前述した種類に加えて，孔子鳥，プシッタコサウルス，カメ類，嘴口竜のデンドロリンコイデス・クルウィデンタトゥス（*Dendrorhynchoides curvidentatus*）を採集した．

　義県層中部の大王杖子層（部層）　大王杖子層の代表的な化石産地は，凌源市の南西約20 kmに位置する大王杖子の，范杖子と山嘴である（図21）．

　大王杖子層は，A・W・グレーボーが（1923年に）提唱した「熱河統」とだいたい同じである．ここの堆積物はおもに，灰色や黒灰色の砂岩，頁岩，泥岩からなり，凝灰質の成分を多く含む．大王杖子層に相当する化石層は，遼寧省凌源の大新房子層，義県の大康堡層と河夾心層，河北省豊寧の四岔口層と森吉図層である．現在，知られている古脊椎動物としては，リコプテラ・ダヴィディ（*Lycoptera davidi*）とリコプテラ・トクナガイ（*L. tokunagai*），チョウザメ類のペイピアオステウス・フェンニンゲンシス（*Peipiaosteus fengningensis*）とプロトプセフルス・リウイ（*Protopsephurus liui*），カメ類のマンチュロケリス（*Manchurochelys*），コリストデラ類のモンジュロスクス（*Monjurosuchus*）とヒファロサウルス（*Hyphalosaurus*），恐竜のシノサウロプテリクス（*Sinosauropteryx*），シノルニトサウルス（*Sinornithosaurus*），ジンゾウサウルス（*Jinzhousaurus*），鳥類の遼西鳥（*Liaoxiornis*），原羽鳥（*Protopteryx*）と孔子鳥（*Confuciusornis*）が少しばかり，哺乳類のシノバアタル（*Sinobaatar*）とエオマイア（*Eomaia*），そして被子植物と推定されるアルカエフルクトゥス・シネンシス（*Archaefructus sinensis*）がある．この地層に最も多く含まれるのは，リコプテラ・ダヴィディとヒファロサウルスである．

　1998年以降，重要な脊椎動物化石と植物化石が，凌源市の范杖子と山嘴にある，義県層中部の大王杖子層から見つかっている．この地層から産出したおもな化石は，エナンティオルニス類リアオシオルニス・デリカトゥス（*Liaoxiornis delicatus*）の幼体，コリストデラ類の爬虫類ヒファロサウルス・リンユアネンシス（*Hyphalosaurus lingyuanensis*），多丘歯類の哺乳類シノバアタル・リンユアネンシス（*Sinobaatar lingyuanensis*），知られているかぎり最古の真獣類エオマイア・スカンソリア（*Eomaia scansoria*），原始的なコンプソグナトゥス類シノサウロプテリクスと，被子植物と推定されるアルカエフルクトゥス・シネンシス，そして，まだ正式発表されていない羽毛獣脚類，翼指竜類，孔子鳥，昆虫，植物などである．

　遼寧省錦州，義県にある発掘地，河夾心，王家溝，万仏堂でも，義県層の大王杖子層から様々な脊椎動物化石が掘り出された（図22）．そのなかには，数多くのヒファロサウルス，イグアノドン類のジンゾウサウルス・ヤンギ（*Jinzhousaurus yangi*），鳥類，翼指竜，羽毛恐竜のイシアノサウルス・ロンギマヌス（*Yixianosaurus longimanus*）が含まれている．

■18 遼寧省北票にある化石産地，四合屯（義県層下部）の第1発掘地点．

■19 第1発掘地点のクローズアップ．古脊椎動物古人類研究所による2000年の発掘調査の様子．古鳥類学会の第5回国際会議で熱河生物群に関するシンポジウムが行われ，現地調査の際，完全な孔子鳥標本が見つかった．

■20 遼寧省北票の化石産地，張家溝（義県層下部）で，2001年に古脊椎動物古人類研究所によって行われた発掘の現場．

河北省北部豊寧県の森吉図-四岔口盆地（図23）で，義県層から発見された原始的な鳥類としては，ジベイニア・ルアンヘラ（*Jibeinia luanhera*）と，最も原始的なエナンティオルニス類プロトプテリクス・フェンニンゲンシス（*Protopteryx fengningensis*）があげられる．きわめて原始的なチョウザメ類のプロトプセフルス・リウイ（*Protopsephurus liui*）とヤノステウス・ロンギドルサリス（*Yanosteus longidorsalis*）もこれらの化石産地から見つかった．

義県層上部の金剛山層（部層）　金剛山化石層は，義県の化石産地，金剛山にある義県層上部の湖成堆積物からできている（図24）．堆積物はおもに，灰色や黒灰色の砂岩，頁岩，泥岩からなり，凝灰質の成分を多く含む．この地層に含まれる脊椎動物群集は，リコプテラ・ムロイイ，マンチュロケリス・マンチョウクオエンシス，ヤベイノサウルス・テヌイス，未記載の翼指竜類と鳥類など，ほんの数種類である．特に多く見つかるのはリコプテラ・ムロイイである．

九仏堂層の波羅赤層（部層）　波羅赤化石層の代表例は，朝陽市の化石産地である波羅赤，大平房，東大道，聯合，上河首の堆積層に見られる（図25）．波羅赤化石産地は朝陽の西約50 kmに位置する．上河首は，朝陽市郊外の西部にある．同時期の化石を含む他の化石産地としては，朝陽の梅勒営子と勝利，義県の呉家屯と西二虎橋がある．ここの脊椎動物群集には，20を超す属と種が含まれる．たとえば，ジナニクティス（*Jinanichthys*），シノプテルス・ドンギ（*Sinopterus dongi*），チャオヤンゴプテルス・ザンギ（*Chaoyangopterus zhangi*），リアオニンゴプテルス・グイ（*Liaoningopterus gui*），ミクロラプトル・ザオイアヌス（*Microraptor zhaoianus*），ミクロラプトル・グイ（*M. gui*），華夏鳥（*Cathayornis*），朝陽鳥（*Chaoyangia*），長翼鳥（*Longipteryx*），燕鳥（*Yanornis*），義県鳥（*Yixianornis*），会鳥（*Sapeornis*），熱河鳥（*Jeholornis*）である．この地層から産出する華夏鳥群は，熱河生物群で2番目の鳥類群である．

1987年，遼寧省朝陽の勝利に住む農民が，この省で初めての鳥類化石を発見し，のちにこれをポール・セレノと饒成剛が研究して，シノルニス・サンテンシス（*Sinornis santensis*）と名づけた．1990年，古脊椎

■21　遼寧省朝陽，凌源の化石産地，大王杖子（義県層中部）にある発掘地．手前が山嘴，奥が范杖子（義県層中部）．

■22　遼寧省義県，頭台の化石産地，河夾心（義県層中部）．

■23　河北省豊寧の発掘地．左が森吉図の東土窯，右が四岔口の芥菜溝（義県層中部）．

■24　遼寧省錦州，義県の化石産地，金剛山（義県層上部）．

■25　遼寧省朝陽の化石産地，波羅赤（九仏堂層）の現地調査の様子．古鳥類学会の第5回国際会議で熱河生物群に関するシンポジウムが開催された（2000年5月）．

動物古人類研究所に勤務していた古魚類学者の周忠和が，朝陽の化石産地，波羅赤で魚類化石を発掘中に，白亜系下部の九仏堂層から鳥類の標本をいくつか発見した．そのなかに，かなり完全に近い鳥類の化石があり，周忠和と共同研究者が1992年，カタイオルニス・ヤンディカ（*Cathayornis yandica*）として記載した．

これが，この地域でプロの古生物学者によって熱河生物群から収集された，最初の鳥類化石だった．それから4年のあいだに，古脊椎動物古人類研究所の野外調査スタッフが波羅赤から掘り出した鳥類標本は30を超す．

2000年，古脊椎動物古人類研究所の調査班は，朝陽の化石産地，上河首で，九仏堂層から鳥類や魚類，昆虫類の化石をたくさん発掘した（図26）．翌年，さらに大規模な発掘がこの場所で行われ，十数体の鳥類や羽毛獣脚類，翼竜，カメ類の化石が見つかり，魚類も数多く掘り出された．それ以来，上河首は九仏堂層で最も豊かな化石産地の1つに数えられるようになり，義県層の四合屯と同じような地位を得た．近隣地域でも，同じ頃に，重要な脊椎動物化石がいろいろ掘り出されている．その結果，ロンギプテリクス・チャオヤンゲンシス（*Longipteryx chaoyangensis*）やヤノルニス・マルティニ（*Yanornis martini*）など，新種の脊椎動物がいくつか確認された．さらに付け加えると，最小の恐竜，ミクロラプトル・ザオイアヌス（*Microraptor zhaoianus*）と悪名高き標本「アルカエ

■26　遼寧省朝陽の七道泉子にある化石産地，上河首（九仏堂層）で，古脊椎動物古人類研究所が発掘を行った．上が2000年，下が2001年の様子．

オラプトル」も，この地域の九仏堂層から採集された．「アルカエオラプトル」は，恐竜ミクロラプトル・ザオイアヌスの尾と，鳥類ヤノルニス・マルティニの胴体を組みあわせた偽物だった．

　2001～2003年の3年間に，朝陽の化石産地，大平房やその周辺の東大道，聯合では，見事な保存状態の脊椎動物化石が数多く採集されている（図27）．鳥類の会鳥と熱河鳥，翼竜のシノプテルス（*Sinopterus*），チャオヤンゴプテルス（*Chaoyangopterus*），リアオニンゴプテルス（*Liaoningopterus*），ドロマエオサウルス類のミクロラプトル・グイ（*M. gui*）などがその例である．

　ほぼ同じ頃，義県にある化石産地，呉家屯と西二虎橋でも，重要な脊椎動物化石がいくつも採集された（図28）．内容は，魚類のプロトプセフルス，ヤノステウス，シナミア，真鳥類のイシアノルニス・グレーボーイ（*Yixianornis grabaui*），カメ類のマンチュロケリス，羽毛のあるカウディプテリクス類，翼指竜，その他の鳥類などである．

■27　遼寧省朝陽の近くにある化石産地，大平房（九仏堂層）．

■28　遼寧省錦州，義県にある化石産地，呉家屯（九仏堂層）．

　熱河生物群については，過去十年のあいだに大規模な研究がなされたにもかかわらず，正確な年代特定がいまだに議論の的になっていて，決着がつきそうにない．現在のところ，ジュラ紀後期，ジュラ紀後期から白亜紀前期，白亜紀前期という3つの説がある．古生物学者や地質学者が年代特定の根拠にするのは，おもに古生物や層序の比較と，同位体元素による年代推定法である．堆積物の凝灰岩試料による年代測定と，生層序学の研究を組みあわせた結果，最近では，すべて白亜紀前期に含まれる，というのがおおかたの研究者の一致した見方になっている．それでもまだ，これに異論を唱える研究者はいる．たとえば，羅清華と共同研究者（1999）は，黒雲母のアルゴン40/アルゴン39年代測定法に基づき，義県層下部はジュラ紀後期（1億4700万年前）だと主張している．

　1995年，中国古脊椎動物古人類研究所とカナダの科学者による共同研究で，アルゴン40/アルゴン39・レーザー法を利用した年代測定が，初めて熱河層群の主要な層準に対して行われた．その結果，義県層の大王杖子層と金剛山層の（火山性堆積物をもとに）年代推定に成功し，それぞれ，1億2220万年±20万年前～1億2250万年±30万年前，および1億2140万年±110万年前～1億2160万年±40万年前という数値が得られた．1993年に，内モンゴルの九仏堂層にかぶさる玄武岩の年代測定が行われ，1億1000万年±52万年前という数値が出たことも付け加えておきたい．

　1999年，古脊椎動物古人類研究所の古生物学者が，バークレー地質年代学センターのC・C・スウィッシャーIIIと共同研究を行い，義県層の年代測定を試みた．彼らは，堆積物中の凝灰岩に含まれるサニディン単結晶を利用し，義県層の尖山溝層で，初めて堆積物の年代を直接測定した．それによると，義県層下部の年代は1億2460万年±20万年前～1億2460万年±30万年前ということだった．Wang et al. (2001) では，同じ化石産地の凝灰岩に含まれるジルコン結晶をもとに，ウラン-鉛法を使って，1億2520万年±90万年前という結果を出している．これらの研究は，熱河生物群の年代を白亜紀前期とする説をさらに補強し，孔子鳥やザンヘオテリウム，羽毛恐竜を含む尖山溝層がおよそ1億2500万年前で，最古の鳥である始祖鳥の時代より2000万年ほど新しいことを示していた．

　2001年，スウィッシャーと中国人共同研究者が，アルゴン40/アルゴン39法を使って新しい試料を再

測定した．Lo et al.（1999）が黒雲母試料を採集した化石産地である横道子と四合屯で，凝灰岩試料中のサニディンと黒雲母に対して全融解および段階加熱分析を行ったのだ．その結果，尖山溝層が1億2500万年前のものであることが確かめられただけでなく，黒雲母が過剰アルゴンを取り込んでいることもわかった．これで，先に行われた黒雲母による地質年代測定が不正確だった理由も説明できた．さらに彼らは，義県層の下で不整合に接する土城子層の凝灰岩試料からサニディンを採取し，年代を測定している．そして得られた土城子層上部の推定年代は1億3940万年前だった．こうなると，熱河生物群を白亜紀前期とする説はいよいよ信憑性をおびる（図29）．

現在までに，陸家屯層，尖山溝層，大王杖子層，金剛山層，九仏堂層のすべてで，同位体元素による年代測定結果が得られている．義県層の範囲はだいたいバランギニアン階からバレミアン階，九仏堂層はアプチアン階にあたる．最近発見された脊椎動物化石は，熱河生物群を白亜紀前期とする説を裏づけるさらなる証拠となった．今ではほとんどの研究者が，白亜紀前期

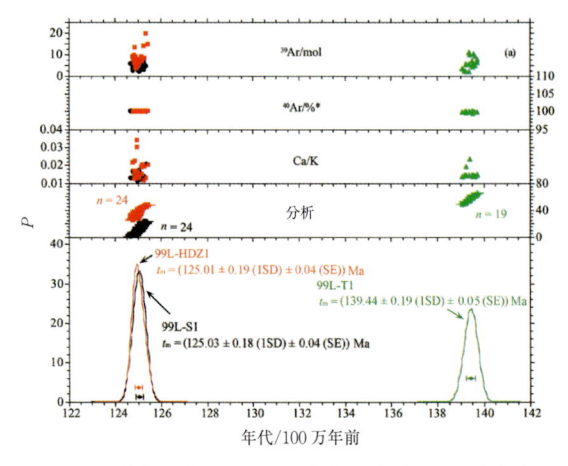

■29 同位体元素を利用した年代測定グラフ．遼寧省北票の義県層下部（1億2500万年前）とその下にある土城子層上部（1億3940万年前）に関して，最近行われた測定結果（詳しくは Swisher III et al., 2002 を参照）．

説を受けいれているが，まだこれからも層序学的研究を進める必要があり，しばらくのあいだ議論は続くだろう．

腹足類 gastropods

潘華璋, 朱祥根 (Hua-zhang Pan, Xiang-gen Zhu)

　腹足類（巻き貝類とナメクジ類）は，現存する軟体動物としては最も数が多く，多様で，たぶん最もよく知られているグループだろう．現生種の数は約3万7500種で，現生軟体動物の8割ほどにあたり，無脊椎動物全体のなかでは昆虫類に次ぐ多さである．巻き貝類とナメクジ類の半分以上は海生だが，淡水と陸上にまで分布する軟体動物の綱はこの腹足類のみである．腹足類には，前鰓類（Prosobranchia），後鰓類（Opisthobranchia），有肺類（Pulmonata）の3亜綱が存在する．前鰓類と後鰓類はおもに海生で，種類が多く，広く分布している．一般に，海生前鰓類の多くは，よく発達した色彩豊かな殻を持ち，美しい彫刻

■ 四合屯化石産地の層序断面．（撮影：張杰/IVPP）

に飾られている．その大部分は，岩石や砂，泥におおわれた浅海域の海底で見つかる．有肺類は陸上で繁殖している唯一の軟体動物亜綱で，その一部が二次的に淡水生へ戻っている．腹足類のなかには，やわらかい水底に巣穴を掘るものもいれば，泳いだり水面を浮遊したりするものもいる．プランクトンのなかで目立つ存在になっていることも多いが，巻き貝類の圧倒的多数は，水底をはいまわっている．内陸の淡水でも腹足類は数多く見られ，前鰓類のほかに，有肺類の基眼類（Basommatophora），たとえばタニシ類（viviparids），マメタニシ類（bithynids），ヒラマキガイ類（planorbids），モノアラガイ類（lymnaeids）などが，湖や川でよく見つかる．中生代から新生代にできた非海成堆積物から，これらの化石が見つかることも多い．一部の柄眼類（Stylommatophora）は，砂漠から熱帯雨林や海抜5000 m近い山地帯まで及ぶ，陸地に見られる．巻き貝類が変化に富み，特殊な適応を示しているのは，生息域が幅広いからである．腹足類の大半は肉食性や植物食性で，ときに腐肉食性も見られる．腹足類化石の分類群を確認する際には，おもに胚殻の特徴，殻や殻口，装飾の形状をもとにする．

腹足類化石は，熱河生物群には多く含まれ，アジア東部（ロシアのトランスバイカリア地域，モンゴル南東部，中国南部の浙江省，安徽省，中国北部の河北省，山東省，河南省など）に幅広く分布している．おもな発掘場所は，河北省北部と遼寧省西部の，大北溝層，義県層，九仏堂層であり，他の地域でもこれらと同じ層準から見つかる．代表例としては，プロバイカリア（*Probaicalia*）（図30），プセウダリニア（*Pseudarinia*）（図31），レエシデルラ（*Reesidella*）の蓋，タニシ科の前鰓類，オカミミガイ科（Ellobiidae）のプティコスティルス（*Ptychostylus*）（図32）とザプティキウス（*Zaptychius*），ヒラマキガイ科（Planorbidae）のヒラマキミズマイマイ（*Gyraulus*）（図33），モノアラガイ科（Lymnaeidae）のガルバ・スファイラ（*Galba sphaira*）（図34）があげられる．ここの腹足類群はときに多様性がやや乏しく，層準によっては含まれないこともある．しかし見つかる場合は，たいてい個体数が多い．遼寧省西部の四合屯村付近にある義県層下部に，鳥類を含む岩石層が見られるが，その下に位置する第9層の凝灰質シルト岩に，腹足類群が散らばっている．この腹足類群は多様性に乏しいが，密集し，1つの標本（227 cm^{2}の範囲）に117個体が入っていた例もある．この腹足類群には，アンプロワルワタ属の一種（*Amplovalvata* sp.），プロバイカリア・ウィティメンシス（*Probaicalia vitimensis*），プロバイカリア・ゲラッシモウィ（*P. gerassimovi*），プティコスティルス・フィリッピイ（*Ptychostylus philippii*），プティコ

■30　ミクロメラニア科の巻き貝，プロバイカリア・ゲラッシモウィ（*Probaicalia gerassimovi*）の殻（長さ 3.34 mm，幅 1.3 mm）．殻口面と腹面．発掘地は遼寧省北票の尖山溝（義県層）．

■31　ヤマタニシ科（cyclophorid）の巻き貝，プセウダリニア・ユシュゴウエンシス（*Pseudarinia yushugouensis*）の殻（長さ 1.81 mm，幅 0.80 mm）．殻口面．発掘地は遼寧省義県の皮家溝（九仏堂層）．

■32 オカミミガイ科の巻き貝，プティコスティルス・フィリッピイ（*Ptychostylus philippii*）の殻（長さ 2.58 mm，幅 1.00 mm）．殻口面，腹面，殻口面，殻頂面．発掘地は遼寧省北票の四合屯（義県層）．

■33 ヒラマキガイ科の巻き貝，ヒラマキミズマイマイ属の一種（*Gyraulus* sp.）の殻（長さ 0.75 mm，幅 2.25 mm）．殻口面，殻頂面，殻底面．発掘地は遼寧省北票の四合屯（義県層）．

■34 モノアラガイ科の巻き貝，ガルバ・スファイラ（*Galba sphaira*）の殻（長さ 1.20 mm，幅 0.74 mm）．殻口面，腹面，殻頂面．発掘地は遼寧省義県の皮家溝（九仏堂層）．

スティルス・ハルパエフォルミス（*P. harpaeformis*），ヒラマキミズマイマイ属の一種（*Gyraulus* sp.）が含まれるが，圧倒的に多いのはプティコスティルスで，腹足類群の全標本数の 66.5％ほどを占める．遼寧省西部，義県の皮家溝セクションの九仏堂層から見つかる，プセウダリニア・ユシュゴウエンシス（*Pseudarinia yushugouensis*），ギラウルス・ロリイ（*Gyraulus loryi*），ガルバ（*Galba*）は，紫色のシルト岩に保存されている．注目すべきは，これらの腹足類群の多くが微小で，たいていは長さ 5 mm に満たないという点である．

層位分布と化石の特徴からすると，熱河生物群の腹足類群は，イギリス南部ドーセットの中部パーベック層や，ドイツ北西部のゼルプリット層，モンゴル南東部やロシアのトランスバイカリアにある白亜系下部のものに近い．ここから，この腹足類群が明らかに，白亜紀前期の腹足類の特徴を有することがわかる．

腹足類の生息域は幅広いが，環境のわずかな変化にも影響を受けやすく，水底の安定度や堆積物の種類，

塩度，えさの量，水深，温度，酸素含有量，濁度などに左右される．したがって，生息環境が異なれば，そこにすむ腹足類群集も様々に異なる．現生巻き貝類の環境は多くの研究者によって調べられているので，類似の現生種と比べれば，化石腹足類の生息環境を推測できる．複数の堆積層から，種類の異なる化石腹足類群集が発見されているのは，生息域の違いを反映しているものと解釈できる．

類似の現生種との比較からすると，化石腹足類プティコスティルスの集団内の個体数が多く，サイズが小さい場合は，汽水の生息環境を示していると考えるのが妥当である．ドイツ北西部のゼルプリット層では，たいていプティコスティルスがヒドロビア（$Hydrobia$）やネオミオドン類（neomiodontids）（二枚貝類）とともに見つかるので，ここが汽水の環境だったことがわかる．また，イギリス，ダールストン湾の中部パーベック層にあるインターマリン層，すなわち海成のシンダー層付近の上部石材層と，コルブラ層からは，プティコスティルスとともに，汽水の環境を好むカメ類や魚類，二枚貝のネオミオドン（$Neomiodon$）が見つかった．遼寧省西部四合屯村付近の義県層下部には，石膏層がいくつかある．これらすべての要因を考慮すると，遼寧省西部四合屯村付近の義県層下部から見つかるプティコスティルスに富んだ群集は，汽水の環境を示している，と言えるだろう．しかし，九仏堂層から産出するギラウルス・ロリイとガルバを多く含む群集は，川岸や湖岸沿いでしばしば見られる，移動性の群集だった可能性がある．

（本章の写真はすべて袁留平/NIGP が撮影．）

二枚貝類 bivalves

陣金華（Jin-hua Chen）

　二枚貝類は2枚の殻を持つ軟体動物の綱で，斧足類や弁鰓類とも呼ばれる．水生動物で，背部にある角質の靭帯が左右1対の殻を結びつけている．この靭帯が殻を開こうとする力に逆らって，1対の（種類によっては1つだけになった）閉殻筋が働き，殻を閉じる．現在，二枚貝類は最もありふれた底生無脊椎動物に数えられ，海中の陸棚によく見られるが，淡水や汽水にすむ種も多く，深海にも生息している．二枚貝類の大多数は，左右に圧縮した形で，水底の砂や泥を掘るのに適している．硬い岩ややわらかい岩に穴を掘る種類も見られる．とりわけ特殊化が目立つのは，木材に穴をあける「フナクイムシ」である．底生の表在動物のなかで，二枚貝類は重要な位置を占めている．殻の重さや形を利用して海底に体を固定する種類もいれば，足糸や，片方の殻のセメント化作用によって，安定した物体に付着する種類もいる．移動能力の高い種類もあり，イタヤガイ類（pectinids）などは海底近くで短い距離を「跳ぶ」．幼生期と，殻がかなり縮小したごく少数の種類をのぞいて，現生二枚貝類に外洋性のものは見られない．しかし，絶滅種で殻の薄い種類は外洋性だった可能性がある．

　二枚貝綱（Bivalvia）が初めて出現するのは，カンブリア系下部の地層である．この時期の化石産地は，アメリカ合衆国やオーストラリア南部，中国にいくつかある．古生代前期のあいだ，二枚貝類の数はあまり増えなかった．デボン紀以降はたびたび見られるよう

■35　シビレコンカ科の二枚貝，アルグニエルラ（*Arguniella*）．複数の種が混じった集合（1つ1つの個体は長さ15〜25mm）．発掘場所は，遼寧省北票の四合屯から李八郎溝（義県層下部）に通じる路傍．（撮影：李大建/CAS）

になり，多様化している．二枚貝綱は中生代と新生代に発達の全盛期を迎える．中生代の二枚貝類は，層序対比に利用されることが多い．

熱河動物群が出現したのは，ジュラ紀中期が終わり，ジュラ紀後期が始まるあたりに中国で起きた，大きな絶滅事件のあとである．同じ頃，オックスフォーディアン期からキンメリッジアン期前期（ジュラ紀後期）にかけて，地殻運動が強まっている．この絶滅事件のせいで，ジュラ紀中期に中国大陸で栄えていたエオランプロトゥラープシルウニオ群（*Eolamprotula–Psilunio* fauna）とプセウドカルディニア群（*Pseudocardinia* fauna）が，熱河動物群から欠落している．熱河動物群の二枚貝類は，ジュラ紀中期の種類とはかなり違う，新たな特徴を示している．これらの二枚貝類のなかには，異なる累層から産出する標本をもとに，3種類の淡水生群集が認められ，熱河動物群の指標となっている．その3群集とは，以下のとおりである．

1. アルグニエルラ（*Arguniella*）群集．同じ属の2種，すなわち，アルグニエルラ・リンユアネンシス（*Arguniella lingyuanensis*）とアルグニエルラ・ヤンシャネンシス（*A. yanshanensis*）を含み，河北省東部の大北溝層で見つかった．熱河動物群が発達し始めた初期の二枚貝類で，多様性はきわめて低い．この群集は，ロシアのシベリア東部，アルグン川上流域にある，ジュラ系上部，マヤクスカヤ層のものに似ている．

2. アルグニエルラースファエリウム（*Arguniella-Sphaerium*）群集．熱河動物群の中期に位置し，遼寧省西部と河北省北部の義県層下部から見つかる二枚貝群集．原始的な化石鳥類である孔子鳥の模式産地で，鳥類（孔子鳥）層のすぐ下から，とりわけ豊富に産出する（図35）．個体数は非常に多いが，この群集に含まれているのは，アルグニエルラ・リンユアネンシスとアルグニエルラ・ヤンシャネンシス，スファエリウム・ジェホレンセ（*Sphaerium jeholense*），スファエリウム・アンデルッソニ（*S. anderssoni*）の4種のみ

■37 ニッポノナイア科の二枚貝，ナカムラナイア・チンシャネンシス（*Nakamuranaia chingshanensis*）の殻（長さ51 mm）．発掘地は遼寧省建昌の賈杖子（九仏堂層）．（撮影：陳周慶/NIGP）

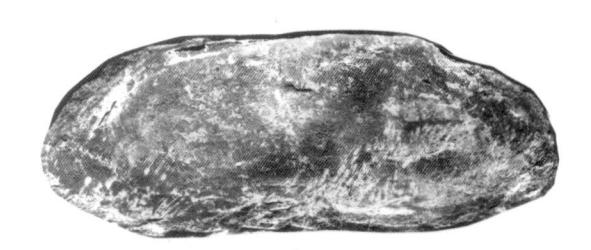

■36 イシガイ科の二枚貝，メンイナイア（*Mengyinaia*）の内形雌型．発掘地は山東省蒙陰の寧家溝（蒙陰層）．a：メンイナイア・メンイネンシス（*Mengyinaia mengyinensis*）（長さ65 mm）．b：メンイナイア・トゥグリゲンシス（*M. tugrigensis*）（長さ90 mm）．（撮影：陳周慶/NIGP）

■38 小型のマメシジミ科（pisidiid）二枚貝，ドブシジミ（スファエリウム）（*Sphaerium*）の内形雌型．発掘地は山東省蒙陰の西窪（西窪層）．a：スファエリウム・ジェホレンセ（*Sphaerium jeholense*）（長さ3 mm），b：スファエリウム・プジアンゲンセ（*S. pujiangense*）（長さ7 mm）．（撮影：陳周慶/NIGP）

■39 プリカトウニオ科の二枚貝，ウェイチャンゲルラ・キンクアネンシス（*Weichangella qingquanensis*）の殻（長さ29～34 mm）．発掘地は河北省囲場の沙嶺溝（九仏堂層）．（撮影：王璞/GPH）

で，2属にまとめられる．出現はしているものの，同時期の他の無脊椎動物（貝形虫類や昆虫類），脊椎動物（鳥類など）に比べて，まだ多様性に乏しい．おそらく，進化の速度が遅かったせいで，熱河動物群における二枚貝類の放散がなかなか進まなかったものと思われる．二枚貝類は硬い殻で身を守りながら，不利な環境にも適応してしまっていたのだろう．

3．メンイナイア-ナカムラナイア-スファエリウム（*Mengyinaia - Nakamuranaia - Shpaerium*）群集．遼寧省西部の九仏堂層など，熱河動物群後期の化石層から見つかる．この群集の二枚貝類は，上記の2群集より豊富で多様性に富む．5属に相当する30種以上が含まれ，メンイナイア（図36）は5種，ナカムラナイア（図37）は3種，スファエリウム（図38）は12種から13種，アルグニエルラは6種，ウェイチャンゲルラ（*Weichangella*）（図39）は5種が見つかり，明らかな放散を示している．この群集のあとに続いて，ニッポノナイア・シネンシス-ニッポノナイア・テトリエンシスの類似種-テトリア・ヨコヤマイの類似種（*Nippononaia sinensis - N.* cf. *tetoriensis - Tetoria* cf. *yokoyamai*）群集が遼寧省の沙海層から見つかっている．沙海層は九仏堂層より上に位置し，日本の手取層群の石徹白亜層群上部と同じ層位と考えられる．日本の後者の地層は最近，アンモナイト類や海生二枚貝類をもとに年代測定が行われ，オーテリビアン期（白亜紀前期）と同時期との結果が出ている．したがって，この3番目の群集はバランギニアン期付近に位置すると見られる〔訳注：日本の伊月層は，最近バランギニアン期～チトニアン期とみなされている〕．

貝甲類 conchostracans

陣丕基（Pei-ji Chen）

　貝甲類，すなわちカイエビ類は2枚の殻（背甲）を持つ，鰓脚亜綱の小さな甲殻類である（図40）。側扁した短い体を左右から包むキチン質の背甲は，内側に膜がはられている．前方に頭があり，無柄の複眼が1対と，よく発達した単眼がついている．体の後部にある尾節の特徴は，上に向かってそりかえった平らな2つのカギ状突起である．第1触角は小さく，単純な形だが，第2触角は二枝型の力強い遊泳器官に変化している．オスは，交尾の際にこれを使ってメスの背甲にしがみつく．胴体の脚（遊泳脚）は，10対から32対のあいだである．

　貝甲類は，非海成の層相に散在しているが，デボン紀から現在にいたるまで，大量にまとまって見つかることがよくある．今でも多くの古生物学者が「エステリア」という属名を通称として使っているが，これはもともとハエにつけられた名前である．

　カイエビ類は，古生代後期のヨーロッパと中生代のアジアで二度の繁栄を見せ，27科200属ほどが確認されているが，新生代には急速に衰え，現在，生息しているのは5科14属にすぎない．

　現生貝甲類は，内陸に一時的に現れる小さな池や，氾濫原の水たまり，水田，道路脇の溝など，水がたまった浅いくぼみのほとんどどこにでもすみついている．わき水や，大きな湖のふち，海岸の塩類平原でも見つかったとの報告がある．春には揚子江流域に，そして夏から秋のはじめにかけては，中国の北部，北西部，東北部，内モンゴルに現れる．現生種の大半にとって，適温は13〜34℃である．

　貝甲類の卵は2種類ある．殻の薄い卵は，排卵後数日で孵化する．殻の厚い休眠状態の卵は，長期にわたる乾燥や水たまりの凍結にも耐え，その後，風や水，鳥などによってまき散らされ，数年を経ても孵化することができる．これが理由と思われるが，カイエビ類の化石は世界中に分布し，特にジュラ紀から白亜紀における東アジアの非海成層で，生層序学の研究に大きく役立っている．

　現生貝甲類の分類は軟体部の構造をもとにしているが，やわらかい部分は化石にはめったに残らない．したがって化石の場合は，背甲の特徴や，成長帯の微細な装飾に，いっそうの注意を払う必要がある．たとえば，エウエステリア類（euestheriids）とロクソメガグリプティア類（loxomegaglyptids）には網目状の彫刻，オルテステリア類（orthestheriids）には放射状条があり，一方，エオセステリア類（eosestheriids）には網目状の彫刻と放射状条が混在している．熱河生物群では3種類の群集が確認されている．年代順に並べると，次のようになる．

　ネストリア-ケラテステリア（*Nestoria-Keratestheria*）群集：名称になっている種類のほかに，センテステリア（*Sentestheria*），アブレステリア（*Abrestheria*），アンボネルラ（*Ambonella*），ジベイリムナディア（*Jibeilimnadia*）が含まれる．概して，背甲は大きく，筋張った成長線が見られ，トゲやこぶがついていることもある．成長帯は幅が広くて平らで，網目状の大きな彫刻がある（図41）．これらの化石は河北省北部の大北溝層や，中国の内モンゴルにある宝石層，木瑞層，白音高老層，そしてトランスバイカリア東部のアルグン層やウストゥカル層で見つかった．

　エオセステリア-ディエステリア（*Eosestheria-*

■40　現生貝甲類の節足動物，エオキジクス・モンゴリアヌス（*Eocyzicus mongolianus*）．発掘地は内モンゴルの正藍旗．（撮影：毛継良/NIGP）

貝甲類 33

■41 ロクソメガグリプティア科の貝甲類，ネストリア・ピッソウィ（*Nestoria pissovi*）の背甲（長さ14mm）．筋張った成長線のあいだに大きな網目状の装飾が見られる．発掘地は河北省灤平の大店子（大北溝層）．（撮影：李大建/CAS）

■42 エオセステリア科の貝甲類，エオセステリア・ミッデンドルフィイの類縁種（*Eosestheria* aff. *middendorfii*）の背甲（長さ13〜14mm）．成長帯に，網目状の彫刻と放射状条が混在（細部を拡大）．発掘地は遼寧省義県の棗茨山（義県層上部の金剛山層）．（撮影：李大建/CAS，龐茂芳/NIGP）

■43 エオセステリア科の貝甲類，エオセステリア・リンユアネンシス（*Eosestheria lingyuanensis*）の背甲（長さ11mm）．発掘地は遼寧省北票の四合屯（義県層下部の尖山溝層）．（撮影：李大建/CAS）

■44 エオセステリア科の貝甲類,エオセステリア・オワタ(*Eosestheria ovata*)の背甲(長さ19 mm).網目状の彫刻と放射状条がキチン質の成長帯に混在し,これに対応する外形雌型に,小さく平らな多角形の盛りあがりと放射状の溝が見られる.発掘地は遼寧省北票の四合屯(義県層下部の尖山溝層).(撮影:李大建/CAS)

■45 ディエステリア科の貝甲類,ディエステリア・イシアネンシス(*Diestheria yixianensis*)の背甲(長さ21 mm).発掘地は遼寧省義県の周家屯(義県層中部の大康堡層).(撮影:李大建/CAS)

Diestheria）群集： この群集は，内モンゴル，中国東北部と北部，モンゴル，トランスバイカリアを含む，古アムール川流域にかつて分布し，この2属がとりわけ大量に生息していた．化石は，中国東北部遼寧省西部の義県層や，ここと関連のある他地域の層準で収集されている．なかでもよく知られているのは，エオセステリア・ミッデンドルフィイの類縁種（*Eosestheria* aff. *middendorfii*）（図42），エオセステリア・リンユアネンシス（*E. lingyuanensis*）（図43），エオセステリア・オワタ（*E. ovata*）（図44），エオセステリア・ジンガンシャネンシス（*E. jingangshanensis*），ディエステリア・イシアネンシス（*Diestheria yixianensis*）（図45），ディエステリア・ジェホレンシス（*D. jeholensis*）である．その他にも，最近になって熱河動物群からエオセステリオプシス（*Eosestheriopsis*）の種がいくつか確認されているが，これらはかつて，中国南西部の蓬莱鎮層や妥甸層など，ジュラ系上部の堆積層からしか見つかっていなかった．

　エオセステリアは比較的大きな背甲を持ち，中程度の成長線が見られるが，トゲやこぶはない．成長帯の装飾は，平均的な大きさの不規則な網目状で，腹側や後端へ近づくにつれて徐々に放射状条へ変化している．ディエステリアの装飾はエオセステリアのものに似ているが，殻の腹側後端近くに大きな網目状装飾がかぶさっている．この追加部分の網目状装飾が雌型化石に残した印象には，大きく平らな隆起が認められる．

　エオセステリア-ヤンジエステリア（*Eosestheria-Yanjiestheria*）群集： 名称のもとになった属のほかに，アルレステリア（*Allestheria*），ユメネステリア（*Yumenestheria*），ディエステリア（*Diestheria*）が含まれる．この時期のエオセステリアには数多くの成長線があり，それにともなって，成長帯は幅の狭い装飾に変わっている．やや小さめの網目状彫刻が，背面近くにのみ認められるが，殻の残りの部分には，細かく密集した放射状条がついている．ヤンジエステリア属はエオセステリア属から進化した．ヤンジエステリアは，背面近くにもっと小さな網目状彫刻があり，殻の腹側と後方付近には，さらに細かく密集した放射状条が認められる．この群集の貝甲類化石は，遼寧省西部の湖成層相の九仏堂層で採集されたほか，中国の他地域，モンゴル，トランスバイカリア，朝鮮半島，西南日本にある同様の岩石層からも見つかっている．

貝形虫類 ostracods

曹美珍, 胡艶霞（Mei-zhen Cao, Yan-xia Hu）

貝形虫類は節足動物門の小さな甲殻類である．地質学調査に利用される重要な微化石でもある．最も目立つ特徴は，軟体部を包む二枚貝様の殻（背甲）である（図46）．この殻は左右非対称で，石灰質の層をキチン質がおおっている．左の殻はふつう，右の殻より大きめで，右の殻におおいかぶさる形になっている．殻の外面には，装飾がついていることもあれば，なめらかな場合もある．貝形虫類の背甲はおおむね，長さ0.5～1.5 mmだが，これより小さいものや大きいものもいくらか見られる．ごくまれな例だが，中国の広西省〔訳注：広西チワン族自治区〕でデボン紀の炭酸塩岩から掘り出されたパラモエルレリティア（*Paramoelleritia*）のように，長さ70 mmに達するものもある．

貝形虫類の歴史は長く，世界中に分布している．最初に現れたのは5億年前のカンブリア紀で，今現在も繁栄している．高い塩分や温度に耐え，海水，淡水，汽水のなかでも生活できるが，浅海と湖にとりわけ多く生息している．温泉や硫黄泉のなかでも生きていける．貝形虫類の大半は水底をはいまわる底生動物だが，浮遊性の種類も見られ，泳いだり泥に穴を掘り込んだりするものもいる．雌雄異体で，一年中繁殖できる．条件のよい環境では両性生殖を行うが，環境が悪い場合は，単為生殖で繁殖する．貝形虫類は卵生動物である．卵の形は円形もしくは楕円形で，乾燥や寒さに強く，遠くまで拡散して，ちょうどよい環境のもとで孵化する．貝形虫類の個体発生は不連続である．他の節足動物と同様，卵からかえった幼生は，やわらかい体が成長し，新しい背甲が形成されると，硬い背甲を脱ぎ捨てる．脱皮は個体発生の期間中に8回ほど行われる．成長とともに，背甲の形と装飾は変化する．背甲のキチン質層はきわめて薄いため，めったに保存されず，軟体部は腐敗しやすい．したがって，化石として保存されるのは通常，石灰質層のみである．

河北省北部と遼寧省西部から産出する熱河生物群の貝形虫類化石は，非常に数が多く，すべて淡水生である．貝形虫類化石は，大北溝層，義県層，九仏堂層の岩石表面にたくさん散らばり，「ごま入りパン」のように見えることが多い（図47）．熱河生物群では現在までに，25属130種以上の貝形虫類が発見されている．そのうち5属5種が大北溝層，11属80種以上が義県層，そして19属80種以上が九仏堂層から見つかった．

大北溝層の貝形虫類化石はこれまでのところ，河

■ 貝形虫類の化石．（撮影：陳周慶/NIGP）

■ 46　現生貝形虫類（節足動物）キプリノトゥス属の一種（*Cyprinotus* sp.）．側面．産地は湖北省武漢．

貝形虫類 ● 37

■47 岩石表面に散らばる貝形虫類の化石（×4）．「ごま入りパン」のように見える．発掘地は河北省豊寧の森吉図（義県層）．（撮影：張海春/NIGP）

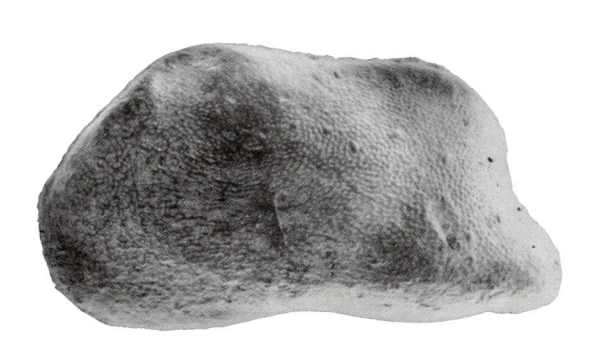

■48 ルアンピンゲルラ・ポスタクタ（*Luanpingella postacuta*）の左の殻（×27）．外側側面．発掘地は河北省灤平の井上（大北溝層）．

■49 トリニナ・テルサ（*Torinina tersa*）の右の内形雌型（×30）．外側側面．発掘地は河北省灤平の井上（大北溝層）．

北省灤平県の大北溝，井上，張家溝地区からしか見つかっていない．数多く見られるのは，大型（長さ約2mm）で表面がなめらかなルアンピンゲルラ（*Luanpingella*）（図48）とトリニナ（*Torinina*）（図49）で，その他にも，表面に小さなトゲや隆起がある小型（1mm未満）のリノキプリス（*Rhinocypris*）（図50）や，表面がなめらかなダーウィヌラ（*Darwinula*）が見つかる．トリニナが初めて現れたのは，トランス

バイカリア東部のアルグン川流域にあるジュラ紀後期のトゥルガ層だった．かつて貝形虫類の研究者が，大北溝層から産出したトリニナをエオパラキプリス（*Eoparacypris*）として分類したことがあった．大北溝層もトゥルガ層もトリニナを含むので，この2層は正確に対比できるのかもしれない．どちらも年代はジュラ紀後期である．

義県層の貝形虫類は数が非常に多く，大北溝層

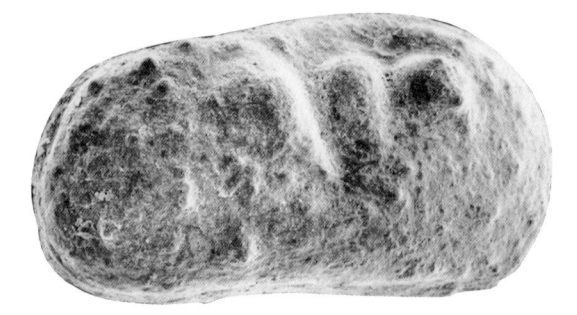

■50 リノキプリス・ジュラッシカ（*Rhinocypris jurassica*）の背甲（×80）．外側側面．発掘地は遼寧省北票の四合屯（義県層下部）．

■51 キプリデア（キプリデア）・シヘトゥネンシス（*Cypridea (Cypridea) sihetunensis*）の背甲（×50）．外側側面．発掘地は遼寧省北票の四合屯（義県層下部）．

■52 キプリデア（キプリデア）・ダベイゴウエンシス（*Cypridea (Cypridea) dabeigouensis*）の背甲（×50）．外側側面．発掘地は河北省灤平の大北溝（義県層下部）．

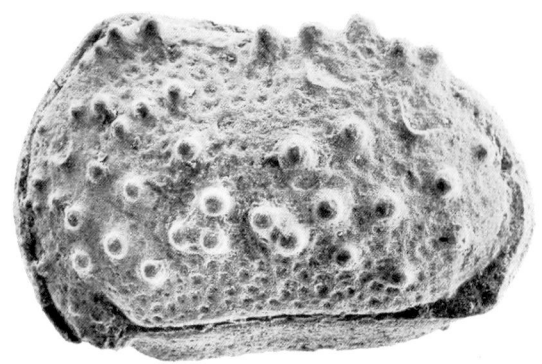

■53 キプリデア（ウルウェルリア）・ベイピアオエンシス（*Cypridea (Ulwellia) beipiaoensis*）の背甲（×50）．外側側面．発掘地は遼寧省北票の李八郎溝（義県層下部）．

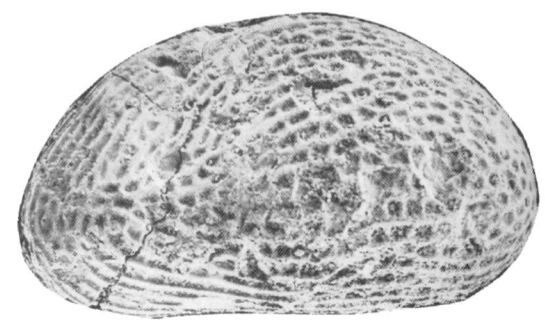

■54 ティミリアセウィア・ジアンシャンゴウエンシス（*Timiriasevia jianshangouensis*）の背甲（×80）．外側側面．発掘地は遼寧省北票の尖山溝（義県層下部）．

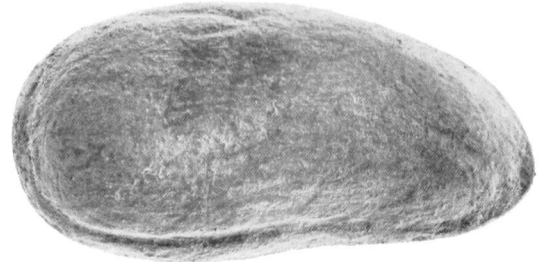

■55 ダーウィヌラ・レグミネルラ（*Darwinula leguminella*）の背甲（×70）．外側側面．発掘地は遼寧省北票の四合屯（義県層下部）．

のものに比べて多様性が高い．なかでも多く見られるのはキプリデア（*Cypridea*）である．これらの貝形虫類は2つの群集にまとめられる．下部の群集は，キプリデア（図51～53）に加えて，大型で表面がなめらかなヤンシャニナ（*Yanshanina*）やジュンガリカ（*Djungarica*），小型のティミリアセウィア（*Timiriasevia*）（図54）やダーウィヌラ（*Darwinula*）（図55）などを豊富に含む．上部の群集はおもにキプリデア属から構成されている．ここに含まれるキプリデア亜属（*Cypridea (Cypridea)*）（図56, 57）は，右の殻より左の殻が大きく，群集のなかで優位を占めている．義県層下部の貝形虫類は，イギリスのパーベック層群下部に見られる2つの貝形虫類群集に似ている．また，

貝形虫類 ● 39

■56 キプリデア（キプリデア）・ジンガンシャネンシス（*Cypridea (Cypridea) jingangshanensis*）の背甲（×45）．外側側面．発掘地は遼寧省義県の棗茨山（義県層上部）．

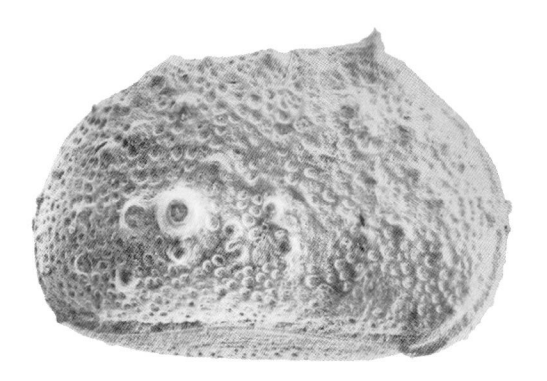

■57 キプリデア（キプリデア）・ザオキシャネンシス（*Cypridea (Cypridea) zaocishanensis*）の背甲（×45）．外側側面．発掘地は遼寧省義県の棗茨山（義県層上部）．

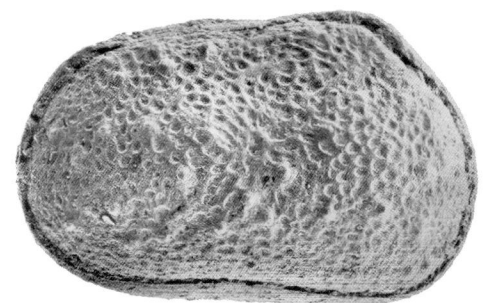

■58 ユメニア・カスタ（*Yumenia casta*）の背甲（×40）．外側側面．発掘地は遼寧省義県の皮家溝（九仏堂層上部）．

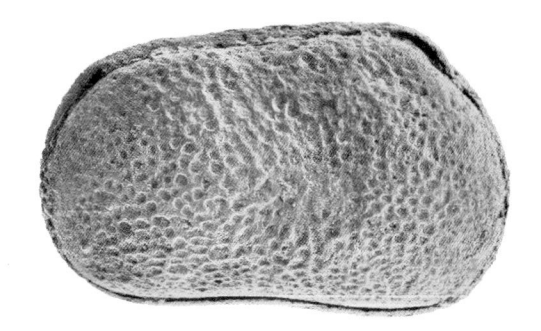

■59 ユメニア・ジアンチャンゲンシス（*Yumenia jianchangensis*）の背甲（×40）．外側側面．発掘地は遼寧省義県の皮家溝（九仏堂層上部）．

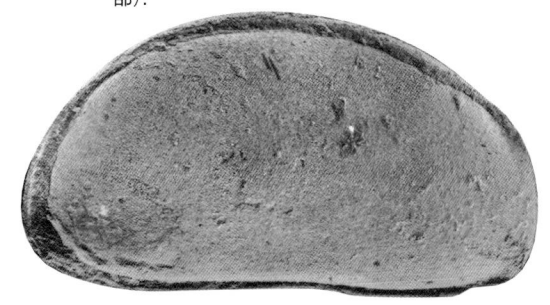

■60 イシアネルラ・マルギヌラタ（*Yixianella marginulata*）の背甲（×40）．外側側面．発掘地は遼寧省義県の皮家溝（九仏堂層上部）．

トランスバイカリア東部アルグン川流域にある，クティ層のブルム部層から産出する貝形虫類群集と対比できると思われる．以上の事実から考えると，義県層下部の年代は，チトニアン期後期もしくは，チトニアン期後期からベリアシアン期後期と推測される〔訳注：放射性年代測定ではバレミアン期からアプチアン期〕．

　九仏堂層の貝形虫類は非常に豊富で，多様性が高い．これもまた2つの群集にまとめられる．下部の群集は義県層上部のものに比較的近く，キプリデア亜属を多く含む．九仏堂層上部の貝形虫類化石は，急速に進化し広範囲に分布した，ユメニア（*Yumenia*）（図58，59）やリムノキプリデア（*Limnocypridea*）を豊富に含み，ケイロキプリデア（*Cheilocypridea*），イシアネルラ（*Yixianella*）（図60），左の殻より右の殻が大きいキプリデア（ウルウェルリア亜属）（*Cypridea (Ulwellia)*）も多く見られる．この群集の特徴は，中国内外で，白亜紀前期のバランギニアン期からバレミアン期の地層から見つかる貝形虫類と同じである．

（明示されているものをのぞき，本章の写真撮影はすべて茅永強/NIGPによる．）

エビ類 shrimps

沈炎彬（Yan-bin Shen）

　淡水生のエビ類化石はこれまで散発的にしか見つからなかったが，熱河生物群からアスタクス類（astacids）とスペレオグリフス類（spelaeogriphids）の標本がたくさん発見され，状況は改善された．前者はよく知られている大きめのザリガニ類（十脚目 Decapoda，ザリガニ下目 Astacidea）で，後者はスペレオグリフス科（Spelaeogriphidae（半エビ目））の新種，リアオニンゴグリフス（*Liaoningogriphus*）である．

　ザリガニ類（crayfish）　アスタクス類は一般に「ザリガニ」（crayfish）と呼ばれ，世界各地で様々な通称がつけられている．たとえば，クローフィッシュ，ペーパーシェルクラブ，エクレヴィス，ヤビー，マッドバグ，フルスクレープス，ラック，ディッチバグ，クーナックなどがあげられる．今までに確認されている種は500を超え，ほぼ世界中に分布している．

　淡水生のザリガニ類は以前から，ザリガニ上科（Astacoidea）とミナミザリガニ上科（Parastacoidea）の2グループにまとめられてきた．ザリガニ上科は北半球に生息し，ザリガニ科（Astacidae）（ヨーロッパ，北アメリカ西部）とアメリカザリガニ科（Cambaridae）（北アメリカと東アジア）に分けられる．ミナミザリガニ上科の生息地は南半球に限られる．

　ザリガニ下目の特徴は，頭胸部が円筒形に近く，額角と腹がよく発達し，頸溝は単純だが，胸肢のはじめの3対がハサミ状になり，第1胸肢が特に大きく，腹部の側板がよく発達している点である．また，尾節には横方向への縫合があり，尾肢は分節している．

　ザリガニ上科のオスでは，第1腹肢と第2腹肢が変化して，やや長めで尖った刀のようになり，精包をメスに渡す際に使われるのが特徴である．アメリカザリガニ科のメスは，第4胸肢と第5胸肢のあいだに，特殊な形態の貯精嚢である環状体を持つ（図61）．アメリカザリガニ科のオスは，第2胸肢から第4胸肢に座節突起と呼ばれる，一定方向を向いた頑丈な突起を持つことがある．しかし，ザリガニ科のなかまには，オスの座節突起もメスの環状体もない．

　熱河生物群のザリガニ類標本は，遼寧省凌源市の大王杖子，大新房子，宋杖子，牛営子，錦州市義県の後双山子村にある義県層から発掘された．標本の保存状態はきわめてよく，脱皮後の外骨格や幼生，成体，オス，メス，そして，胸部の背面，腹面，側面の遺骸が含まれている．これらの標本は，テイラー，

■61　現生ザリガニ類，プロカンバルス・クラルキイ（*Procambarus clarkii*）．オスの背面（左）．管状の第1，第2腹肢が見える，オスの腹面（中）．環状体と第1～第5腹肢が見える，メスの腹面（右）．（撮影：趙士偉／NIGP）

シュラム，沈らにより，クリコイドスケロスス科（Cricoidoscelosidae）のクリコイドスケロスス・アエトゥス（*Cricoidoscelosus aethus*）（図62〜65）およびパラエオカンバルス・リケンティ（*Palaeocambarus licenti*）（図66，67）と命名された．前者は，鞭毛状もしくは小鈍鋸歯状の腹肢を持ち，後者は櫂（かい）状の腹肢を持つ点が異なる．どちらも，オスの第1腹肢が変化し，メスに環状体があるところが現生アメリ

■62　クリコイドスケロスス・アエトゥス（*Cricoidoscelosus aethus*）．オスの腹面．額角から尾節後端まで87 mm．発掘地は遼寧省凌源の大王杖子（義県層）．（撮影：李大建/CAS）

■63 クリコイドスケロスス・アエトゥス．メスの側面．鋏脚の先端から最後の腹節までの長さ 99 mm．発掘地は遼寧省凌源の大王杖子（義県層）．（撮影：李大建/CAS）

■64 クリコイドスケロスス・アエトゥス．メスの尾扇腹面（幅 27 mm）．発掘地は遼寧省凌源の大王杖子（義県層）．（撮影：鄧東興/NIGP）

カザリガニ類に似ている．

　現生ザリガニ類はたいてい淡水性の環境に生息している．種によっては，カスピ海や黒海など，塩度の高い場所にも耐えられるが，完全な海水の環境には見られない．淡水生のザリガニ類は500種を超え，北半球の温帯や，南半球の温帯から熱帯で見つかる．

　ザリガニ類は雑食性で，生きた動物や死肉，植物など，様々なえさを食べる．ザリガニ科のなかには，冷水域に適応した種もいくつか存在する．一般に，脱皮はえさをとることができる暖かい夏期に限られる．これに対し，アメリカザリガニ科のなかまはもっと多様で，ザリガニ科に比べて幅広い範囲の生息域に適応できる．アメリカザリガニ科に属する種の多くは，巣穴を掘る能力を備えているので，定期的に乾燥する水域でも生活できる．その他の種は，流水性の環境にも止

■65 クリコイドスケロスス・アエトゥス．脱皮後のメスの外骨格（長さ 115 mm）．発掘地は遼寧省凌源の大王杖子（義県層）．（撮影：李大建/CAS）

■66 パラエオカンバルス・リケンティ (*Palaeocambarus licenti*). メスの側面. ハサミの先端から最後の腹節まで47.5 mm. 発掘地は遼寧省凌源の大王杖子（義県層）.（撮影：李大建/CAS）

■67 パラエオカンバルス・リケンティのオス. 尖った刀のようになっている第1腹肢が見える（矢印）（×2）. 発掘地は遼寧省凌源の大王杖子（義県層）.（撮影：鄧東興/NIGP）

■68 リアオニンゴグリフス・クアドリパルティトゥス (*Liaoningogriphus quadripartitus*) の完全に近い個体（腹面, 長さ16 mm）. 発掘地は遼寧省北票の四合屯（義県層下部）. 胸部, 腹部, 尾部が見える.（撮影：張海春/NIGP）

■69 リアオニンゴグリフス・クアドリパルティトゥスの完全に近い個体（長さ16 mm）. 側面. 発掘地は遼寧省北票の四合屯（義県層下部）.（撮影：李大建/CAS）

水性の環境にも生息し，石の下や植物のなか，岸辺に生えた木の根，腐葉土のあいだなどで見つかり，川床の砂利に穴を掘ってもぐり込むこともある.

リアオニンゴグリフス（*Liaoningogriphus*） スペレオグリフス科は，5対の覆卵葉がついた卵囊を持つのが特徴であり，ここからフクロエビ上目（Peracarida（半エビ目））に入れられた. 現生種のスペレオグリフスが最初に見つかった場所は，南アフリカのテーブルマウンテンにある地下洞窟内の池だった. 知られているかぎり唯一の化石種だったアカディオカリス・ノウァスコティカ（*Acadiocaris novascotica*）は，カナダ沿海州で石炭系下部の黒色頁岩から発見された. スペインのラス・オヤスにある白亜系下部の堆積層から産出した別の化石スペレオグリフス類については，現在，記載の準備が進んでいる.

新種のスペレオグリフス類，リアオニンゴグリフス・クアドリパルティトゥス（*Liaoningogriphus quadripartitus*）は最近，沈，テイラー，シュラムによって記載された（図68～70）. 発掘場所は，遼寧省北票市の四合屯，尖山溝，黄半吉溝地区と，義県の大康堡村近くの，義県層である. このスペレオグリフス類の外形は細長い円筒状で，観察データによると，最大の長さは約20 mmになる. 頭部と，最初から2つ目までの胸節の大部分は，表皮が硬化した薄い甲皮でおおわれている. リアオニンゴグリフスの額角はきわめ

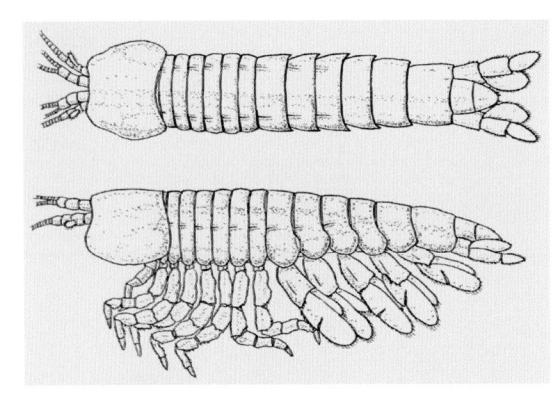

■70 リアオニンゴグリフス・クアドリパルティトゥスの復元図．背面（上）と側面（下）．（提供：F・R・シュラム/ZMUA）

て短く，幅広で丸みをおびている．第1触角は二枝型で，第2触角は単枝型である．2番目から8番目までの胸肢には，内肢が発達している．第3胸節から第8胸節はむき出しになっている．1番目から5番目までの腹節にはそれぞれ，二枝型でよく発達した長めの腹肢がある．原肢の遠位端はS字状に湾曲し，2節からなる外肢と，1節の内肢がついている．尾節には短くて太いトゲが，正中に2対あり，下側の中央部に細い横線が入っている．尾肢は尾節の2倍以上の長さがある．外肢には卵形の節が2つある．

現生スペレオグリフス類の生息地は南半球に限られる．これとは逆に，化石種は知られているかぎりすべて北半球から発見された．大きさは時とともに減少する傾向があり，化石種（長さ9.4〜20 mm）に比べて現生種（長さ約7 mm）はかなり小さい．

リアオニンゴグリフスは，数は非常に豊富だが多様性はまったくない．たいていの場合，黄色みをおびた灰色の凝灰質頁岩やシルト岩が薄い層構造を作っているところに保存され，貝甲類や貝形虫類，二枚貝類，腹足類，昆虫類や植物といった陸の淡水生生物とともに掘り出される．現生スペレオグリフス類のスペレオグリフス・レピドプス（*Spelaeogriphus lepidops*）やポティイコラ・ブラシレンシス（*Potiicora brasilensis*），マンクトゥ・ミティウラ（*Mangkutu mityula*）は，体をすばやくくねらせて，速いスピードで泳ぐ．見つかる場所は，洞窟内の淡水池や地下の帯水層である．しかし，リアオニンゴグリフスの場合，いっしょに掘り出される貝甲類の生息環境や，このエビ類含有層に凝灰質の物質が多く含まれることを考えると，生息場所は洞窟内の池や地下の水域ではなく，地上の湖沼だったにちがいない．中生代後期の東アジアは，温帯から亜熱帯の暖かい気候だった．

昆虫類とクモ類 insects and spiders

張俊峰，張海春（Jun-feng Zhang, Hai-chun Zhang）

　昆虫類は昔も今も栄華を誇っているが，熱河生物群でもやはり，最も繁栄した動物だった．これが疑いようのない事実であることは，その多様性を見ればわかる．河北省北部と遼寧省西部の非海成岩層からは1万以上の標本が掘り出され，17目100科を超える500種以上の昆虫類が確認されている．このようなきわめて高い多様性と，見事に保存された痕跡は，世界全体の地史を見渡してもまれである．これらの昆虫化石から，中生代後期の光景が生き生きとよみがえる．空を飛ぶ昆虫もいれば，地面をはうもの，水中を泳ぐものもいる．植物の葉や種子，果実をえさにする昆虫や，腐敗物を栄養源にする昆虫，他の昆虫を襲って食べる昆虫，鳥類や哺乳類の血を吸う昆虫もいる．こうした化石昆虫類のなかには現在の私たちになじみのある種類も見られる．たとえば，ハチ（膜翅目）（Hymenoptera），カやハエ（双翅目）（Diptera），甲虫（甲虫目）（Coleoptera），ゴキブリ（ゴキブリ目）（Blattaria），トンボ（トンボ目）（Odonata），バッタ（直翅目）（Orthoptera）などである．こうした昆虫類を通して，中生代後期の東アジアにおける昆虫相をかいま見ることができた．これらを現生昆虫類と比較すれば，昆虫類の系統発生や進化についても，さらなる情報が得られる．また，特別な形態や生態的特徴を持っている種類が多く含まれているので，古地理や古気候，古生態を再現することもできる．とりわけ興味深いのは，この昆虫群から見つかる数多くの訪花昆虫類である．たとえば，ハナカメムシやハナノミ，短角類，ジガバチ，ゴキブリなどが採集されている．同じ化石産地や同じ岩石から，被子植物も発見されている．これらのすばらしい発見により，訪花昆虫と被子植物の起源や，共進化関係について議論するうえで，重要なデータが得られた．

　熱河生物群では，広い地域に分布する優占種の昆虫類が，河北省北部や遼寧省西部にある陸成盆地のほぼすべてで見つかった．これらの昆虫はたいてい個体数が多く，簡単に採集できた．よく知られている重要な例を以下にあげる．

　エフェメロプシス・トリセタリス（*Ephemeropsis*

■71　カゲロウ類，エフェメロプシス・トリセタリス（*Ephemeropsis trisetalis*）の若虫．長さ約60 mm.

■72　カゲロウ類，エフェメロプシス・トリセタリスの成虫．長さ約60 mm.

■73　トンボ類，アエスクニディウム・ヘイシャンコウェンセ（*Aeschnidium heishankowense*）の成虫．メス．羽を広げた幅は約 130 mm．矢印が指しているのは，長い産卵管．

■74　ミズギワカメムシ科の甲虫，メソリガエウス・ライヤンゲンシス（*Mesolygaeus laiyangensis*）．長さ約 7 mm．発掘地は山東省莱陽の南李各荘（莱陽層）．

■75　フサカ科の蚊，キロノマプテラ・グレガリア（*Chironomaptera gregaria*）．長さ約 6 mm．発掘地は山東省莱陽の南李各荘（莱陽層）．

昆虫類とクモ類 ● 47

■76 短角類，プロトネメストリウス・ジュラッシクス（*Protonemestrius jurassicus*）．長さ約 13 mm．矢印が指しているのは吻．（提供：任東 /CNU）

trisetalis）（図 71，72）．カゲロウ目（Ephemeroptera）のヘクサゲニテス科に分類される大型のカゲロウ類で，東アジアの非海成層の対比において，きわめて重要な存在である．若虫は個体数が多く，岸に近く，温かくて浅い，よどんだ水中にすみ，水底をはったり水中を泳いだりしながら，他の水生昆虫を捕食した．成虫は陸にすみ，短命で，うまく飛べなかった．このカゲロウ類は，体が大きい点が他のヘクサゲニテス類と異なり，中生代後期におけるこの科の進化で，行き止まりの枝に位置していた．

アエスクニディウム・ヘイシャンコウェンセ（*Aeschnidium heishankowense*）（図 73）．トンボ目アエスクニディウム科（Aeschnidiidae）に分類される大型のトンボ類．幼生は数多く，エフェメロプシス・トリセタリスの幼生と同じような環境にすんでいた．他の水生昆虫，特に蚊など双翅類の幼虫，小さな水生

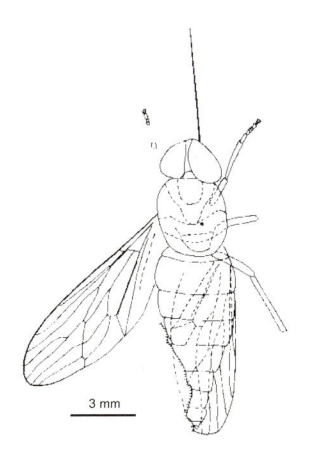

■77 プロトネメストリウス・ジュラッシクスの写生画．（提供：任東 /CNU）

■78 ハナカメムシ類．長さ約10 mm.

■79 エキノソーマ科（echinosomatid）のハサミムシ類．長さ約20 mm.

■80 キリギリス．長さ約25 mm.

■81 メソブラッティナ科（mesoblattinid）のゴキブリ．長さ約25 mm.

■82 アワフキムシ類．長さ約15 mm.

■83 コメツキムシ類．長さ約15 mm.

昆虫類とクモ類 ● 49

■85 糞虫．長さ約 20 mm．

■84 ナガヒラタムシ科（cupedid）の甲虫，ノトクペス・ラエトゥス（*Notocupes laetus*）．長さ約 15 mm．

■86 ラクダムシ類のアルロラフィディア・ロンギスティグモサ（*Alloraphidia longistigmosa*）．長さ約 20 mm．

昆虫の幼生や魚類を捕食した．成虫は陸にすみ，長生きで，すぐれた飛行能力を持っていた．この大型昆虫は，他の昆虫類のほとんどすべてに対して，数を増減させる直接・間接的な影響を持ち，繁栄や衰退にまで関与した．なぜなら，幼生も成虫も，熱河昆虫群において最大の肉食昆虫だったからである．同類のなかまが，ドイツのゾルンホーフェンにあるチトニアン期前期の地層から発見されているので，この昆虫は熱河昆虫群の年代測定において重要な役割を果たす．アエスクニディウム科は，ジュラ紀後期から白亜紀前期の興味深い昆虫類で，ここに取りあげた種は，初期の代表例である．中国で見つかったこの種には，前後の翅に翅脈が密集し，小さな細胞がたくさんあるといった，原始的な特徴がいくつか見られる．

メソリガエウス・ライヤンゲンシス（*Mesolygaeus laiyangensis*）（図74）．中型から小型の水生昆虫．絶滅したメソリガエウス科（Mesolygaeidae）で，半翅目（Hemiptera）異翅亜目（Heteroptera）に属す．東アジアにおける非海成層の対比に重要な役割を果たす．幼生も成虫も個体数が豊富で，岸に近く，温かくて浅い，よどんだ水中にすみ，水中ではったり泳いだりしたが，陸に上がることもあった．成虫は水から出て飛ぶことができ，双翅類の幼虫など，他の小さな水生昆虫をえさにした．この種は，中生代後期にのみ生息していたが，現生ミズギワカメムシ類（ミズギワカメムシ科（Saldidae））と近い関係にあり，どちらもミズギワカメムシ上科（Saldoidea）に属している．しかし，生活様式は異なり，前者は水中に生息し，後者より原始的と見られている．一方，後者は湖沼の岸辺で見つかることが多い．

キロノマプテラ・グレガリア（*Chironomaptera gregaria*）（図75）．フサカ類（現存する科である，フサカ科）に分類される小さな蚊．これもまた，東

■87　フサカ科の蚊，キロノマプテラ・ウェスカ（*Chironomaptera vesca*）．長さ約10 mm．

■88　短角類，プロトネメストリウス属の一種（*Protonemestrius* sp.）．長さ約15 mm．

昆虫類とクモ類 ● 51

■89　ハバチ類．長さ約 10 mm．

アジアの非海成層の対比に使われる重要な生物である．ボウフラ（幼虫）は個体数が多く，岸に近く，温かくて浅い，よどんだ水中にうようよいた．成虫は陸生で，植物が茂った沼の上を飛んだ．この種は，中生代の絶滅亜科であるキロノマプテラ亜科（Chironomapterinae）に属しているが，フサカ科内での系統分類的な位置づけははっきりしていない．この蚊のボウフラは，中型から小型の捕食性昆虫類のえさだったため，当時の湖沼系における食物連鎖で大きな役割を果たしていた．

数は多くないが，被子植物と関係を持っていたらしい昆虫類は，この熱河生物群のなかで非常に重要

■90 エフィアルティテス科のハチ，クレファノガステル・ララ（Crephanogaster rara）．長さ約 10 mm．

■92 ペレキヌス科のハチ，スコルピオペレキヌス・ウェルサティリス（Scorpiopelecinus versatilis）．長さ約 15 mm．

■91 ヒメバチ類，タニコラ・ベイピアオエンシス（Tanychora beipiaoensis）．長さ約 7 mm．

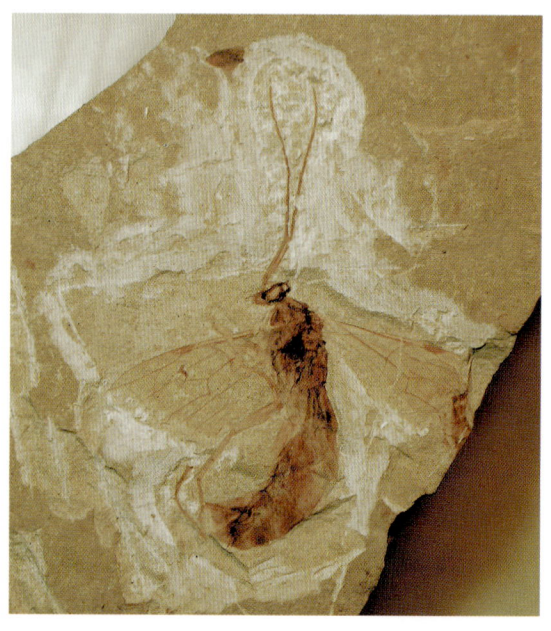

■93 ジガバチ類，ポンピロペルス属の一種（Pompiloperus sp.）．長さ約 15 mm．

■94 コガネグモ類．長さ約10mm．

な意味を持つ．授粉を媒介したと思われる昔の昆虫と，最初期の被子植物（花を咲かせる植物）の共進化を，ここに見ることができるからである．植物に関係のある昆虫を確認できれば，ジュラ紀後期から白亜紀前期の中国東北部の生物群に，繁栄とまでは言えなくても，被子植物が存在した可能性を示す，さらなる証拠となる．熱河生物群で花粉を媒介したと思われる昆虫類は，双翅目のプロトネメストリウス・ジュラッシクス（*Protonemestrius jurassicus*）（図76，77），プロトネメストリウス・ベイピアオエンシス（*P. beipiaoensis*），フロリネメストリウス・プルケルリムス（*Florinemestrius pulcherrimus*）や，ハナカメムシ（図78）などである．これらの昆虫の特徴は，花蜜を吸うための特別な口器（吻）を持つ点で，これは花粉を媒介する同族の現生種に似ている．しかし，この昆虫たちが実際に吸っていたのが植物の汁や動物の血液だった可能性も否定できない．これ以外の種類でも，熱河昆虫群の化石収集には力が注がれている（図79～93）．

　熱河生物群のクモ類は多様性に乏しく，数も多くない．代表例は，クモ形綱（Arachnida）真正クモ目（Araneida）に属するコガネグモ科（Araneidae）の種である（図94）．このクモ類はふつう，森の木の枝や葉のあいだにすみ，円形網をはった．網をはる方向は，支持物の位置により，縦や横，斜めの場合もあった．夕暮れから明け方まではたいてい網の中央にいて，日中は網の近くで植物の茎や葉のあいだに隠れて過ごし，小型から中型の様々な飛行性昆虫類を捕食した．

　（明示されているものをのぞき，本章の化石はすべて，遼寧省北票の黄半吉溝で，義県層下部の地層から採集された．）

魚類 fishes

張江永，金帆（Jiang-yong Zhang, Fan Jin）

　魚類は熱河生物群で最も豊富に見つかる化石である．その数は数万にもなる．遼寧省西部における熱河生物群の魚類化石研究は，19世紀後半にフランス人解剖学者H・E・ソヴァージュによって始められた．ソヴァージュは，中国北部から産出した標本を，キプリノドン科（Cyprinodontidae）の新種プロレビアス・ダヴィディ（*Prolebias davidi*）と名づけた．それからおよそ半世紀後，アメリカ人古生物学者，アマデウス・W・グレーボーが，1928年出版の著書『中国の層序学』（*Stratigraphy of China*）に，リコプテラ・ジョホレンシス（*Lycoptera joholensis*）とリコプテラ・ジョホレンシスの変種ミノル（*L. joholensis* var. *minor*）を記載した．その後，日本の斉藤和夫と高井冬二も，この地域の魚類化石の研究を行った．中国人研究者による最初の研究発表は，劉憲亭らによる論文「中国北部のリコプテラ科魚類」（Lycopterid Fishes from North China）である．この地域では近年，数多くの新しい魚類化石が見つかっている．現在までに発表されている熱河生物群の化石魚類は，ペイピアオステウス（*Peipiaosteus*），ヤノステウス（*Yanosteus*），プロトプセフルス（*Protopsephurus*），シナミア（*Sinamia*），ロンデイクティス（*Longdeichthys*），リコプテラ（*Lycoptera*），ジナニクティス（*Jinanichthys*）の7属である．

■ リコプテラ（*Lycoptera*）．（撮影：IVPP）

ペイピアオステウスとヤノステウス，プロトプセフルスは条鰭亜綱（Actinopterygii）軟質下綱（Chondrostei）チョウザメ目（Acipenseriformes (sturgeons)）に属している．最初期のチョウザメ類はイギリスやドイツのジュラ紀前期の地層から見つかった．しかし，ジュラ紀後期から白亜紀前期のものは，中央アジアや東アジア北部でしか見つかっていない．化石種でも現存種でも，チョウザメ類は全北区にしか見られず，ジュラ紀前期からずっと，淡水にすむか，産卵のために海から川をのぼる回遊生活を送っている．チョウザメ類は捕食者で，幼魚期には動物性プランクトンをえさにし，その後すぐに底生生活を送るようになる．この生活様式に適応したため，顎は細長く，口は下面についている．えさになるのはおもに甲殻類や軟体動物，小型の魚類で，なかまのチョウザメも食べる．アキペンセル・シネンシス（*Acipenser sinensis*）（図95）は中国の固有種で，国家一級保護動物に指定されている．これは大型の昇河回遊魚で，体重は 550 kg に達する．幼魚は東シナ海の沿岸で生活し，成長すると川をさかのぼって産卵する．おもな産卵場所は，揚子江や珠江である．

ペイピアオステウスとヤノステウスは，新しく設立された化石科であるペイピアオステウス科（Peipiaosteidae）に分類される．遼寧省北票と河北省豊寧の，義県層と九仏堂層から産出するペイピアオステウス（図96）は，中国で発見された最初の化石チョウザメ類で，体はやや小さめで，ほとんどが体長 1 m 未満である．体内に卵をかかえた標本から推測すると，体長 30 cm に達したところで成魚になったらしい．ペイピアオステウスは，尾びれに硬鱗がない点が他のチョウザメ類と異なる．

ヤノステウス（図97）は，遼寧省凌源や河北省豊

■95 アキペンセル・シネンシス（*Acipenser sinensis*）．大型の昇河回遊魚で，幼魚は中国東部の沿海にすみ，成魚になると産卵のために川をのぼる．おもな産卵場所は揚子江や珠江．（提供：IHB）

■96 ペイピアオステウス・パニ（*Peipiaosteus pani*）．中国で発見された最初の化石チョウザメ類．たいていは体長 1 m 未満．保存状態が非常によい標本（左）に，筋肉と，産卵前の卵の印象が残っている．発掘地は遼寧省北票の黄半吉溝（義県層下部）．右は，消化管の印象の拡大写真（矢印）．（撮影：IVPP）

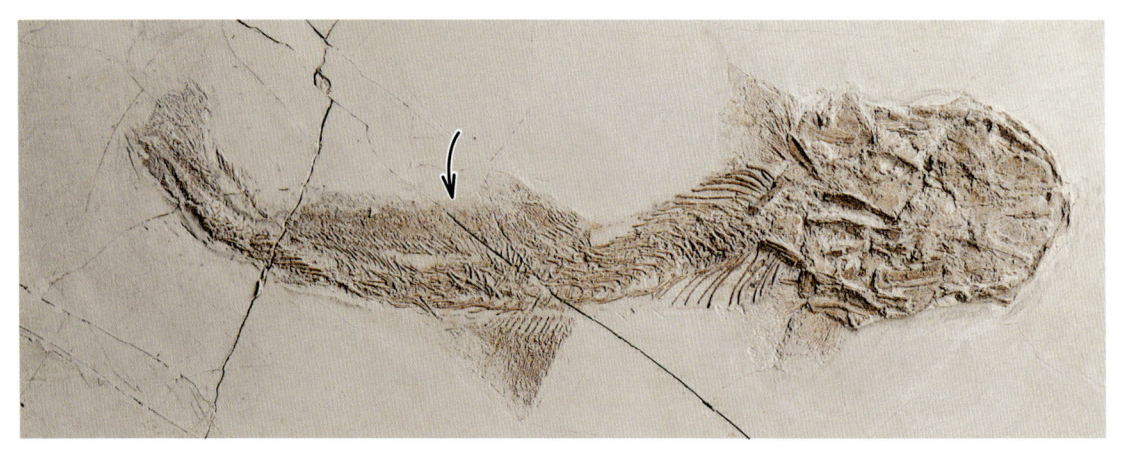

■97 ヤノステウス・ロンギドルサリス（*Yanosteus longidorsalis*）．全長の3分の1近くに及ぶ，非常に長い背びれ（矢印）が特徴．標準的な体長は1mに達したと思われる．（撮影：IVPP）

■98 プロトプセフルス・リウイ（*Protopsephurus liui*）．現在までに発見されている最古のヘラチョウザメ類．大型の標本は体長1mを超える．揚子江流域や中国の沿海に生息するプセフルス（*Psephurus*）のなかま．遼寧省凌源の大王杖子（義県層中部）から見つかった保存状態のよい標本で，独特のウロコと尾部の骨格が見える．（撮影：IVPP）

寧で発見された．目立つ特徴は極端に長い背びれで，全長の3分の1近くに及んでいる．ヤノステウスは紡錘形に近い体型ではあるが，背面のふちは比較的まっすぐになっている．最小の個体は体長約20cmだが，大きな標本は体長1mに達する．成魚の大きさを特定できるような情報（体内の卵塊など）はない．

プロトプセフルス（図98）は，現生ヘラチョウザメ科（Polyodontidae（paddlefish））のなかまである．遼寧省凌源で採集され，最小の個体は10cmほどで，大きな標本は1mを超える．成魚の骨格からすると，プロトプセフルス属はヘラチョウザメ科のなかで最小かもしれない．この属はヘラチョウザメ科で最古の化石記録になっている．口吻が非常に長く，そこへ骨片が並んでいる点と，トゲにふちどられたウロコが，ヘラチョウザメ科の最も目立つ特徴である．プセフルス（シナチョウザメ　*Psephurus*）は中国で唯一現存するヘラチョウザメ類で，揚子江流域と東シナ海沿岸にすむ．一方，プロトプセフルスは，北アメリカから産出する白亜紀後期のチョウザメ類，パレオプセフルス（*Paleopsephurus*）の近いなかまにあたる，基幹的ヘラチョウザメ類（stem-polyodontid）である．現生ヘラチョウザメ類は商業上重要な淡水魚である．つるりとした体表とスプーン状の口吻から，アヒル口のチョウザメ類（duck-mouthed sturgeon）とも呼ばれる．ヘラチョウザメ類はおもに動物性プランクトンを食べ，幅広い温度域（2～37℃）に適応している．アメリカ合衆国ミシシッピ川流域原産の種類は，中国に持ち込まれたあと，順調に育っている．

シナミア（図99）は，絶滅したシナミア科（Sinamiidae（アミア目 amiiformes））の魚類と考えられている．シナミア属（*Sinamia*）という名前をつけたのは，スウェーデン人古生物学者E・A・ステンシオである．もとになった資料は中国の山東省蒙陰で，中国人の譚錫疇と，オーストリア人のO・A・ツダンスキーによ

■99 シナミア（*Sinamia*）．中国北部と南部の両方で，淡水成堆積層から見つかる．鋭く丈夫な歯を持つ現生アミア類（bowfin）のなかまで，どん欲な捕食者．この標本は体長約50 cm．（撮影：IVPP）

■100 リコプテラ（*Lycoptera*）．遼寧省西部で最もありふれた脊椎動物化石．中国で見つかった最古の真骨魚類．熱河生物群を構成する重要な生物で，東アジアにのみ分布している．この標本は体長約12 cm．（撮影：IVPP）

り1923年に集められた．シナミアは遼寧省の義県や朝陽，そして陝西省，甘粛省，寧夏，内モンゴル，安徽省，浙江省にある義県層と九仏堂層で見つかった．広範囲に分布していることから，こうした地域の河川域がつながっていた可能性がある．

シナミアは現生種のアミア類によく似ているが，もっと原始的である．世界の多くの地域では，化石種のアミア類はふつう，海成堆積層から見つかる．一方，中国の北部と南部両方の白亜紀前期，および北アメリカの第三紀前期のアミア類化石は，淡水成堆積層からのみ見つかっている．現在まで生き残っている唯一のアミア類（アミア・カルヴァ *Amia calva*）は，北アメリカ東部の淡水域に生息し，「生きた化石」と呼ばれている．通常，アミアは，流れがゆるやかで透き通った低地の淡水に生息し，植物が生い茂った場所を好む．高い温度にも耐え，水面で大きく口を開けて空気を吸ったりはいたりする．また，夏眠することでも知られている．歯は丈夫で鋭く，食欲旺盛である．アミアの幼魚は，昆虫や昆虫の幼生，貝形虫類など，自分より小さい動物，動物性プランクトンや植物性プランクトンを食べるが，体長10 cmに達したあとは，他の魚類をえさにし始める．成魚はザリガニ類も食べる．シナミアの歯はアミアの歯に似ている．たぶん，食料も似ていたのだろう．

■101 リコプテラはたいてい，密集して保存されている．この標本は，遼寧省凌源の大新房子（義県層中部）で見つかった．（撮影：IVPP）

　リコプテラ（図100）は，熱河層群で最もよく見つかる魚類である．この小型魚類が属している真骨魚と呼ばれるグループは，現生脊椎動物のあいだで最大の多様性に達している．リコプテラはおもに遼寧省西部の義県層で発見される．東アジアに固有の種類で，中生代後期のシベリア，モンゴル，朝鮮半島と中国北部からしか見つかっていない．リコプテラの命名者はドイツ人解剖学者 J・ミュラーで，もとになった資料はシベリアのトランスバイカリア地方で集められた．中国におけるリコプテラの研究は，中国北部（たぶん遼寧省凌源の大新房子）で収集された化石真骨魚類を，アンリ・E・ソヴァージュが調べたのが始まりである．この魚類は，ソヴァージュによってプロレビアス・ダヴィディ（*Prolebias davidi*）と名づけられ，A・S・ウッドワード（イギリス人古生物学者）がその後，リコプテラとして分類した．以後，中国内外の多くの科学者がリコプテラ属の研究を行い，約16種を命名している．ほとんどの種が，歯は小さく，プランクトンをえさにしていたが，リコプテラ・シネンシス（*L. sinensis*）とリコプテラ・ガンスエンシス（*L. gansuensis*），リコプテラ・ムロイイ（*L. muroii*）は，比較的歯が大きく，小型の昆虫やその幼生をえさにできた．リコプテラの化石はたいてい保存状態がよい．

それは，すぐにその場で埋没したからだろう．密集して埋もれているので，群れを作って泳ぐ習性があったと思われる（図101）．

　リコプテラは中国で見つかった最古の化石真骨魚類でもある．リコプテラを含む地層の年代は，以前は，ジュラ紀後期と考えられていた．そして，リコプテラが消滅するところが，ジュラ紀と白亜紀の境界とされていた．しかし，貝形虫類などの無脊椎動物や，化石植物の研究者たちのあいだでは，かなり前から，白亜紀前期の地層と見なされている．この議論は数十年にわたって続き，地質学者や古生物学者の注目を集めている．ここ数年，綿密な研究が行われた結果，古魚類学者の多くは，この魚の生息時期をジュラ紀後期から

■102 スクレロパゲス・フォルモスス（*Scleropages formosus*）(「幸運魚」)．アロワナ科の現生種．アロワナ上目で最も高価な種類．リコプテラとジナニクティスは，このグループの原始的ななかま．（出典：http://www.arowana.com.tw）

■103 ジナニクティス．リコプテラによく似ている．遼寧省西部の九仏堂層からおもに見つかる．この標本は体長約9cm．（撮影：IVPP）

白亜紀前期と考えるようになった．

イギリス人古魚類学者P・H・グリーンウッドが，リコプテラ属とアロワナ上目（Osteoglossomorpha）の近縁関係を指摘してから，リコプテラは知られているかぎり最古のアロワナ類となった．アロワナ上目の化石は，南極大陸をのぞくほとんどすべての主要な大陸で，白亜紀前期から漸新世の地層で見つかる．しかし，初期のものはおもに中国で発見された．中国の中生代陸成堆積層から産出するリコプテラに似た化石魚類は，しばしばアロワナ上目に分類されてきた．現在までに，中国では約25属50種の報告がなされている．

アロワナ上目（bonytongues）は，真骨魚の系統樹でごく初期の枝にあたる．化石属の数は，現存する属の数よりはるかに多いが，他の硬骨魚類ではこの逆の現象が見られる．現生アロワナ類は淡水生に限られる．東南アジアのスクレロパゲス（*Scleropages*）（図102）は，アロワナ類のなかで最も貴重で高価である．2本の触髭と大きく豪華なウロコ，歴史の古さから，中国では「ドラゴン・フィッシュ（龍魚）」と呼ばれ，邪気を払い，幸運をもたらす力があると信じられていた．

ジナニクティス（*Jinanichthys*）（図103）は，おもに九仏堂層から見つかり，吉林省南部の化石をもとに，馬鳳珍と孫嘉儒によって記載された．馬鳳珍らの指摘によると，吉林省の標本はリコプテラ・ロンギケファルス（*Lycoptera longicephalus*）に似ているが，この属の他の種とは異なる．そこで，リコプテラ・ロンギケファルスと吉林省の標本に対して，ジナニクティス属（*Jinanichthys*）という新しい属名が与えられた．

現存するアロワナ類は，北アメリカ，南アメリカ，オーストラリア，東南アジア，インド，アフリカで，熱帯から亜熱帯の淡水に生息している．これらの淡水魚類が海をはさんで分布している理由については，魚類学者のあいだでまだ意見の一致が見られない．リコプテラ，ジナニクティス，その他，中国で見つかるアロワナ上目の化石魚類は，知られているかぎり最古のアロワナ類である．ここから，東アジアをアロワナ類出現の中心地とする仮説が，一部の古魚類学者たちから出された．アフリカ起源説も出されている．最近になって，大洋を越えて分布しているのは，大昔の陸塊が切り離された結果だとする，分断分布理論が持ち出された．つまり，超大陸パンゲアが完全に分裂する前にアロワナ類の初期進化はすでに終了していた，ということである．

ロンデイクティス（*Longdeichthys*）も遼寧省西部で見つかった真骨魚類である．採集された場所は，義県と黒山の九仏堂層である．全長は23cmに達する．命名者は劉智成で，もとになった標本は，寧夏の隆徳と内モンゴルの伊克昭盟から産出した．

両生類 amphibians

王原, 高克勤 (Yuan Wang, Ke-qin Gao)

両生類 (ギリシア語で「二通りの生活」の意味) は, 原始的な四肢動物 (四肢を持つ脊椎動物) の綱で, 一生のあいだに, 少なくとも一時期は水中で過ごし, 残りは陸上で過ごす. ただし, なかには完全な水生, もしくは完全な陸生の種類も見られる. 両生類は, 魚類と真の陸生脊椎動物をつなぐ生物で, 3億7000万年ほど前に陸に上がった最初の四肢動物である. 現生両生類は (化石種の近いなかまとともに) 平滑両生亜綱 (Lissamphibia) に分類される. このなかには, カエル類 (無尾目) (Anura), サンショウウオ類やイモリ類 (有尾目) (Urodela) といった, よく知られている種類のほかに, アシナシイモリ類 (無足目) (Gymnophiona) というあまりなじみのない種類も含まれる. 絶滅した原始的な両生類としては, 古生代後期に繁栄した迷歯類 (labyrinthodonts) や空椎類 (lepospondyls) があげられる. このどちらかから, 現生両生類の祖先が進化したと考えられる.

他の脊椎動物と比べて, 両生類は概して化石記録に乏しい. とりわけ平滑両生類は骨が薄くてもろいので, 化石になりにくい. 現生両生類の起源と初期の多様化にかかわる重要なできごとは中生代に起きているが, 残念ながらこの時期は特に化石記録が少ない. したがって, この頃の地層から平滑両生類の化石が発見されれば, 大騒ぎとまではいかなくても, ニュースに取りあげられる価値はある. ここ数年のあいだに, 遼寧省西部や河北省北部, 内モンゴル南東部で, 中生代の地層から保存状態のよい平滑両生類化石が大量に掘り出されている. その多くは, およそ1億3000万〜1億1000万年前に東アジアで栄えた熱河生物群の重要メンバーである. 発掘された化石には, 中生代後期のアジアに生息した様々な平滑両生類が含まれ, 現生両生類と類縁関係がある初期のサンショウウオ類やカエル類について, 生物地理学的な側面から見た進化を知るうえで, 貴重な情報が得られた.

これらの発見がなされるまで, 中国の両生類化石は数も種類もやや乏しかった. 1998年より前には, 知られている両生類化石はすべて新生代 (中新世前期から更新世中期) のもので, 全部あわせても, 中国北部の主要な化石産地5カ所から産出した5属10種のみだった. その後, 中国東北部で新しい化石が発見され, 中国の化石記録に, 中生代の珍しい平滑両生類が, 種の数にしてこれとほぼ同数, 加わった. これらの化石のなかには, 保存状態のよい骨格数百体に加えて, 目や鰓, 皮膚など, やわらかい部分のあとかたがはっきりついた化石も含まれている. また, 数種類の分類群については, 知られているかぎり最古の化石記録も確認された. このたぐいまれな発見は, 両生類の古生物研究を一新しただけでなく, 科学界を超えて, 世界中から注目を集めた.

カエル類 カエル類は尾のない両生類で, 無尾目に分類される (原始的な原無尾類 (proanurans) も含めた跳躍上目 (Salientia) に属している). 体の構造は跳躍に適した形に特殊化している. たとえば, 尾椎骨が融合して棒状の尾柱を形成し, 後肢は非常に長く, 足根骨が大きく変化している. 最古の跳躍類化石は, マダガスカルとポーランドで三畳紀前期の地層から見つかった. 長い進化の過程を経た現在, 無尾目には4800種の現生種が含まれ, 北極に近い地域と南極大陸, 大陸から遠く離れた島の大半をのぞいて, 世界中に分布している.

遼寧省の地層から産出したカエル類化石には, 白亜紀前期に, この地域で無尾類が多様化した際の重要な記録が残っている. 遼寧省のカエル類化石の1つである, カルロバトラクス・サンヤネンシス (*Callobatrachus sanyanensis*) (図104, 105) は, 四合屯発掘地から産出した完全に近い骨格をもとに命名, 記載された. この化石層の年代は, 放射年代測定により, 1億2500万年前というデータが得られており, 白亜紀前期の化石と考えられる. 生物分類学の研究によると, カルロバトラクス・サンヤネンシスは, スズガエル科 (Discoglossidae) の原始的ななかまで, 現生無尾類の基盤科グループとされている. カルロバトラクスは, 他のスズガエル科と違って, 後凹型の仙前椎を8個ではなく, 9個持つところが基盤的 (原始的) である. さらに, 以下のような特徴をあわせ持つ点でも, スズガエル科の他のなかまと異なる. 背側突起はないが,

両生類 ● 61

■104 カルロバトラクス・サンヤネンシス（*Callobatrachus sanyanensis*）の完模式標本（吻から骨盤までの長さ 94 mm）．スズガエル科（discoglossid）のカエル類．発掘地は遼寧省北票の四合屯（白亜紀前期，義県層下部）．（撮影：IVPP）

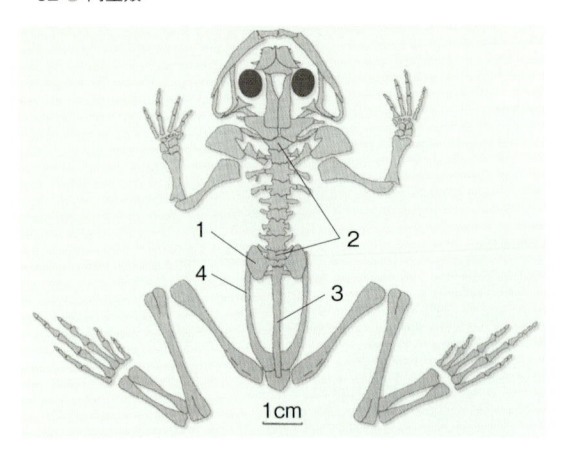

62 ● 両生類

■105 カルロバトラクス・サンヤネンシス（*Callobatrachus sanyanensis*）の骨格復元図．1：仙骨，2：仙前椎，3：尾柱，4：腸骨．（絵：王原/IVPP）

■106 スズガエル（*Bombina orientalis*）．おもに東アジアに分布する現生スズガエル科のカエル類．カルロバトラクスの現存するなかま．（提供：趙爾宓/CIB）

■107 メソフリネ・ベイピアオエンシス（*Mesophryne beipiaoensis*）の完模式標本（石板 A，背面，吻部から骨盤までの長さ約71 mm）．基盤的無尾類の単系統である，原始的なカエル類．発掘地は遼寧省北票の黒蹄子溝（義県層下部）．（撮影：IVPP）

両生類 ● 63

腸骨の背側がわずかにもりあがっている．仙椎と尾柱が2つの顆部で関節している．頭蓋に皮骨の彫刻がない．仙椎の横突起が前方へ拡大している．

中国の現生スズガエル科には，スズガエル属（*Bombina*）1属にまとめられる5種が存在する．そのなかでも有名なのは，「oriental fire-bellied toad」とも呼ばれるスズガエル（*Bombina orientalis*）である（図106）．カルロバトラクスが発見されるまで，東アジアの現存種グループと同じ分布域で，スズガエル科の化石種は確認されていなかった．したがってカルロバトラクスは，中国産のスズガエル科のなかで，知られているかぎり最初の例であり，このグループとしてはアジアで最古の化石記録といえる．

メソフリネ・ベイピアオエンシス（*Mesophryne beipiaoensis*）（図107）も，遼寧省の地層から産出の報告がなされている，中生代のカエル類である．その代表例である完全に近い骨格は，頁岩の石板の主版と副版に分かれて保存されていた．その骨格はカルロバトラクスとは明らかに異なり，前凹型の仙前椎と，非常に短い脊柱を有している．ただし，脊柱は短くても，仙前椎が9個ある点は注目に値する．仙前椎の数は，カエル類の進化において重要な意味を持つ数少ない解剖学的特徴の1つである．マダガスカルで三畳紀前期の地層から見つかった，知られているかぎり最古のカエル類であるトリアドバトラクス（*Triadobatrachus*）（原無尾類）では，仙前椎の数は14個にもなる．アルゼンチン産出のジュラ紀前期のカエル類，ウィエラエルラ（*Vieraella*）は10個の仙前椎を持つ．仙前椎が9個の例は，ジュラ紀中期から後期のアルゼンチン産カエル類，ノトバトラクス（*Notobatrachus*）と，前述した白亜紀前期の中国産カエル類2種類で確認されている．現生カエル類全体で見ると，仙前椎の数は8個以下で，9個の仙前椎を持つのは，きわめて原始的な2種類，オガエル（*Ascaphus*）（尾を持つ，北アメリカ産のカエル類）とムカシガエル（*Leiopelma*）（ニュージーランドのカエル類）のみである．このように，カエル類の進化においては仙前椎の減少傾向が顕著に見られる．

仙前椎の数が多いことに加えて，メソフリネにはほかにも原始的な特徴がある．たとえば，仙前椎の前方3個に遊離した肋骨があり，手根骨部に中間骨を保持している．それを考えると，最近の系統学研究によって，基盤的無尾類の単系統であるとされたのも，驚くにはあたらない（図108）．

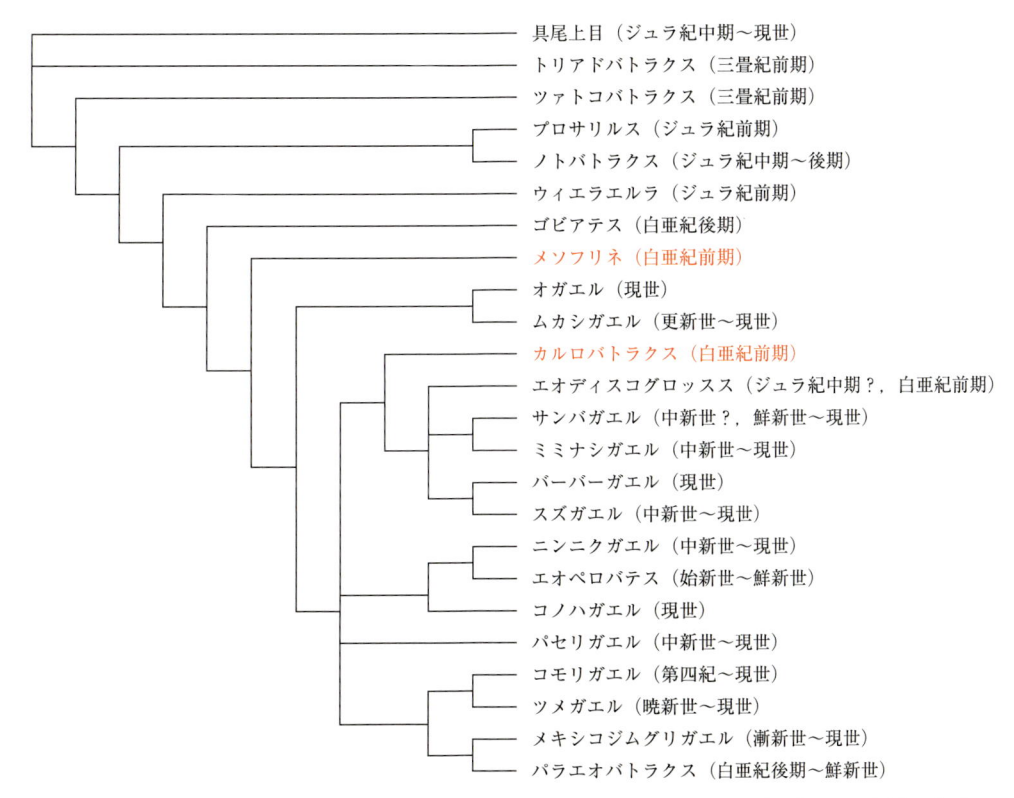

```
├── 具尾上目（ジュラ紀中期～現世）
├── トリアドバトラクス（三畳紀前期）
├── ツァトコバトラクス（三畳紀前期）
├── プロサリルス（ジュラ紀前期）
├── ノトバトラクス（ジュラ紀中期～後期）
├── ウィエラエルラ（ジュラ紀前期）
├── ゴビアテス（白亜紀後期）
├── メソフリネ（白亜紀前期）
├── オガエル（現世）
├── ムカシガエル（更新世～現世）
├── カルロバトラクス（白亜紀前期）
├── エオディスコグロッスス（ジュラ紀中期？，白亜紀前期）
├── サンバガエル（中新世？，鮮新世～現世）
├── ミミナシガエル（中新世～現世）
├── バーバーガエル（現世）
├── スズガエル（中新世～現世）
├── ニンニクガエル（中新世～現世）
├── エオペロバテス（始新世～鮮新世）
├── コノハガエル（現世）
├── パセリガエル（中新世～現世）
├── コモリガエル（第四紀～現世）
├── ツメガエル（暁新世～現世）
├── メキシコジムグリガエル（漸新世～現世）
└── パラエオバトラクス（白亜紀後期～鮮新世）
```

■108 古代無尾類のおもな系統の類縁関係，およびスズガエル科の類縁関係を表した，仮説に基づく分岐図．熱河生物群のカエル類2種類（赤字）も含む．

リアオバトラクス・グレーボーイ（*Liaobatrachus grabaui*）は，遼寧省の地層から産出して記載された中生代のカエル類としては，初めての例である．しかし，系統分類上の位置は現在もまだ不確かだ．リアオバトラクス・グレーボーイは，不完全な骨格と，関節がはずれて保存状態が悪い頭骨をもとに，1998年のはじめに命名され，簡単に記載された．吻部から骨盤までの長さはおよそ75 mmで，カルロバトラクス・サンヤネンシス（94 mm）とメソフリネ・ベイピアオエンシス（71.3 mm）の中間にあたる．分類上の位置はまだ固まっていない．前凹型の仙前椎があり，遊離した肋骨がないといったいくつかの特徴から，スキアシガエル科として（最初の研究者たちによって）分類されたが，保存状態が悪いため確認できず，疑問が残っている．

サンショウウオ類　サンショウウオ類は尾を持つ両生類で，有尾目に分類される（さらに，有尾類ではない原始的ななかまとともに，具尾上目（Caudata）に入れられる）．ここ数年のあいだに，中国北部の化石層から数百のサンショウウオ類化石が発見されている．その一部は，河北省北部の鳳山化石層や，遼寧省西部の九仏堂層から見つかった．これらの地層は，熱河生物群を産出した（広義の）熱河層群に含まれる．その他に，内モンゴル南東部の化石産地，道虎溝で，もっと古い年代の地層から産出した化石もある（層序学的情報は「中生代のポンペイ」の章を参照）．中国で発見される中生代のサンショウウオ類は特別な意味を持つ．なぜなら，現生サンショウウオ類の，知られているかぎり最古のなかまであり，これらの有尾両生類における解剖学的構造の初期進化や，生物地理学の観点から見た歴史について，理解を深めるのに役立つからである．

中国の現生サンショウウオ類は，サンショウウオ科（Hynobiidae），オオサンショウウオ科（Cryptobranchidae），イモリ科（Salamandridae）の3科にまとめられる．中国北部から産出する化石サンショウウオ類は，このどれにもあてはまらないが，ただ1つ，クネルペトン（*Chunerpeton*）だけはオオサ

■109　ラッコトリトン・スプソラヌス（*Laccotriton subsolanus*）の標本（背面，吻部から骨盤までの長さ約40 mm）．小型の原始的な変態性サンショウウオ類．発掘地は河北省豊寧の鳳山．（撮影：ミック・エリソン／AMNH）

ンショウウオ科に分類される.

ラッコトリトン・スプソラヌス（*Laccotriton subsolanus*）（図 109）は，中国産として初めて報告された中生代のサンショウウオ類である．これは変態後の小型サンショウウオ類で，河北省北部の鳳山盆地にある小さな発掘場所で，関節のつながった骨格が大量に見つかった．ラッコトリトン・スプソラヌスの特徴は，16個の仙前椎を持ち，肋骨の頭部が1つで基部が拡大している点である（サンショウウオ科とオオサンショウウオ科をのぞく現生サンショウウオ類のほとんどは，肋骨に頭部を2つ持つ）．また，頭骨に，原始的な状態の涙骨と前前頭骨を保持し，下顎の骨が5個に分かれている．指骨式（前肢と後肢にある指骨の数）は，前肢が 2-2-3-2 で，後肢が 2-2-3-4-2 である．

シネルペトン・フェンシャネンシス（*Sinerpeton fengshanensis*）（図 110）も，鳳山で見つかったサンショウウオ類で，ラッコトリトンと同じ発掘場所から化石が採集された．変態を終えたラッコトリトンとは違って，このサンショウウオ類は骨化した角鰓節（生きていたときに，外鰓弁を支えていた骨質の構造）を持っている．また，手根骨と足根骨も骨化している（これらの骨の骨化は，成体でのみ見られる）．こうした特徴の組みあわせからすると，幼生の外鰓を持ちながら成熟した個体であり，現代生物学でいう幼形成熟と考えられる．シネルペトンはまた，指骨式が前肢で 1-2-3-2，後肢で 1-2-3-4-2 という点でもラッコトリトンと異なる．

ジェホロトリトン・パラドクスス（*Jeholotriton paradoxus*）（図 111，112）は，内モンゴル寧城県の道虎溝で見つかっている．外鰓があり，尾が左右に圧縮した形で，尾椎の血道弓が発達し，手根骨と足根骨に骨化した要素がないところを見ると，明らかに水生で

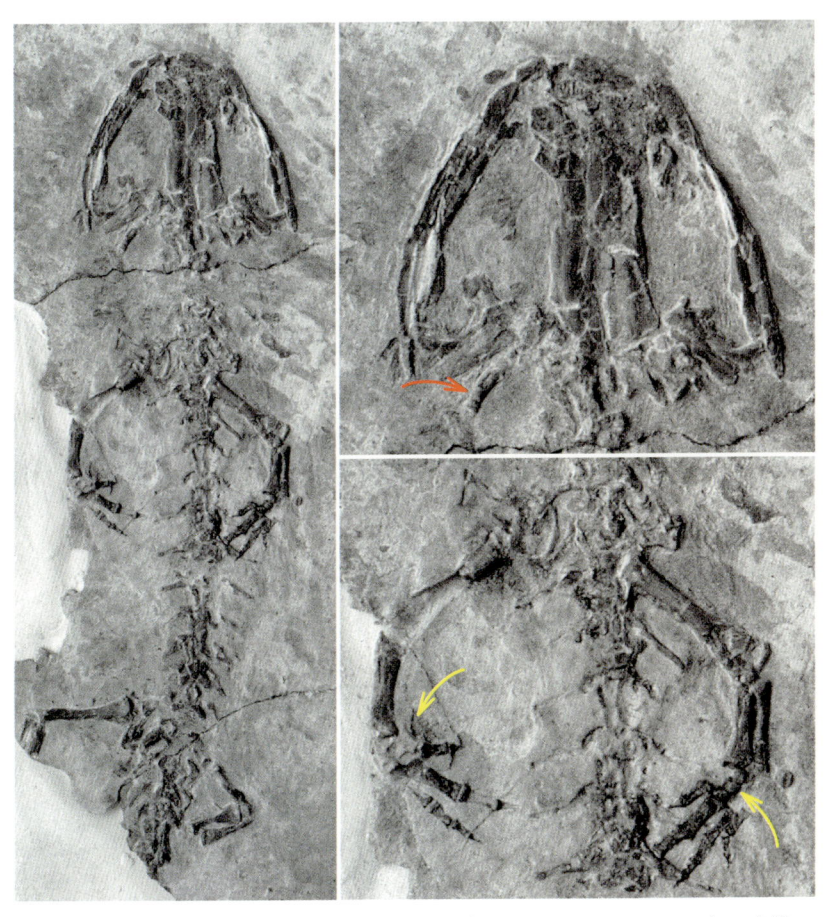

■ 110　シネルペトン・フェンシャネンシス（*Sinerpeton fengshanensis*）の完模式標本（背面，吻部から骨盤までの長さ約 47 mm）．原始的サンショウウオ類で，骨化した角鰓節（赤い矢印）と骨化した手根骨（黄色い矢印）に幼形成熟の特徴が見られる．発掘地は河北省豊寧の鳳山．（撮影：ミック・エリソン／AMNH）

■111 ジェホロトリトン・パラドクスス（*Jeholotriton paradoxus*）の完模式標本（石板 A，腹面，体長約 140 mm）．幼形成熟の原始的なサンショウウオ類．骨格の一部が現生種のオオサンショウウオ科のものに似ている．発掘地は内モンゴル寧城の道虎溝．（撮影：IVPP）

■112 ジェホロトリトン・パラドクススの副模式標本3つのうちの1つ（石板A，側面，体長約120 mm）．外鰓（矢印）の存在や，左右に扁平な尾，骨化していない手根骨と足根骨など，骨格の特徴に水生生活への適応が見られる．（撮影：IVPP）

ある．ジェホロトリトンは中生代の特殊なサンショウウオ類であり，幼生と成体の特徴をあわせ持ち，幼形成熟の状態を示している．幼生の特徴としては，外鰓があり，歯の生えた烏口状骨が下顎に存在し，幼生の形をした翼状骨を持ち，上顎のアーケードが短く，上顎骨が未発達，といった頭蓋部の構造があげられる．成体の特徴は，正中で2つの鼻骨が接する部分が長く，口蓋にうしろ向きの歯が並んで生えている点に認められる．ジェホロトリトンは，17個の仙前椎を持ち，椎骨の横突起が短く，前上顎骨の背側に目立つ突起があるのが特徴である．肋骨は，鳳山産のサンショウウオ類と同様に，頭部が1つで，基部が拡大している．指骨式は，前肢が2-2-3-2，後肢が2-2-3-3-2である．

クネルペトン・ティアンイエンシス（*Chunerpeton tianyiensis*）（図113）も道虎溝で発掘されたサンショウウオ類である．このサンショウウオ類は，オオサンショウウオ科の基盤的ななかまで，この科には絶滅危惧種であるアジアのオオサンショウウオ（*Andrias*）（図114左）や，北アメリカのアメリカオオサンショウウオ（*Cryptobranchus*）が含まれる．形態上の特徴を見ると，クネルペトンは，現生種のオオサンショウウオ

科と派生形質をいくつか共有している．たとえば，眼窩間の距離に比べて鼻骨の幅がかなり狭く，鼻骨と前前頭骨が接触しておらず，前頭骨の横端に沿って頭頂骨の前外側突起がのびている．しかし，現存するオオサンショウウオ科とは以下の点で本質的に異なる．前頭骨と上顎骨が接しておらず，2つの鋤骨のあいだに口蓋窓を保持し，翼状骨に明らかな内側突起があり，第2底鰓節が骨化して三叉構造になっている．この科の化石は暁新世より前の地層からは見つかっていなかったので，道虎溝で発掘されたクネルペトン化石が，中生代で最初の資料であり，オオサンショウウオ科としては知られているかぎり最古の記録である．さらにこれらの化石は，アジアでジュラ紀にオオサンショウウオ科がサンショウウオ科から分かれたとする仮説を裏づける証拠となる．

リアオシトリトン・ゾンジアニ（*Liaoxitriton zhongjiani*）（図115）は，熱河生物群で唯一，九仏堂層から見つかったサンショウウオ類である．発掘場所は遼寧省西部の葫芦島市付近だった．地層の年代は約1億1000万年前で，サンショウウオ類化石を含む化石層としては，これまでのところ熱河層群で最も新し

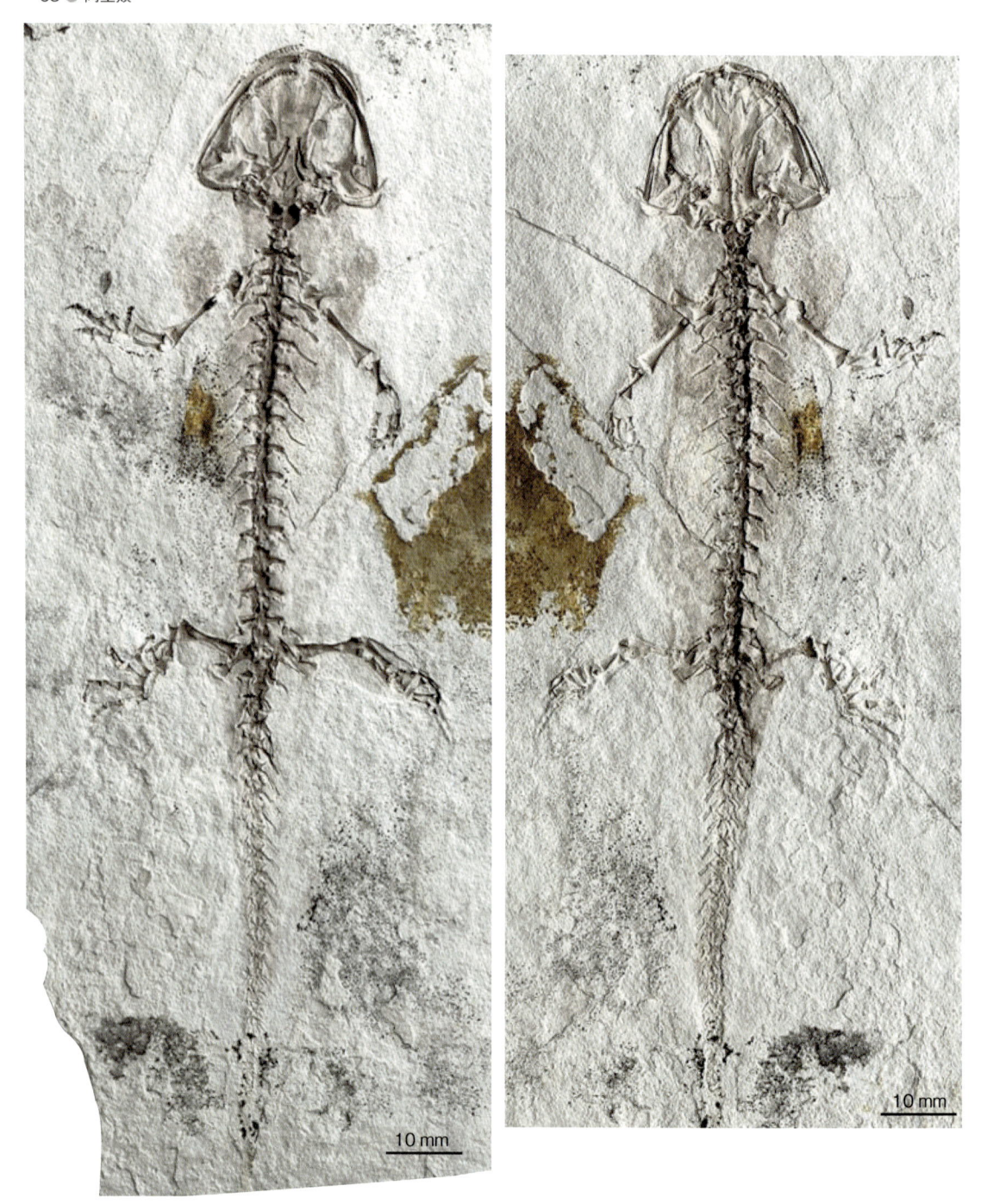

■113 クネルペトン・ティアンイエンシス（*Chunerpeton tianyiensis*）の完模式標本（頁岩板の主版と副版，体長約180 mm）．基盤的オオサンショウウオ科．オオサンショウウオ科に分類される中生代の種類は，現在までのところ，これ以外に見つかっていない．発掘地は内モンゴル寧城の道虎溝（撮影：ミック・エリソン／AMNH）

■114 アンドリアス・ダヴィディアヌス（*Andrias davidianus*）（左）とバトラクペルス・ピンコニイ（*Batrachuperus pinchonii*）（右）．それぞれ，オオサンショウウオ科とサンショウウオ科の現生種．この2科は現生サンショウウオ類のなかで最も基盤的なグループとして広く認められている．（提供：趙爾宓／CIB）

■115 リアオシトリトン・ゾンジアニ（*Liaoxitriton zhongjiani*）の完模式標本（石板A，腹面，体長約120 mm）．原始的なサンショウウオ類で，骨格の一部が現生種のサンショウウオ科に似ている．発掘地は遼寧省葫芦島の水口子（九仏堂層）．（撮影：IVPP）

い層準からの産出といえる．化石の保存状態は様々で，関節のつながった骨格が十数体見つかっている．中国の中生代に生息した平滑両生類が，軟組織の印象化石（皮膚や目のあとかたなど）まできれいに残った状態で発掘されたという報告は，初めてのことだった．この動物の特徴は，16個の仙前椎と，椎体の半分ほどの長さがある椎骨横突起である．また，頭部が1個で近位端が拡大した，オオサンショウウオ科型の肋骨も見られる．指骨式は，前肢 2-2-3-2 で，後肢が 1-2-3-4-3 になっている．このサンショウウオ類は，骨の構造に，現生種のサンショウウオ科（図114右）に似た特徴がいくつか見られる．この種に関して注目すべきは，発生段階の異なる一連の化石が得られたため，近い将来，個体発生学的研究が可能になる点だろう．

中国北部の中生代地層から見つかる両生類化石（特にサンショウウオ類）は，概して，保存状態がよく，量が豊富で，種類もかなり多いため価値が高い．こうしたすばらしい化石の発見は，両生類の進化に関して，いくつかの大きな問題を解明する確かな古生物学的証拠となる．そして，これらの化石を研究した結果，現生両生類の起源や分類群の多様化，地理的放散などを含めて，両生類の進化史の一端が明らかにされている．

カメ類 turtles

劉俊（Jun Liu）

「カメは現存しているので，われわれにとっても身近な動物である．もしかれらが絶滅していたとしたら，陸生動物が身にまとったもののなかで最も珍しいよろいであるその甲羅は，驚異の念をひき起こしていたに違いない」——A・S・ローマー，1945 年〔訳注：川島誠一郎訳『脊椎動物の歴史』〕

カメ類は現生動物のなかで特異な種類である．胴体は骨でできた甲羅のなかに埋まっている．甲羅は背部と腹部（背甲と腹甲）に分かれ，たいていは，内側と外側の層から構成される．外側の層は角質で，たくさんの甲板からできている．内側の層は骨質で，数多くの骨板で作られている．脊椎骨は甲羅と一体化して成長するが，それだけでなく，背甲の骨板が肋骨と融合している．他の陸生脊椎動物すべてと異なるのは，肩や骨盤の骨より外側に肋骨が張り出し，頭や四肢を甲羅のなかに引っ込めて，身を守れる点である．

カメ類は特殊化した爬虫類であり，また，古代爬虫類の枝の1つでもある．かつては原始的な無弓類（anapsids）（頭骨に側頭窓を持たない爬虫類）として分類されていたが，双弓類（diapsids）（側頭窓を2つ持つ爬虫類）と見る研究者もいる．カメ類は基本的に，曲頸類（Pleurodira）と潜頸類（Cryptodira）という2グループに分けられる．この名称は，現生種のカメ類が首を引っ込める方法を示している．首を甲羅に収める際に，曲頸類は頸椎を横向きに曲げ，潜頸類は垂直に縮める．現生曲頸類はすべて南の大陸（アフリカ，オーストラリア，南アメリカ）の淡水にすんでいるが，化石種は海水の環境にすんでいた可能性がある．このグループは白亜紀と古第三紀に，世界中に分布していた．潜頸類の現生種は，曲頸類よりはるかに多様である．現生潜頸類は3グループに分類される．陸生のカメ類と淡水生のカメ類の大半を含むリクガメ上科（Testudinoidea），ヒレ足として特殊化した四肢を持ち，甲羅が小さくなった海生のウミガメ上科（Chelonioidea），そして，甲羅がやわらかいスッポン上科（Trionychoidea）である．

カメ類はどこから現れたのだろうか．甲羅や変わった構造は，どうやってできたのだろう．現在までに知られているなかで最も原始的なカメ類である，プロガノケリス（*Proganochelys*）は，ドイツの三畳紀後期の地層から発見されたが，ごく「ふつうの」甲羅を持っていた．ジュラ紀のカメ類も，構造は現生カメ類とほとんど同じである．南アフリカで見つかったペルム紀のエウノトサウルス（*Eunotosaurus*）が，カメ類の祖先だと考えられたこともあったが，実は，カメ類とはまったく関係がない．カメ類の前に現れた爬虫類のなかで，パレイアサウルス類（pareiasaurs）やプロコロフォン類（procolophonoids），カプトリヌス類（captorhinids）がカメ類の祖先グループと見なされたときもあったが，これらの動物はどれも，つながりを確信させるような派生形質を，カメ類と共有しているわけではない．カメ類は海生爬虫類の鰭竜類（sauropterygian）に最も近い，と考える古生物学者もいるが，現在得られている証拠はこの見方を裏づけるほど確かではない．カメ類の起源は，いまだに解決されない謎である．

遼寧省西部では，保存状態のよいカメ類標本がたくさん発見されている．その大半はシネミス科（Sinemydidae）に属するマンチュロケリス（*Manchurochelys*）に分類される．これまでのところ，マンチュロケリス属では3種が記載されている．マンチュロケリス・マンチョウクオエンシス（*Manchurochelys manchoukuoensis*），マンチュロケリス・ドンハイ（*M. donghai*）とマンチュロケリス・リアオシエンシス（*M. liaoxiensis*）（図116）である．マンチュロケリス・マンチョウクオエンシスは，1942年に遠藤隆次と鹿間時夫によって命名されたが，その完模式標本は第二次世界大戦中に消失した．マンチュロケリス・ドンハイは，黒竜江省鶏西の炭鉱（たぶん熱河層群より上の層準）から掘り出され，1986年に馬紹良によって命名された．マンチュロケリス・リアオシエンシスは，遼寧省北票の尖山溝村で見つかった標本をもとに，姫書安によって1995年に設定された．熱河層群の義県層と九仏堂層からは，もっと小型のカメ類もいくつか収集されたが，分類位置についてはま

■116　マンチュロケリス・リアオシエンシス（*Manchurochelys liaoxiensis*）の，背腹方向に扁平な骨格（頭から尾まで約30 cm）．シネミス科のカメ類．発掘地は遼寧省北票の尖山溝（義県層下部）．（撮影：IVPP）

だ調査が終わっていない（図117）.

マンチュロケリスの特徴は以下のとおりである. 頭骨は丈が非常に低く, 鼻骨は小さく, 前前頭骨が鋤骨と接している. 底蝶形骨の腹面に1対の孔があり, 上縁甲板はない. 甲羅はかなり扁平で, 腹甲は十字形, 中腹甲は見られない. これらの特徴をもとにすると, マンチュロケリスはシネミス科の潜頸類に分類される. また, 中国の新疆で見つかった白亜紀前期のカメ類, ドラコケリス（*Dracochelys*）にきわめて近い.

カメ類は大半の爬虫類と同様に, 変温動物である. 現生種のカメ類はおもに温帯や熱帯に分布している. カメ類の多くは陸にすみ, ふつうは河や湖沼に生息している. 完全な陸生の種類もごくわずかに見られる. マンチュロケリスが生きていた頃の遼寧省西部には数多くの湖があったので, この種のカメ類は湖沼域にすんでいたと思われる. その生活様式は, 現存する淡水生のカメ類に似ていただろう.

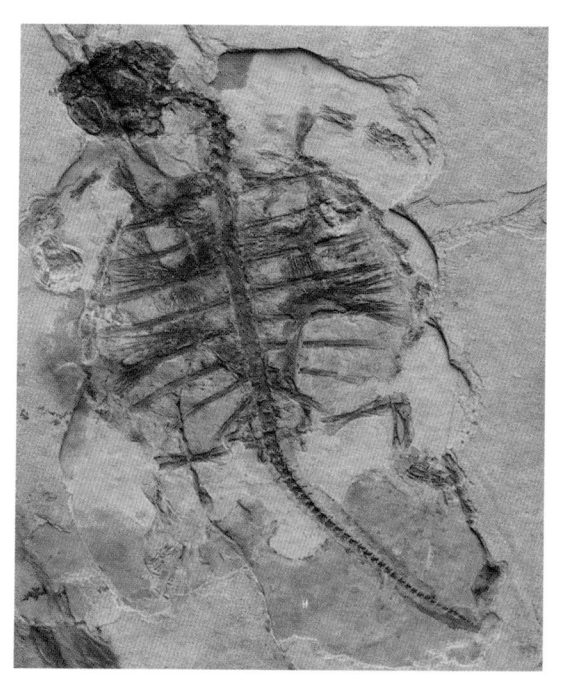

■117　小型のカメ類（体長約7 cm）. 発掘地は遼寧省朝陽の上河首（九仏堂層）.（撮影：IVPP）

コリストデラ類 choristoderes

劉俊，汪筱林（Jun Liu, Xiao-lin Wang）

　コリストデラ類は，明らかな特徴を持つ単系統ではあるが，あまりよく知られていない水生爬虫類である．1世紀以上のあいだ，このグループの情報はかなり特殊化した2属に限られていた．その2属とは，北アメリカとヨーロッパから見つかったカンプソサウルス（*Champsosaurus*）とシモエドサウルス（*Simoedosaurus*）である．ここ20年のあいだに，さらに9属がコリストデラ類に加わった．おかげで，以前より詳しいことがわかってきた．コリストデラ類の生息年代は三畳紀後期から漸新世後期までの1億9000万年以上にわたり，地理的には，北アメリカ西部からユーラシアを越えて日本まで広がっている．

　熱河生物群は，最近発見された脊椎動物化石，特に鳥類化石と羽毛恐竜の発見によって名を知られている．熱河生物群のものとして報告された最初の四肢動物は，モンジュロスクス・スプレンデンス（*Monjurosuchus splendens*）（図118）という小型爬虫類である．この爬虫類は1940年に遠藤隆次によって命名され，原始的な主竜類（槽歯類 Thecodontia）として分類された．その完模式標本は第二次世界大戦中に消失したと言われている．遠藤隆次と鹿間時夫は，モンジュロスクス・スプレンデンスの完模式標本が見つかったのと同じ化石産地，同じ層準から掘り出された標本をもとに，もう1種類，リンコサウルス・オリエンタリス（*Rhynchosaurus orientalis*）を1942年に命名している．この動物は，喙頭目（かいとうもく）（Rhynchocephalia）に分類された．喙頭類はトカゲ類のなかまで，現在はニュージーランド産のムカシトカゲ類（Tuatara），スフェノドン（*Sphenodon*）だけが残っている．この2種類の爬虫類を比較したF・F・フォン・ヒューネ（1942）は，同じ種類の動物と考え，喙頭目に分類すべきだと判断した．新しく選ばれた新模式標本（図119）をもとに，高克勤らによって，ようやくモンジュロスクスがコリストデラ類として分類されたのは，2000年のことだった．根拠になったのは次のような特徴の組みあわせである．頭骨が背腹方向に平たい．頭骨の後縁に深い切れ込みがある．頭頂部に孔がない．歯が円錐形で槽生に近く，細い条がある．仙椎が3個．腓骨の遠位端が幅広だが，近位端の頭部は幅が狭い．5番目の中足骨の近位端が拡大しているが，足底の隆起が見られない．モンジュロスクスは，上側頭窩が小さく，下側頭窩が閉じている点が，他のコリストデラ類と異なる．

　遼寧省西部では近年，数多くのモンジュロスクス標本が発掘されている．なかには，外被のあとかたがきれいに残ったものも含まれている（図120）．外被の全体的な見かけは現生種のシナワニトカゲ（Chinese crocodile lizard），シニサウルス・クロコディルルス（*Shinisaurus crocodilurus*）（図121）に似ていただろう，と高克勤らは推測している．このトカゲは半水生で，小さな魚類や両生類，無脊椎動物をえさにしている．モンジュロスクスの生活様式も同様だったと考えられる．

　熱河生物群にはこのほかにも，「首の長い」コリストデラ類のヒファロサウルス類（hyphalosaurs）が含

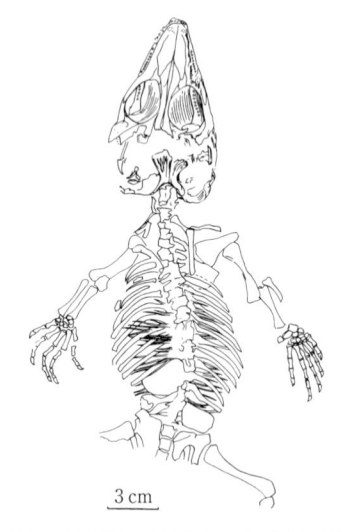

■118　モンジュロスクス・スプレンデンス（*Monjurosuchus splendens*）の線画．消失した完模式標本（頭骨の長さ92mm）．最近になってコリストデラ類であることが確認された．発掘地は遼寧省凌源の大南溝（義県層中部）．（絵：ミック・エリソン/AMNH；提供：高克勤/PKU）

■119 モンジュロスクス・スプレンデンスの新模式標本（頭骨の長さ58 mm）．発掘地は遼寧省凌源の牛営子（義県層中部）．（撮影：ミック・エリソン/AMNH；提供：高克勤/PKU）

■ 120　モンジュロスクス・スプレンデンスの皮膚の印象．（撮影：IVPP）

■ 121　シニサウルス・クロコディルルス（Shinisaurus crocodilurus）．現生種の半水生トカゲ類であるシナワニトカゲ．モンジュロスクスの外被はこのような外観だったと思われる．（撮影：陳春軒）

まれている．ヒファロサウルス（Hyphalosaurus）の標本は，義県層の大王杖子層（およそ1億2300万年前）から発掘された．コリストデラ類に分類されるもとになった特徴は，以下のとおりである．椎体の関節面が平らで，仙椎が3個あり，背側の肋骨がぶ厚い．また，下側の四肢骨（橈骨，尺骨，脛骨，腓骨）が，上腕骨や大腿骨に比べてかなり短い．ただし，首はずいぶん長い．

ヒファロサウルスのおもな化石産地は2カ所で，そのうちの1カ所が遼寧省凌源市の范杖子北部にある．1998年8月に，ここで完全に近い骨格が見つかった．その後，中国科学院古脊椎動物古人類研究所の高克勤と共同研究者によって研究が行われ，ヒファロサウルス・リンユアネンシス（*Hyphalosaurus lingyuanensis*）（図122, 123）と命名された．論文は1999年1月の『古脊椎動物学報』（*Vertebrata PalAsiatica*）に発表された．しかし，その同一個体の反対側の型を示す標本のほうは，北京自然史博物館の李建軍らによって，「シノヒドロサウルス・リンユアネンシス（*Sinohydrosaurus lingyuanensis*）」と名づけられた．J・B・スミスとJ・D・ハリスは，2001年に *Journal of Vertebrate Paleontology* に論文を発表して，この2つの名称の正当性について論じている．それによると，この2つの名称は同じ分類群の異名であり，ヒファロサウルス・リンユアネンシスが妥当な名称である，という結論になっている．

ヒファロサウルス・リンユアネンシスの完模式標本は長さ116 cmで，腹側が露出している．頭骨は小さく，前方に針のような歯が数本生えている．肋骨は少なくとも13列あり，腹肋骨（「腹部の肋骨」）は20列以上並んでいる．脊柱は，頸椎19個，胴椎16～17

■ 122　ヒファロサウルス・リンユアネンシス（*Hyphalosaurus lingyuanensis*）の完模式標本（全長 116 cm）．首の長いコリストデラ類．発掘地は遼寧省凌源の范杖子（義県層中部）．（撮影：IVPP）

個，仙椎3個と尾椎55個以上から構成される．つまり，この標本で最も目を引く特徴は，非常に長い首（約20 cm）と長い尾である．

体に対して頭が小さく，吻部が尖っていて，針のような歯があり，首が非常に長いところから推測すると，ヒファロサウルスは魚食性だったにちがいない．背側肋骨は肥厚していて，遠位端がぶ厚い．これには，体の比重を増やして，最小限の労力でもぐっていられるようにする機能があったようだ．また，このほかにも，水生生活を示す形態上の特徴が見られる．たとえば，椎骨の関節面が平らで，四肢骨の遠位端があまり骨化しておらず，手根骨と足根骨の骨化が少なく，下側の四肢骨が短い．

興味深いことに，ヒファロサウルスの完模式標本を含む石板には，リコプテラ属の魚類化石が少なくとも6体保存されていた．そのうちの1体はヒファロサウルスの口のすぐ近くに位置し（図123），まるで，逃げ切れずに，食べられるところだったように見える．

義県の王家溝や万仏堂，河夾心では，1999年の秋に，ヒファロサウルスの完全骨格が多数見つかった．その結果，この地域は2番目のヒファロサウルス化石産地になった．

現在までにわかっているヒファロサウルス標本はすべて，湖底に堆積した凝灰質頁岩から発掘された．これらの岩石には，火山が頻繁に噴火した記録が残っている．ここから，当時の情景が思い浮かぶ．火山から

■ 123　ヒファロサウルス・リンユアネンシスの完模式標本．頭骨の拡大写真．口の近くに魚類化石が見える．（撮影：IVPP）

吹きあげられた大量の火山灰が，あたりに広がってすべてを埋めつくしたのだろう．火山の噴火にともなって，温室効果ガスと毒ガスもたくさん放出された．生息環境は破壊され，大勢の動物たちがいっせいに命を落とした．ヒファロサウルスの化石でも，複数がまとまって埋もれた例が，数多くの標本で確認されている（図124）．

コリストデラ類とされた中国初の標本は，内モンゴルのオルドス盆地にある，オトグチー地区から見つかった吻部の断片だった．研究に携わったのはE・ビュフェトーである．この標本は，1981年にD・シゴノー＝ラッセルによって分類しなおされ，イケコサウルス・スナイリナエ（*Ikechosaurus sunailinae*）という名称

78 ● コリストデラ類

■124　1枚の石板に埋もれた4体のヒファロサウルス．2体は成体で2体は幼体．まるで災難で一家全滅したように見える．（撮影：IVPP）

■125　イケコサウルス・ガオイ（*Ikechosaurus gaoi*）の完模式標本．つぶれた頭骨の長さは約19 cm．ガビアルに似たコリストデラ類．発掘地は内モンゴル赤峰の九仏堂層．（撮影：IVPP）

がつけられた．数年後，中国カナダ恐竜プロジェクトの野外調査中に，志丹層群（白亜紀前期）の羅漢洞層から，保存状態がよく，関節のつながったイケコサウルス標本がたくさん発見された．イケコサウルスは，吻部が幅広で，基部が方形の歯がびっしり並んでいるところが，暁新世のシモエドサウルス（*Simoedosaurus*）にそっくりだと，シゴノー＝ラッセルは指摘している．この見解は，他の研究者数名から支持された．しかし一方で，イケコサウルスはシモエドサウルスよりカンプソサウルス（*Champsosaurus*）に近い，と考える研究者もいた．新種のイケコサウルス・ガオイ（*Ikechosaurus gaoi*）（図125）は，内モンゴル赤峰の九仏堂層から発見された断片的な骨格をもとに，呂君昌らによって設定された．これが，熱河生物群で3番目に報告されたコリストデラ類である．

　遼寧省の義県と朝陽では最近，イケコサウルスに分類できそうな，保存状態のよい骨格が数多く見つかっている．これらの標本の頭骨は平らで，吻部が長く，側頭部の孔が大きく，頭骨の長さは30 cmである．全長は2 mにも達し，その半分以上を尾が占める．

有鱗類 squamates

劉俊（Jun Liu）

　有鱗目（Squamata）（トカゲ類とヘビ類）は，現生爬虫類で最も繁栄しているグループである．有鱗類はたいてい体が細長く，ウロコでおおわれている．このグループは，頭骨の可動性が高く，下部側頭弓が不完全といった，頭骨の特徴で識別できる．有鱗目は，イグアナ類（Iguania），ヤモリ類（Gekkota），ミミズトカゲ類（Amphisbaenia），トカゲ類（Scincomorpha），オオトカゲ類（Anguimorpha），ヘビ類（Serpentes）の6下目に分けられる．ヘビ類以外の5グループは一般にトカゲ類と呼ばれる．

　明らかなトカゲ類で，知られているかぎり最古のものは，ジュラ紀中期の地層から見つかった．そのなかには，およそ3下目に分類される数属が含まれている．ということは，トカゲ類の起源はこれより古いはずで，ムカシトカゲ類（sphenodontians）の出現時期から見て，遅くとも三畳紀には最古のトカゲ類が地上に現れていたと思われる．中国北西部，新疆で，ペルム紀と三畳紀の境界近くから見つかったサンタイサウルス（*Santaisaurus*）を，トカゲ類とする古生物学者たちもいる．有鱗類はジュラ紀中期から急速に増加し，白亜紀前期にヘビ類が出現すると，さらなる進化放散をとげた．

　ヤベイノサウルス・テヌイス（*Yabeinosaurus tenuis*）は，熱河生物群でかなり早い時期に見つかった四肢動物の1つで，中国で最も古くから研究されている化石トカゲ類でもある．この種の命名は，遼寧省義県の棗茨山で見つかった資料をもとに，遠藤隆次と鹿間時夫が1942年に行った．このとき，両者は，この属に新しい科を設けたが，その後，1964年に，R・ホフシュテッターがアルデオサウルス科（Ardeosauridae）に分類しなおした．遼寧省凌源で見つかった別の標本も，1958年に，楊鐘健によってこ

■126　ヤベイノサウルス（*Yabeinosaurus*）の不完全な骨格．発掘地は遼寧省凌源の鴿子洞（九竜山層）．（撮影：IVPP）

の種に分類された（図126）．凌源の標本は，最初，ジュラ紀後期のものと見られていたが，ジュラ紀中期の九竜山層に含まれていた可能性が高く，別の種ではないかと思われる．ヤベイノサウルス・テヌイスの完模式標本は，第二次世界大戦中に消失した．最近，姫書安と共同研究者が，義県の金剛山から産出した新しい標本を，この種の新模式標本とするよう提案している．新たに発見された資料のなかにも，この属に分類されるものが含まれているかもしれない（図127）．

ここ数年のあいだに，姫書安らによって，さらに2種のトカゲ類が熱河生物群に付け加えられた．長い尾を持つダリンホサウルス・ロンギディギトゥス（*Dalinghosaurus longidigitus*）（図128）と，ウロコがきれいに保存されたジェホラケルタ・フォルモサ（*Jeholacerta formosa*）（図129）である．トカゲ類の多様性は，有鱗類が当時の環境にうまく適応していたことを物語っているのかもしれない．

■127　未記載のヤベイノサウルス化石骨格．発掘地は遼寧省凌源の大王杖子（義県層中部）．矢印が指している箇所で，尾を自己切断した可能性がある．（撮影：IVPP）

■128　ダリンホサウルス・ロンギディギトゥス（*Dalinghosaurus longidigitus*）の完模式標本．尾が長いトカゲ類．発掘地は遼寧省北票の四合屯（義県層下部）．（提供：姫書安/PKU）

■129 ジェホラケルタ・フォルモサ（*Jeholacerta formosa*）の完模式標本．皮膚の印象がきれいに保存された，熱河層群のトカゲ類．発掘地は河北省平泉（義県層）．（提供：姫書安/PKU）

翼竜類 pterosaurs

汪筱林，周忠和（Xiao-lin Wang, Zhong-he Zhou）

翼竜は空を飛ぶ爬虫類で，地球の歴史上，初めて飛行に成功した脊椎動物である．翼竜はおよそ2億3000万年前の三畳紀後期に，恐竜とともに出現し，白亜紀後期の終わりに絶滅した．中生代の後期に近づいた頃に鳥類が加わるまでは，中生代の空を支配していた動物である．

翼竜類はすべて翼竜目（Pterosauria）に属している．翼竜目は，嘴口竜類（Rhamphorhynchoidea）と翼指竜類（Pterodactyloidea）という2つの亜目から構成される．嘴口竜類はおもに三畳紀後期からジュラ紀後期に現れた（一部は白亜紀前期まで生息していた）翼竜類で，やや原始的である．首は短く，尾は長く（アヌログナトゥス科は例外で，尾が短い），中手骨が短く，後肢の第5趾が長い．翼指竜類はジュラ紀後期から白亜紀後期に生息していた，より進化したグループで，長い首と短い尾を持ち，中手骨は長く，後肢の第5趾は短い．

中生代の堆積層からは多くの翼竜類が発見されているが，その大半は海成層に保存されていた．ゾルンホーフェンは世界有数の翼竜化石産地の1つで，嘴口竜類と翼指竜類の両方の化石が，石灰岩から見つかっている．これらの翼竜類は，およそ1億4500万年前から1億5000万年前（チトニアン期）の，ジュラ紀後期に生息していた．ブラジル北東部のサンタナ層から見つかる翼竜類は，翼指竜類のみで，生息時期は白亜紀前期（アプチアン期-アルビアン期，約1億〜1億1000万年前）である．アメリカ合衆国カンザス州西部にある，白亜紀後期のニオブレラ層（サントニアン期，約8500万年前）は，大型の翼指竜類を数多く産出することで知られている．遼寧省西部では最近，白亜系下部の熱河層群湖成堆積層から，翼竜類の化石が数十体発見された．

中国北部の他の地域でも，熱河層群に相当する白亜系下部の陸成堆積層から，翼指竜類が見つかったという報告が数多くなされている．たとえば，新疆のズンガル（ジュンガル）盆地のトゥグル（吐谷魯）層群から見つかった，ズンガリプテルス・ウェイイ（*Dsungaripterus weii*）とノリプテルス・コンプリキデンス（*Noripterus complicidens*），甘粛省オルドス盆地の志丹層群から見つかった，フアンヘプテルス・クインヤンゲンシス（*Huanhepterus quingyangensis*）などがその例である．

熱河層群では，義県層と九仏堂層の両方から，翼竜骨格が多く発見されている．その多くは翼指竜類だが，嘴口竜類も少数含まれている．現在までに確認された翼指竜としては，義県層の尖山溝層から掘り出された，エオシプテルス・ヤンギ（*Eosipterus yangi*）とハオプテルス・グラキリス（*Haopterus gracilis*）があげられる．発掘地はそれぞれ，遼寧省北票の横道子と四合屯である．その他にも，遼寧省朝陽の東大道と大平房にある九仏堂層から，シノプテルス・ドンギ（*Sinopterus dongi*）とチャオヤンゴプテルス・ザンギ（*Chaoyangopterus zhangi*），リアオニンゴプテルス・グイ（*Liaoningopterus gui*）が見つかっている．嘴口竜類の例としては，遼寧省北票の張家溝からデンドロリンコイデス・クルウィデンタトゥス（*Dendrorhynchoides curvidentatus*），内モンゴル寧城の道虎溝からジェホロプテルス・ニンチェンゲンシス（*Jeholopterus ningchengensis*）が掘り出されている．

義県層の翼竜類2種，エオシプテルス・ヤンギとデンドロリンコイデス・クルウィデンタトゥスを初めて報告したのは，姫書安と共同研究者（1997, 1998）である．エオシプテルスの化石は頭部よりうしろの骨の断片だけで，デンドロリンコイデスは不完全な骨格だった．エオシプテルスは小型から中型の翼指竜類で翼開長は約1.2 mあり，プテロダクティルス科（Pterodactylidae）に分類される．前肢はややがっしりとしていて，尺骨と橈骨の長さが，翼の中手骨に比べて約1.3倍ある．大腿骨は脛骨の長さの3分の2よりやや短い．尺骨と，翼を構成する最初の指骨，脛骨はほぼ同じ長さである．デンドロリンコイデスの化石は小さな幼体で，翼開長は約40 cmである．この翼竜は最初，ランフォリンクス科（Rhamphorhyncoidae）に入れられたが，今は，アヌログナトゥス科（Anurognathidae,「カエルの顎を持つ」翼竜）のなかまであることが一般に認められている．その特徴は，

頸椎が頑丈で，中手骨の長さが橈骨の4分の1しかなく，脛骨が上腕骨より短く，第1〜4番目の中足骨の長さがほぼ等しく，後肢の第5趾が長い趾骨2本から構成されている点である．

1998年以降，IVPP，CAS（中国科学院古脊椎動物古人類研究所）の野外調査スタッフは，翼竜標本をたくさん発掘してきた．これまでに，私たちは5標本（完全に近い骨格4体と，頭骨1個）を記載している．すべて新属新種で，名称は，ハオプテルス・グラキリス（*Haopterus gracilis*），ジェホロプテルス・ニンチェンゲンシス（*Jeholopterus ningchengensis*），シノプテルス・チャオヤンゲンシス（*Sinopterus chaoyangensis*），チャオヤンゴプテルス・ザンギ（*Chaoyangopterus zhangi*），リアオニンゴプテルス・グイ（*Liaoningopterus gui*）である．

ハオプテルス（図130）は2001年に，熱河生物群の研究に貢献した故郝詒純教授にちなんで命名された．ほぼ完全な骨格で，翼開長約1.35 mの亜成体と思われる．頭骨は長くて，丈が低く，矢状稜はなく，口吻がやや尖っている．上下の顎にはそれぞれ，うしろへカーブした鋭い歯が12本ずつあり，おもに前のほうに生えている．前肢は非常に頑丈で，翼の中手骨が長い．中足骨はほっそりとしていて，かなり小さい．第1〜3番目の中足骨は，翼の中手骨に比べて，長さが5分の1以下しかない．胸骨は大きく扇形で，竜骨突起が発達し，長さと幅がほぼ等しい．

ハオプテルスは大きな頭骨と尖った口吻を持つ．前方の歯が鋭くて細いので，魚食性と思われる．足が極端に小さいので，力強く飛行する能力を持ち，休憩するときに，この後肢で何かにつかまってぶらさがったのだろう．

ジェホロプテルス（図131〜133）は2002年に命名された．関節がほぼ完全につながった翼竜類で，飛膜の繊維と「体毛」がきれいに保存されている．この新種は，尾が短い「奇妙な」嘴口竜類であるアヌログナトゥス科に分類される．この科の個体としては知られているかぎり最も完全で大きい標本で，翼開長は約90 cmに達する．その特徴は以下のとおりである．頭骨の長さより幅が大きく，カエルの頭に似ている．首が短い．中手骨が短く，橈骨の長さの4分の1に満たない．後肢の第5趾が非常に長く（第3趾の1.5倍ほどあり），長い趾骨2本から構成される．尾が短い．

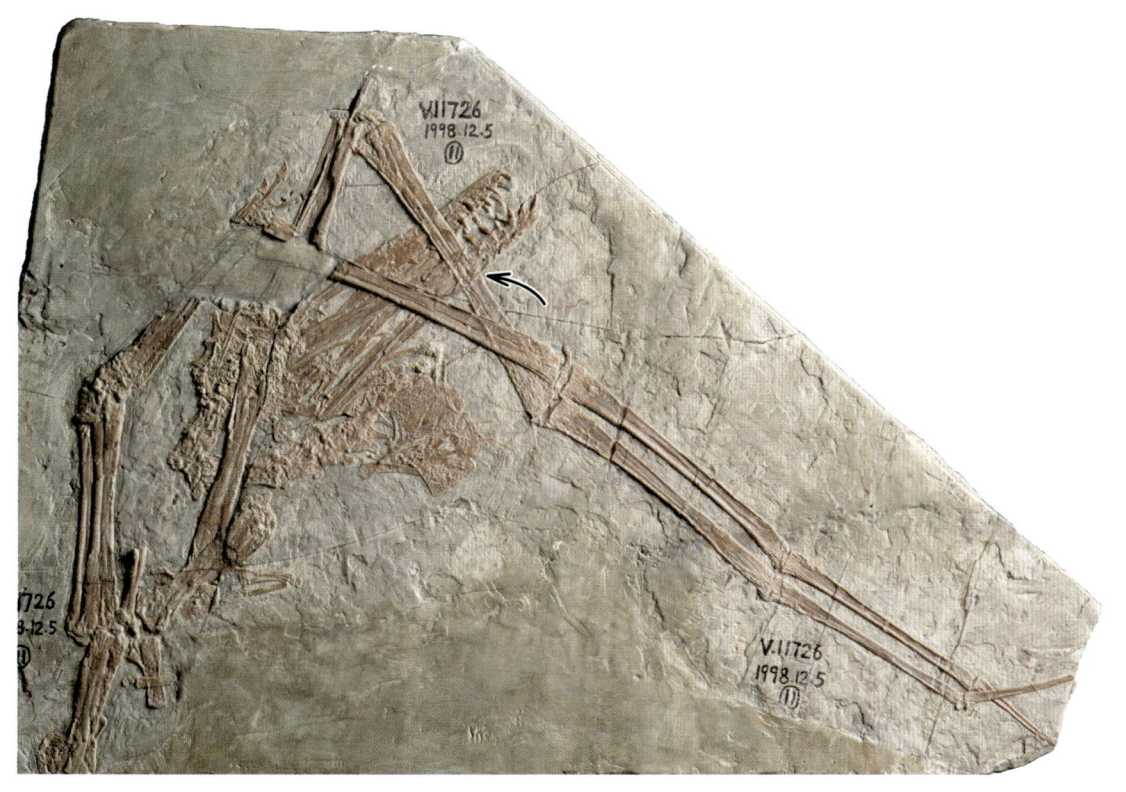

■130 ハオプテルス・グラキリス（*Haopterus gracilis*）の完模式標本（亜成体，翼開長約1.35 m）．プテロダクティルス科の翼竜類．発掘地は遼寧省北票の四合屯（義県層下部）．口に翼指が入っているように見える（矢印）．火山が噴出した毒ガスに巻きこまれて死ぬ直前に，もがき苦しんだせいかもしれない．（撮影：IVPP）

■131 ジェホロプテルス・ニンチェンゲンシス（*Jeholopterus ningchengensis*）の完模式標本（石板 A，成体もしくは亜成体．翼開長約 90 cm）．アヌログナトゥス科（「カエルの顎を持つ」翼竜）に属する尾の短い翼竜類．発掘地は内モンゴル寧城の道虎溝（義県層最下部）．（撮影：IVPP）

　飛膜と「体毛」状構造は，この新種の翼竜の最も目立つ特徴の1つである．飛膜の前膜，手膜，尾膜は，はっきり確認できる．手膜が脚の両側にくっついていて，足首までのびていたのは明らかである．尾膜は両脚のあいだにあり，手膜のものより短い繊維でできている．第5趾を含めて，足の指のあたりにも短い繊維が保存されているので，足には水かきのような膜があり，内側へカーブした丈夫な第5趾が，尾膜の付着点となり，尾膜を制御する役割を果たしていたと推測される．

　ジェホロプテルスのうしろ足に水かき状の膜がはっていたのなら，この翼竜は水辺にすみ，泳ぐこともできたかもしれない．えさは昆虫類や，魚類などの動物だろう．翼が非常に長いので，力強く飛べたと思われる．

　翼竜は恒温性で「毛の生えた」脊椎動物だったのか，という問題は議論の的になっている．ジェホロプテルスの「毛」は短くて太く，曲がっている．また，根元から先端へ向かって先細りになっている．そして，「毛」は首から尾部まで体全体に分布している（図131〜133）．機能面から見ると，翼竜類の「体毛」は，体温調節や飛翔，飛んでいる音の減少などに使われた可能性がある．また，ジェホロプテルスの「体毛」は，一部の翼竜類が恒温動物だったことを示しているのかもしれない．ジェホロプテルスの「体毛」には，羽毛恐竜シノサウロプテリクス（*Sinosauropteryx*）やベイピアオサウルス（*Beipiaosaurus*）の体毛状外被構造に似たところがあるので，翼竜類の「体毛」と，シノサウ

■132 ジェホロプテルス・ニンチェンゲンシスの飛膜と「毛」．現在までに見つかった翼竜類のなかで，最も完全に近い飛膜と「毛」．飛膜は長めでまっすぐな繊維でできている．「毛」はたいてい短く，うねったり曲がったりして，体じゅうに生えている．この翼竜類の「毛」は，恐竜シノサウロプテリクスの体毛状外被に似ているので，相同構造の可能性がある．（撮影：IVPP）

■133 ジェホロプテルス・ニンチェンゲンシスの復元図.（絵：李栄山/IVPP）

ロプテリクスの繊維状原羽毛は相同構造とも考えられる.

シノプテルス（*Sinopterus*）（図134, 135）は，最近記載された熱河生物群の翼指竜類である．タペヤラ科（Tapejaridae）の翼竜類としては，ブラジル以外で最初の化石記録である．さらに，この科で最古の出現記録であり，最も完全な骨格でもある．

シノプテルスの翼開長は約 1.2 m で，頭骨の長さは約 170 mm である．特徴は，歯がなく，上下に短くて前後に長い頭骨と，長く尖った口吻，角質のクチバシである．前上顎骨と歯骨の矢状稜は丈が低くて小さい．前上顎骨の後部突起は上へ向かって湾曲し，頭骨から離れて，頭頂骨の矢状稜と平行している．鼻前眼窩窓は大きくて長く（長さが高さの約 2.5 倍），頭骨全長の 3 分の 1 を超える．脛骨は大腿骨の長さの約 1.4 倍である．第 3 中足骨は翼の中手骨に比べて，約 22.1% の長さで，第 5 中足骨の長さは，第 1 中足骨の 5 分の 1 に満たない.

チャオヤンゴプテルス（*Chaoyangopterus*）（図136）は中型から大型の翼指竜類で，翼開長は約 1.85 m である．頭骨は長くて丈が低く，口吻が尖っていて，歯がない．前肢の第 1〜第 3 指はしっかりとしていて，翼の爪は大きく，湾曲している．翼指は 4 本の指骨から構成され，遠位端に近づくほど短くなっている．翼の中手骨と翼指の第 1 指骨は，カンザス州西部の白亜系上部から産出したニクトサウルス・グラキリス（*Nyctosaurus gracilis*）に比べて短い．脛骨と大腿骨，脛骨と上腕骨の比率は，それぞれ 1.5 と 2.2 で，前肢（上腕骨＋尺骨＋翼の中手骨）の後肢（大腿骨＋脛骨＋第 3 中足骨）に対する割合は，1.1 である．チャオヤンゴプテルスは，このような記録のアジアで最初の例であるだけでなく，ニクトサウルス科（Nyctosauridae）で最古の記録であり，最も完全に近い骨格でもある．この科については，4 個の翼指骨や，よく発達した第 1〜第 3 指など，いくつかの点で見直しがなされている．

リアオニンゴプテルス（*Liaoningopterus*）（図137）は，アンハングエラ科（Anhangueridae）に分類される．これまで中国で見つかったなかで最大の翼竜類である．その歯も，どの翼竜類のものよりも大きい．リアオニンゴプテルスは大型の翼指竜類で，頭骨の長さは 610 mm，翼開長は約 5 m と推測される．頭骨は丈が低くて長い．前上顎骨と歯骨には矢状稜がある．歯は上顎と下顎の前方にのみ見られる．顎の歯が生えている部分は，頭骨の長さの約半分で，奥のほうには広がっておらず，鼻前眼窩窓の 3 分の 1 にあたる位置まで達していない．吻部端近くの歯は大きい．前上顎骨の第 4 歯が最大で，第 1 歯と第 3 歯は第 2 歯と第 4 歯に比べてかなり小さい．

プテロダクティルス科（Pterodactylidae）のなかまは，以前は，ヨーロッパとアフリカのジュラ紀後期の堆積層からしか見つかっていなかった．ハオプテルス（*Haopterus*）は，この科としてはアジアで最初の化石記録である．また，この発見により，プテロダクティルス科の生息域が，白亜紀前期まで拡大された．アヌログナトゥス科（Anurognathidae）の発見例は，以前はごくわずかで，産出地はもっぱら，ドイツのゾルンホーフェンとカザフスタンのカラタウだった．遼寧省で発見された化石は，この科としては白亜紀前期で初めての記録である．シノプテルスは，ブラジル以外で見つかった初めてのタペヤラ科化石である．

熱河層群には，義県層と九仏堂層に代表される，2 つの翼竜類群集が存在したようだ．これらの群集に含まれる数十体の翼竜標本の，大半は翼指竜類で，嘴口竜類はごくわずかである．下に位置する，義県層の群集は，翼指竜類のエオシプテルスとハオプテルス，そして嘴口竜類のアヌログナトゥス科に属しているデ

■134 シノプテルス・ドンギ（*Sinopterus dongi*）の完模式標本（亜成体，翼開長約1.2 m）．タペヤラ科の翼竜類．発掘地は遼寧省朝陽の喇嘛溝（九仏堂層）．（撮影：IVPP）

ンドロリンコイデスとジェホロプテルスから構成される．この群集は，プテロダクティルス科とアヌログナトゥス科のなかまがともに含まれている点で，ゾルンホーフェンのジュラ紀後期（チトニアン期）の群集に似ている．この群集といっしょに，孔子鳥群も見つかる．また恐竜類も豊富で，羽毛の生えた獣脚類であるシノサウロプテリクス，ベイピアオサウルス，シノルニトサウルス，プロタルカエオプテリクス，カウディプテリクス，イグアノドン類のジンゾウサウルス，よろい竜類のリアオニンゴサウルスなどが含まれている．おもな化石層は，義県層の尖山溝層，大王杖子層，金剛山層で，同位体による年代測定では，1億2100万～1億2500万年前という数字が出ている．

義県層最下部の道虎溝層（注：この層が義県層にあたるかどうかについては，まだ議論が続いている）からは，ジェホロプテルスが発掘された．現在のところ，この化石層の正確な年代はわからないが，道虎溝の下に位置する土城子層上部の推定年代が，最近行われたアルゴン40/アルゴン39法による測定で1億3900万年前とされているので，それより古いはずはない．道虎溝と土城子層の層序関係は，道虎溝発掘地における野外調査で接触面を観察した結果に基づく．

上部の翼竜群集には，九仏堂層から産出する翼竜類が含まれる．この層から採集された翼竜類はすべて翼指竜類である．そのなかで，シノプテルス，チャオヤンゴプテルス，リアオニンゴプテルスがこれまでに記

■135　シノプテルス・ドンギの頭骨拡大写真（長さ約17cm）．（撮影：IVPP）

■136　チャオヤンゴプテルス・ザンギ（*Chaoyangopterus zhangi*）の完模式標本（翼開長約1.85m）．ニクトサウルス科の翼竜類．発掘地は遼寧省朝陽の公皋（九仏堂層）．（撮影：IVPP）

載されている．九仏堂層から見つかった十数体の標本のなかに，嘴口竜類は含まれていなかった．上部の群集は，タペヤラ科やアンハングエラ科のような翼指竜類だけで構成されている点で，白亜紀前期のサンタナ層（アプチアン期／アルビアン期）から見つかる群集のほうに類似している．九仏堂層の年代は，サンタナ層よりやや古い．この翼竜群集といっしょに見つかる華夏鳥（*Cathayornis*）群には，中国鳥（*Sinornis*），燕鳥（*Yanornis*），会鳥（*Sapeornis*），熱河鳥（*Jeholornis*）が含まれる．いっしょに見つかる恐竜類としては，羽

■137 リアオニンゴプテルス・グイ（*Liaoningopterus gui*）の完模式標本（推定翼開長約5m，頭骨の長さ61cm）．大型の翼指竜類．知られているかぎり，どの翼竜類よりも大きな歯を持つ．発掘地は遼寧省朝陽の小魚溝（九仏堂層）．（撮影：IVPP）

毛のあるドロマエオサウルス類，ミクロラプトル・ザオイアヌス（*Microraptor zhaoianus*）とミクロラプトル・グイ（*M. gui*）があげられる．翼竜類が採集された地層からは，放射年代測定法による直接の年代測定結果は得られていないが，内モンゴルで，九仏堂層の上に位置する玄武岩の年代が1億1000万年前のものと測定されているので，この地層の年代は，1億1000万〜1億2000万年前と推定できる．

恐竜 dinosaurs

徐星（Xing Xu）

　恐竜は最も有名な先史時代の動物の1つである．中生代に世界を支配し，繁栄を極めた脊椎動物の代表である．ここから，中生代は「恐竜の時代」とも呼ばれる．中国は恐竜化石が驚くほど豊富で，その化石記録は恐竜時代のほぼ全体に及んでいる．最近，白亜系下部の熱河層群から発見された恐竜遺骸は，世界中の注目を集めた．なかでも，羽毛恐竜は，恐竜の姿形と生活史の両方で，従来の見方を大きく揺るがした．

　熱河層群には，竜脚類，獣脚類，鳥脚類，角竜類，よろい竜類など，主要な恐竜グループがほとんど含まれている．本章では，熱河生物群の重要な恐竜類の一部について，進化上の意味合いに触れながら，簡単に説明する．

　コエルロサウルス類は派生的な獣脚類のグループで，巨大なティラノサウルス類（tyrannosaurids）や，長いかぎ爪を持つテリジノサウルス類（therizinosauroids），頭骨が上下に厚いオヴィラプトロサウルス類（oviraptorosaurs），空を飛べる鳥類と，その近縁動物である，びんしょうなドロマエオサウルス類（dromaeosaurs）や，大きな脳を持つトロオドン類（troodontids）が含まれる．熱河生物群には，鳥類以外のコエルロサウルス類が10属12種見られる．

■138　シノサウロプテリクス・プリマ（*Sinosauropteryx prima*）の完模式標本．雄鶏大の獣脚類．発掘地は遼寧省北票の四合屯（義県層下部）．（撮影：李大建/CAS）

■139　シノサウロプテリクス・プリマの外被拡大写真．繊維状の外被は原始的な羽毛であり，この発見により，羽毛の起源と初期進化の一端が見えてきた．（撮影：李大建/CAS）

シノサウロプテリクス・プリマ（*Sinosauropteryx prima*）（図138～140）は，熱河生物群で最初に命名されたコエルロサウルス類で，1996年に遼寧省西部で見つかった．大きさは雄鶏ほどで，頭が大きく，歯は鋭く，腕が非常に短くて，尾が異常に長い．この恐竜は原始的なコエルロサウルス類であり，もっと高等な非鳥類のコエルロサウルス類に比べると，鳥類とは骨の構造がかなり違う．それでも，体毛のような外被に体がおおわれていることから，シノサウロプテリクスは鳥類の起源を知るのに重要な位置を占めている．古生物学者の多くは，この体毛状構造を保温のための原始的な羽毛ととらえているが，この説に反対し，羽毛とは関係ないと考える古生物学者もいる．

■140　シノサウロプテリクス・プリマの復元図．1970年代にはすでに，鳥類ではない恐竜に羽毛もしくは羽毛状外被をつけて再現した画家がわずかながらいたが，シノサウロプテリクス・プリマの発見で，こうした復元図の化石証拠が初めて得られた．（絵：曾孝濂/KIB）

■141　カウディプテリクス・ゾウイ（*Caudipteryx zoui*）の完全骨格．エミューほどの大きさの獣脚類恐竜．発掘地は遼寧省北票の張家溝（義県層下部）．矢印が指しているのは胃石．（撮影：IVPP）

シノサウロプテリクスが見つかった翌年，同じ地域から羽毛恐竜が他にも2種類発見された．プロタルカエオプテリクス・ロブスタ（*Protarchaeopteryx robusta*）と，カウディプテリクス・ゾウイ（*Caudipteryx zoui*）（図141, 142）である．この2種類の恐竜は，シノサウロプテリクス・プリマよりも，骨の構造が鳥類に近いが，どちらも飛べなかった．プロタルカエオプテリクスは鋭い歯と長い腕を持ち，ドロマエオサウルス類に似ているが，ドロマエオサウルス類ではない．ドロマエオサウルス科は，鳥類によく似た恐竜グループの1つで，映画『ジュラシック・パーク』に出てきた小型のヴェロキラプトル（*Velociraptor*）もここに含まれる．カウディプテリクスはコンプソグナトゥス（*Compsognathus*）と同様，腕が短いが，その他の特徴は，オヴィラプトロサウルス類であることを示している．獣脚類恐竜には珍しく，頭骨の丈が高くて前後に短く，長い脚と短い尾を持っている．胃石（図141）があるところを見ると，カウディプテリクス・ゾウイは植物食だったようである．プロタルカエオプテリクスもカウディプテリクスも，はっきりとした羽軸と平らな羽板がある本物の羽毛を持っていたことは間違いない．鳥類の風切り羽と違って，プロタルカエオプテリクスとカウディプテリクスの腕と尾にある長い羽毛は，羽板が左右対称なので，飛行には向かない．

現生種，化石種を問わず，非鳥類の動物で羽毛が見つかったのは，このときが歴史上初めてだったが，幸いにも，最初で最後の例ではなかった．1999年，またしても遼寧省西部で，羽毛恐竜がさらに2種類発見されたことが公表される．その1つ，ベイピアオサウルス・イネクスペクトゥス（*Beipiaosaurus inexpectus*）（図143, 144）は，遼寧省で見つかったなかで最大の獣脚類である．全長は2mを超え，歯は小さく，体はずんぐりとしていて，尾が短い．ベイピアオサウルスには，植物食と思われる特徴がいくつか認められるが，前肢には，肉食恐竜のように，非常に長く，湾曲した，鋭いかぎ爪がついている．2つ目の，シノルニトサウルス・ミルレニイ（*Sinornithosaurus millenii*）（図145～149）は，ヴェロキラプトルに近いなかまだが，体ははるかに小さい．短剣のような歯と，はばたくように動かすことのできる長い腕，棒のような硬い尾を持っている．実のところ，シノルニトサウルスは，鳥類に最もよく似た恐竜の1つで，これまでにあげた他の種よりも，鳥類と近い関係にある．ベイピアオサウルスにもシノルニトサウルスにも，羽板のある羽毛は見られなかったが，両者が持つ羽毛状の構造は，枝分

■142 カウディプテリクス・ゾウイの復元図．カウディプテリクスは，オヴィラプトル科のなかまに似た走行動物で，羽毛はあるが，飛べない．（絵：アンダーソン・ヤン）

かれしている点で，明らかにシノサウロプテリクスのものより複雑である．

2000年，6番目と7番目の羽毛恐竜が遼寧省西部で発見されたことがわかる．ひとつはすでに設けられている属の新種，カウディプテリクス・ドンギ（*Caudipteryx dongi*）（図150, 151）で，この属の形態的特徴を明らかにするのに役立っている．もうひとつは小さな恐竜で，体長は40cmにも満たない．ミクロラプトル・ザオイアヌス（*Microraptor zhaoianus*）（図152～154）と命名されたこの恐竜は，現在までに見つかっているなかで最小の成体恐竜である．これもシノルニトサウルスと同じ，ドロマエオサウルス科の恐竜である．ミクロラプトルはこれまで知られている恐竜のなかで最も鳥類に近い．小型で，鳥類のように脳函が大きく，腕が長くてはばたかせることができ，足には樹上生活への適応が見られる．この発見により，鳥ではない小型恐竜の一部が，大型のハンターから逃れるため，もしくは小さな獲物を追いかけるために，木の上へ移動し，樹上生活を送りながら徐々に飛翔能力を進化させたことが推測できる．ミクロラプトル・ザオイアヌスの骨格化石は羽毛状構造で取り囲まれているが，そのなかには中央に軸を持つものも見られる．この保存状態からは，ミクロラプトル・ザオイアヌスが羽板のある羽毛を持っていたと結論づけることはで

■143 ベイピアオサウルス・イネクスペクトゥス（*Beipiaosaurus inexpectus*）の完模式標本．現在までのところ，熱河生物群で見つかった羽毛恐竜のなかで最大．全長は推定で2m以上．発掘地は遼寧省北票の四合屯（義県層下部）．典型的な獣脚類と異なり，ベイピアオサウルスには小さな歯がたくさんあり，うしろ足の幅が広いので，ゆっくりとしたペースで生活していたと推測される．（撮影：IVPP）

■144 ベイピアオサウルス・イネクスペクトゥスの外被拡大写真．ここに見える繊維状の構造はたぶん原始的な羽毛で，鳥類ではない獣脚類のあいだに広く分布していたと思われる．（撮影：IVPP）

きないが，その可能性は大いにある．

2002年，新種のコエルロサウルス類3体が，遼寧省西部と，隣接する内モンゴルで見つかった，との報告がなされた．そのうちの2体，すなわち，シノヴェナトル・チャンギイ（*Sinovenator changii*）（図155，156）およびインキシヴォサウルス・ガウティエリ（*Incisivosaurus gauthieri*）（図157，158）は，義県層最下部の陸家屯（層序学的情報は「序説」の章を参照）という，同じ化石層から掘り出された．これらの標本に羽毛は見あたらなかったが，これは，きめの粗い砂岩，という堆積層の性質が災いしたせいで，生きていたときに体表に羽毛があった可能性は高い．シノヴェナトルはトロオドン科に属している．トロオドン類は，最も鳥類に近似した恐竜類の1つで，ドロマエオサウルス科によく似た特徴が見られる．シノヴェナトルも小型で，体長は1mに達しない．脳函は初期の鳥類にそっくりで，知能がかなり高いことがわかる．

■145 シノルニトサウルス・ミルレニイ（*Sinornithosaurus millenii*）の完模式標本．小型獣脚類（推定体長1.1 m）．発掘地は遼寧省北票の四合屯（義県層下部）．前肢には羽毛があり，鳥の翼のように動かせるので，非鳥類の獣脚類は飛翔能力を進化させるように前適応していたことがわかる．（撮影：IVPP）

■146 シノルニトサウルス・ミルレニイの頭骨．どう猛な動物らしい，ぎざぎざのついた鋭い歯が生えている．（撮影：IVPP）

■148 シノルニトサウルス・ミルレニイの叉骨．以前は鳥類にしか存在しないと考えられていた構造だが，最近になって，恐竜のあいだに広く分布していることがわかった．形態は，最も原始的な鳥類である始祖鳥のものと同じ．（撮影：IVPP）

■147 シノルニトサウルス・ミルレニイの棒状の尾骨．ドロマエオサウルス類特有の硬い尾を持っていたらしい．（撮影：IVPP）

■149 シノルニトサウルス・ミルレニイの外被拡大写真．枝分かれした繊維状の外被は，羽毛の特徴である．（撮影：IVPP）

獣脚類恐竜は一般に肉食性と見られているが，インキシヴォサウルスの歯は，珍しいことに，植物食恐竜のものに似ている．

2002年に報告された3番目の獣脚類は，小型の樹上生恐竜，エピデンドロサウルス・ニンチェンゲンシス（*Epidendrosaurus ningchengensis*）（図159, 160）で，その完模式標本は，内モンゴル南東部で採集された．前肢の第3指が非常に長く，中生代ではそれまで報告のなかった類の適応を示している．エピデンドロサウルスは，鳥類以外の恐竜では過去に知られていなかった特徴をいくつか有している．後肢の第1趾が完全に反対側を向いている点も，その1つである．エピデンドロサウルスはとりあえず，鳥類に最も近いなかまと見なされているが，系統分類上の正確な位置づけはまだはっきりしない．

新種の羽毛恐竜，ミクロラプトル・グイ（*Microraptor gui*）（図161, 162）は，2003年のはじめに記載された．これはミクロラプトルで2番目の種にあたる，軽量で小型の動物で，体長は77 cm，棒状の長い尾を持つ．たぶん樹上で生活していたものと思われる．不思議なのは，長い大羽状の羽毛が，前肢と尾だけでなく，後肢にもついていることである（「4つの翼を持つ恐竜」

■150　カウディプテリクス・ドンギ（*Caudipteryx dongi*）の完模式標本．大きさはカウディプテリクス・ゾウイに近い．発掘地は遼寧省北票の張家溝（義県層下部）．（撮影：IVPP）

■151 カウディプテリクス・ドンギの標本に保存されていた風切り羽．空を飛べる鳥類の風切り羽（飛び羽）とは異なり，カウディプテリクス・ドンギの前肢についている風切り羽は羽板が左右対称で，空力学的な機能はなかったようである．（撮影：IVPP）

■ 152 ミクロラプトル・ザオイアヌス（*Microraptor zhaoianus*）の完模式標本．非鳥類の恐竜成体では，知られているかぎり最小（推定全長は40 cm未満）．発掘地は遼寧省朝陽の狼山（九仏堂層）．（撮影：IVPP）

■ 153 ミクロラプトル・ザオイアヌスの足部．樹上生活を示す特徴がいくつか見られるので，鳥類の祖先である獣脚類は，樹上生活期を経ていたものと思われる．（撮影：IVPP）

■ 154 ミクロラプトル・ザオイアヌスの復元図．（絵：李栄山／IVPP）

■ 155 シノヴェナトル・チャンギイ（*Sinovenator changii*）の完模式標本．部分頭骨．推定体長1 m未満の，小型獣脚類恐竜．発掘地は遼寧省北票の陸家屯（義県層最下部）．（撮影：IVPP）

■ 156 シノヴェナトル・チャンギイの復元図．（絵：マイケル・W・スクレプニク／FMNH）

■157 インキシヴォサウルス・ガウティエリ（*Incisivosaurus gauthieri*）の完模式標本（頭骨の長さ約11 cm）．独特の形をした歯を持つオヴィラプトロサウルス類．発掘地は遼寧省北票の陸家屯（義県層最下部）．（撮影：IVPP）

■158 インキシヴォサウルス・ガウティエリの復元図．（絵：ポーシャ・スローン）

と呼ばれるゆえん）．さらに，この羽毛は現生鳥類のものにほぼ等しく，非対称の羽板が認められる．これは，現存する鳥類の飛翔や滑空に関係した特徴である．そうすると，ミクロラプトル・グイは滑空する動物で，飛べない恐竜と，空を飛ぶ鳥類の中間段階だった可能性が高い．

驚くべきことに，遼寧省西部と隣接する内モンゴル地区で，ここ数年のあいだに，狭い範囲から，コエルロサウルス類が12種も見つかっている．さらにびっくりさせられるのは，これらの発見により，羽毛と鳥類の飛翔の起源という重要な問題に関して，待望の情報がもたらされたことである．過去1世紀半にわたって，世界中で収集された恐竜標本のなかで，このような例は，知られているかぎり他になかった．

遼寧省西部でこうした発見がなされるまで，羽毛の起源を調べるための化石証拠はほとんどなかった．羽毛は構造が複雑なため，他の外被構造とは明確に区別できる．また，化石記録に突然現れることが謎を呼んでいる．鳥類の起源は恐竜であるという仮説が確かなものになれば，鳥類に似た獣脚類のどれかに羽毛があったはずだ，と考えるのは当然の流れである．ところが，類縁関係にある獣脚類化石には，羽毛の先がけになるような中間構造は保存されていなかった．それどころか，ほとんどの証拠は，獣脚類の一部を含めて，恐竜にウロコがあったことを示していた．た

■159 エピデンドロサウルス・ニンチェンゲンシス(*Epidendrosaurus ningchengensis*)の完模式標本．イエスズメほどの大きさの小型獣脚類．発掘地は内モンゴル寧城の道虎溝．（撮影：IVPP）

■160 エピデンドロサウルス・ニンチェンゲンシスの復元図．樹上生活の特徴が見られる．（絵：李栄山/IVPP）

とえば，羽毛のある獣脚類標本と同じ発掘地から掘り出されたプシッタコサウルス類には，皮膚のあとかたがきれいに保存されており，ウロコ状の皮膚を持っていたことがわかった．遼寧省の羽毛恐竜は，まさに多くの古生物学者が待ち望んでいたものであり，羽毛は鳥類に固有のものではなく，鳥類の祖先である恐竜類にまでさかのぼれる，という仮説を裏づける直接の化石証拠だった．こうした複数の恐竜に残る羽毛状構造は形態が様々に異なるが，複雑な構造に進化して，鳥類の起源に近づいていく傾向が見られる．シノサウロプテリクス(*Sinosauropteryx*)の羽毛は単純である．ベイピアオサウルス(*Beipiaosaurus*)とシノルニトサウルス(*Sinornithosaurus*)の羽毛は枝分かれしているが，羽板がない．プロタルカエオプテリクス(*Protarchaeopteryx*)とカウディプテリクス(*Caudipteryx*)の羽毛には，羽板ができている．ベイピアオサウルスとシノルニトサウルスの羽毛に羽板がないのは，保存状態に原因がありそうだ．その証拠に，ごく最近なされた発見によると，シノルニトサウルスとミクロラプトルも，プロタルカエオプテリクスやカウディプテリクスと同様，羽板のある羽毛を持っていた可能性がある．

羽毛の進化は現在，次のように推測されている．すべての鳥盤類（「鳥に似た腰」を持つ恐竜），古竜脚類と竜脚類，そして原始的な獣脚類の一部を含む，恐竜の大半は，典型的な爬虫類と同じように，体がウロコもしくは小さな突起におおわれていた．コエルロサウルス類の初期段階で，初めて羽毛が進化したが，単純な体毛状構造で，保温に使われたと思われる．その後，もっと複雑な羽毛が進化し，枝分かれ構造が見られるようになる．羽板のある長い羽毛は，マニラプトル類の一部で進化した．そのなかには，テリジノサウルス類，オヴィラプトロサウルス類，トロオドン類，ドロマエオサウルス類が含まれ，複雑な羽毛はディスプレイに用いられたと考えられる．最後に，非対称の風切り羽が進化し，現在，体を浮かせて飛行するのに使わ

■161 ミクロラプトル・グイ（*Microraptor gui*）の完模式標本（全長77 cm）．小型のドロマエオサウルス類で，四肢すべてに羽毛がついているという特徴から，「4つの翼を持つ恐竜」と呼ばれる．発掘地は遼寧省朝陽の大平房（九仏堂層）．（撮影：IVPP）

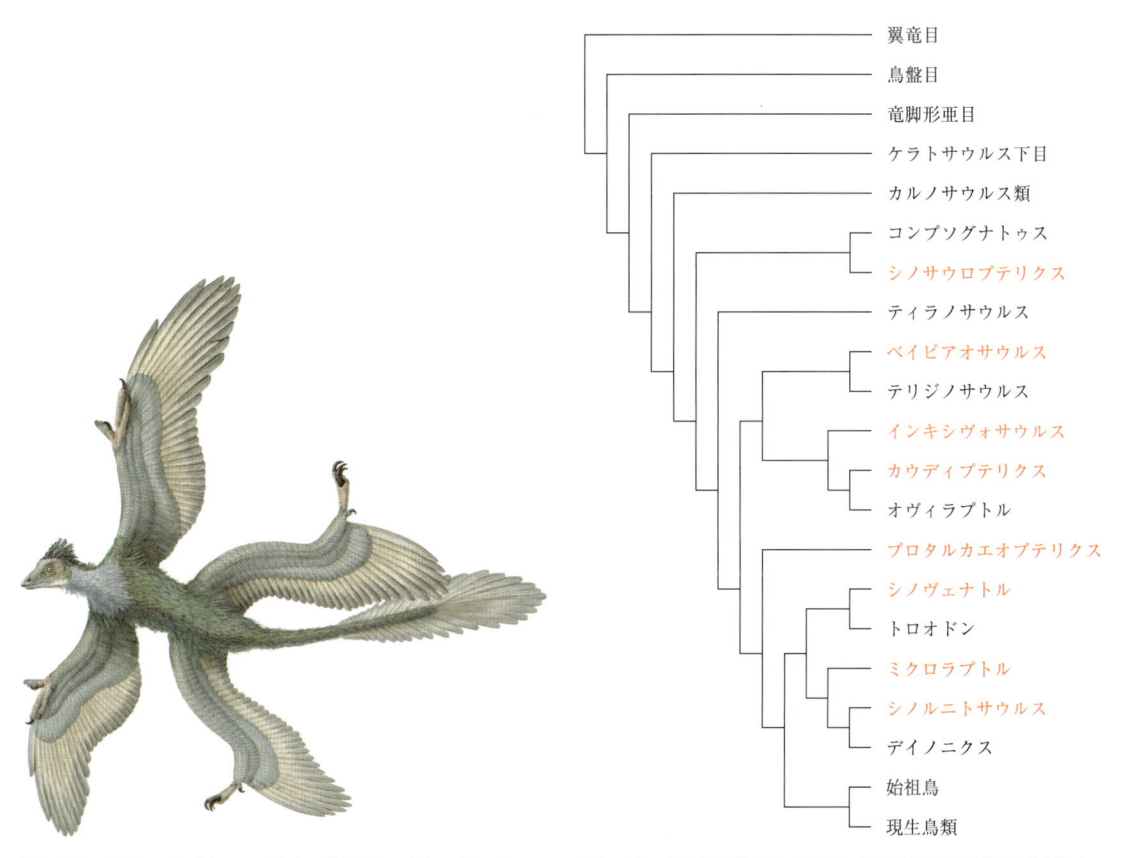

■162 ミクロラプトル・グイの復元図．（絵：ポーシャ・スローン）

■163 熱河層群から産出した非鳥類の獣脚類（赤）と，類縁グループの系統分類上の位置づけ．

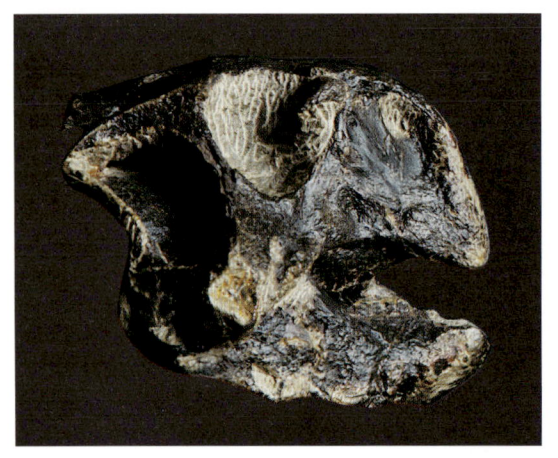

■164 プシッタコサウルス・メイレインゲンシス（*Psittacosaurus meileyingensis*）の完模式標本の頭骨（推定体長1〜2m）．発掘地は遼寧省朝陽の梅勒営子（九仏堂層）．プシッタコサウルスは，白亜紀前期にアジアに生息していた植物食恐竜のグループで，トリケラトプスの遠いなかまである．

■166 リアオケラトプス・ヤンジゴウエンシスの復元図．（絵：マイケル・W・スクレプニク /FMNH）

■165 幼体のリアオケラトプス・ヤンジゴウエンシス（*Liaoceratops yanzigouensis*）の完全頭骨（体の全長は1m未満）．小型で原始的な角竜類．発掘地は遼寧省北票の燕子溝（義県層下部）．（撮影：IVPP）

■167 ジェホロサウルス・シャンユアネンシス（*Jeholosaurus shangyuanensis*）の頭骨（推定体長は1m未満）．小型の鳥脚類恐竜．発掘地は遼寧省北票の陸家屯（義県層下部）．（撮影：IVPP）

れている．したがって，羽毛は鳥類の起源より前に出現し（図163），初期の羽毛の機能は飛行とは関係がなかったのである．これから先，羽毛のある化石動物が見つかったときには，動物の種類を決めるのに慎重になる必要がある．それは，鳥かもしれないが，飛べない恐竜の可能性もあるからだ．

熱河動物群の獣脚類は世間に知れ渡っているが，これに比べて，鳥盤類恐竜についてはあまり知られていない．しかし，実は，熱河動物群で最初に見つかった恐竜は鳥盤類だったのである．現在までに，熱河生物群からは，よろい竜類，鳥脚類，角竜類という3つの主要な鳥盤類グループが確認されている．

角竜類は，遅く現れた植物食恐竜グループで，生息時期はほとんど白亜紀に限られている．他の恐竜にはない独特の骨が吻部に見られるなど，頭部の修飾に特徴がある．1970年代には，遼寧省西部の九仏堂層から，角竜類の標本がいくつか収集された．のちに新種のプシッタコサウルス類と確認された，プシッタコサウルス・メイレインゲンシス（*Psittacosaurus meileyingensis*）は，丈が高めで丸みをおびた頭骨を持つ（図164）．アジアの白亜紀前期の地層からしか見つかっていないプシッタコサウルス類（psittacosaurids）は，角竜類の基盤系統である．もっと派生的な四足歩行の新角竜類とは異なり，二足歩行ができる．熱河動物群からは他にも，ヤギほどの大きさのリアオケラトプス・ヤンジゴウエンシス（*Liaoceratops yanzigouensis*）（図165，166）という角竜類が見つかっている．この恐竜は角竜類の2番目の主要系統である新角竜類に属しているが，角は未発達で，えり飾りも，さらに進化した新角竜類とは違う．より進化した新角竜類はたいてい体重がはるかに重く，ずっしりとした角と幅の広いえり飾りを持っている．リアオケラトプス・ヤンジゴウエンシスはこれまで見つかったなかで，いちばん小さくて古く，最も原始的な新角竜類である．

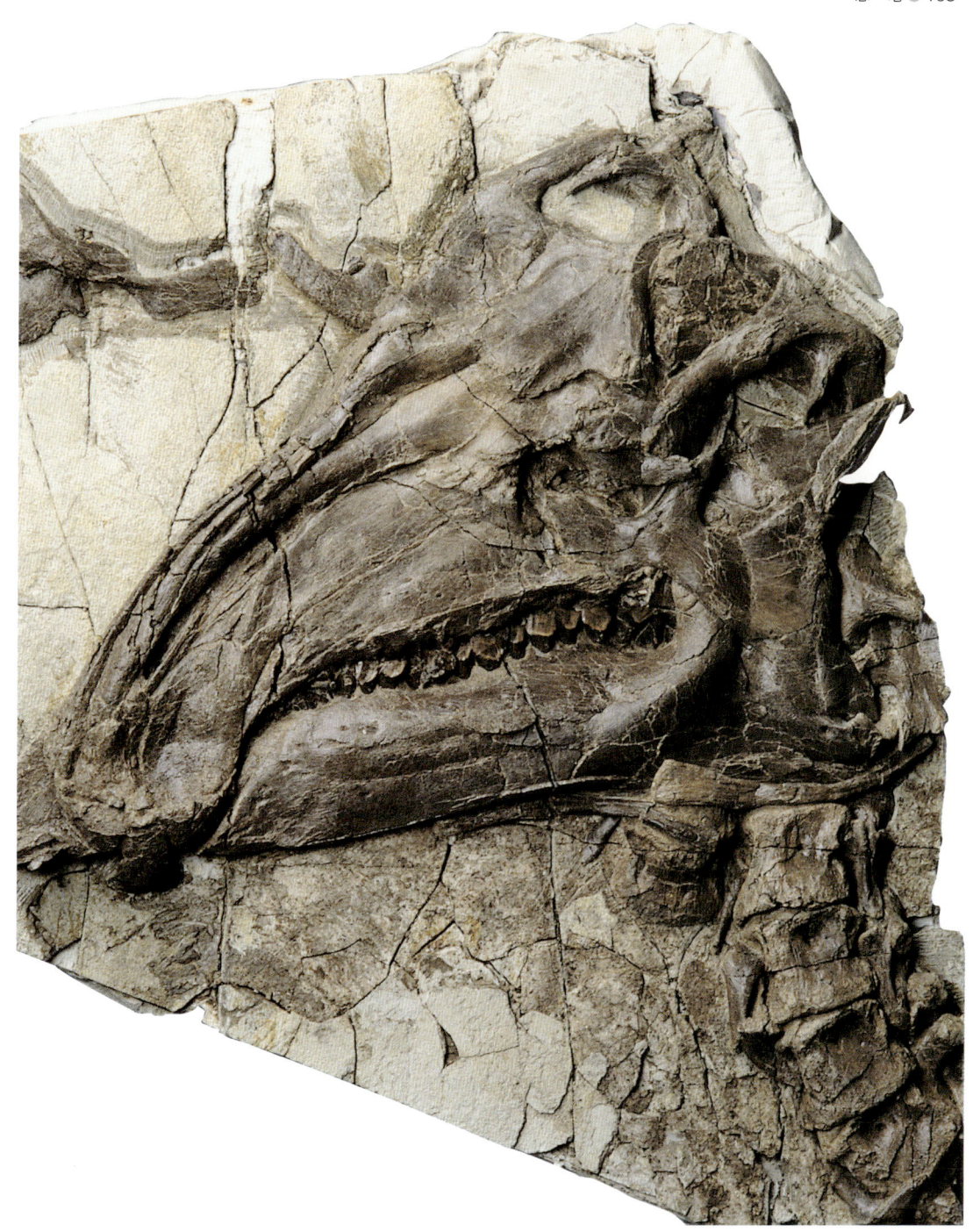

■168 ジンゾウサウルス・ヤンギ（*Jinzhousaurus yangi*）の完模式標本の頭骨（頭骨の長さ約50 cm, 高さ28 cm）. イグアノドン類. 発掘地は遼寧省錦州の白菜溝（義県層中部）.（撮影：IVPP）

められる．このグループは，鳥盤類恐竜の初期進化を解明するのに重要な役割を果たすかもしれない．ジンゾウサウルス・ヤンギ（*Jinzhousaurus yangi*）（図168）は，遼寧省西部の義県層から発見された2番目の鳥脚類である．体長は7，8mほどで，熱河層群から産出して命名された恐竜としては最大である．ジンゾウサウルスは，世界で最も早い時期に命名された恐竜であるイグアノドンに，多くの点で似ている．第1指がスパイク状になっているのもその1つである．おもしろいことに，この恐竜は，原始的な形質と派生形質をあわせ持ち，同時代のイグアノドン類より原始的な特徴もあれば，もっと進化したハドロサウルス類に似た特徴も見られる．

よろい竜類はかなり特殊化した鳥盤類恐竜で，大きなよろいですぐに見分けがつく．リアオニンゴサウルス・パラドクスス（*Liaoningosaurus paradoxus*）（図169）は，熱河生物群から見つかった唯一のよろい竜である．これは保存状態のよい幼体標本で，体長は40cmに満たない．リアオニンゴサウルスは，腹部に甲羅に似た大きな骨質板を持つ．恐竜類でこのような構造が見つかった記録はそれまでになく，恐竜類の形態的多様性に関して情報を増やす役割を果たした．分岐学的分析によると，リアオニンゴサウルスはノドサウルス科（Nodosauridae）に分類されるが，アンキロサウルス類（ankylosaurid）の特徴も数多く認められるので，この2科の形態的な開きを埋める存在に思える．リアオニンゴサウルスはアンキロサウルス類でもノドサウルス類でもない，基盤的よろい竜類と考えることもできる．

これまでのところ，熱河生物群では新種の恐竜類が17種見つかっている．なかでも羽毛恐竜の発見は大きな意味を持つ．鳥類の祖先は恐竜類であるという仮説を裏づける，最も説得力のある証拠になるからだ．また，これらの発見は，力強い飛翔の前に羽毛が進化したこと，そして飛翔が滑空段階を経て進化した可能性を示しており，羽毛の起源と初期進化，さらに，鳥類の飛翔の起源に関して，理解を深めるのに役立った．遼寧省西部では羽毛恐竜以外にも恐竜類が発見されているが，これらも，過去の研究で提示されていた系統発生パターンを塗り替え，多くの系統における形質進化の研究を大きく推し進めた点で，非常に重要である．熱河層群における最近の恐竜化石発見では，恐竜の軟組織についてかつてないほど幅広い証拠が得られており，将来，より多くのことがらが解明されるのは間違いない．

■169　リアオニンゴサウルス・パラドクスス（*Liaoningosaurus paradoxus*）の完模式標本（体長40cm未満）．現在までに発見されたなかで最小のよろい竜類．発掘地は遼寧省錦州の王家溝（義県層中部）．（撮影：IVPP）

鳥脚類は鳥盤類恐竜のなかで最も多様性が高いグループで，ヘテロドントサウルス科（Heterodontosauridae）のように小型で原始的な種類や，おなじみのイグアノドンのように中間にあたる種類，そしてカモノハシ竜類のような大型の派生グループが含まれる．熱河動物群で最初に発見された鳥脚類はジェホロサウルス・シャンユアネンシス（*Jeholosaurus shangyuanensis*）（図167）である．これは体長1mに満たない小型恐竜で，白亜紀の鳥脚類であるにもかかわらず，非常に原始的な特徴がいくつも見られる．ジェホロサウルスは鳥脚亜目（Ornithopoda）に分類されているが，角竜類に似た特徴がいくつか認

鳥類 birds

張福成，周忠和，侯連海（Fu-cheng Zhang, Zhong-he Zhou, Lian-hai Hou）

　鳥ほど，私たちの生活を豊かにしている動物はいないだろう．その色鮮やかな羽と美しい歌声はいつでも，芸術作品を生み出す源となっている．中国の画家たちは，過去何世紀にもわたって，花とともに，鳥を好んで描いてきた．「不死鳥に歌を捧げる百羽の鳥」という曲名の広東音楽が，「鳥」と題されたオットリノ・レスピーギの交響詩と同様に，世界中で人々を魅了しているのも不思議ではない．

　空を飛びたいという人間の夢は，飛行機と宇宙船の発明によって実現したが，大部分は鳥類の飛翔をまねたものだった．こうした発明のおかげで，私たちの住む地球村がますます行き来しやすくなっただけでなく，宇宙旅行がいっそう現実味をおびている．鳥は人間の友でもある．心を慰めるペットになる鳥もいれば，ネズミを駆除して害を防ぎ，生態系のバランスを保ってくれる鳥もいる．また，世界中で大勢の鳥好きが毎年バードウォッチングのために野外に出かけ，鳥の美しさを堪能しながら，結果として，健康の維持に役立てている．

　鳥類は，わかっているだけでも現生種が9000種を超え，世界中に分布し，繁栄を極めている陸生脊椎動物である．鳥類の起源という話題は，かなり昔までさかのぼることができる．1861年にドイツのバイエルンで発見された始祖鳥化石（図170）は，初めて鳥類と爬虫類を結びつけた．その2年前にチャールズ・ダーウィンが出版した古典的著作『種の起源』を背景に，世界初の始祖鳥標本は世間で大旋風を巻き起こした．始祖鳥は現生鳥類のような羽毛と，爬虫類特有の骨でできた長い尾を持つ．これを見た人々は，鳥類は爬虫類の祖先から進化したのだと確信した．以後，進化論は創造説を押さえつけて優位に立つ．

　鳥類の骨格は，飛翔に適応して軽くできている．他の動物に比べると，概して化石になりにくい．おそらくそのせいだと思われるが，過去140年のあいだに見つかった始祖鳥化石は，わずか7体の骨格と，1体の羽毛標本でしかない〔訳注：2005年12月には未記載標本を含めて10個の体化石と1個の羽毛化石が知られている〕．他の地域でも，中生代の鳥類が見つかったが，すべて始祖鳥よりも年代が新しく，多様性に乏しい．

　この状況ががらりと変わったのは，1990年代に，中国の遼寧省や河北省，内モンゴル，山東省，寧夏，その他の地域で，中生代の鳥類がたくさん見つかってからである．ここで発掘された新種の化石は，鳥類の初期進化と放散に関する見方に大きな影響を及ぼした．

　実は，遼寧省で最初に発見された中生代の鳥類は，1987年に朝陽の梅勒営子で農民によって収集され，研究用の標本として北京自然史博物館へ送られたものだった．この鳥類化石はその後，中国鳥（シノルニス *Sinornis*）と名づけられた．1990年9月，私たちは，遼寧省朝陽の波羅赤で3体の鳥類骨格を発見した（そのうちの1つはあとで，華夏鳥（カタイオルニス *Cathayornis*）と命名された）．これらの化石はすべて，白亜紀前期の九仏堂層から見つかり，ジュラ紀後期の始祖鳥から，白亜紀後期の鳥類へ移行する時期にあたっている．しかし，この発見はほんの手始めにすぎず，その後も数々のすばらしい化石が発見され，現在まで続いている．たとえば，この発掘地だけでも，1990年代はじめの野外調査で，20体を超す鳥類骨格が発見されている．

　1993年，中国科学院古脊椎動物古人類研究所の研

■170　爬虫類と鳥類を結びつける最古の鳥，始祖鳥の模型．爬虫類と鳥類の類縁関係が推測できる．（提供：ラリー・D・マーティン／KU）

究者が，化石収集家の家にあった初の孔子鳥（コンフキウソルニス *Confuciusornis*）骨格に目をとめる．のちに，2500年以上前の有名な中国人思想家，孔子にちなんだ名前を与えられたこの化石は，角質のクチバシを持つ鳥類として，知られているかぎり最古の種類であることがわかる．その後，遼寧省西部の北票と朝陽にある，いくつかの化石産地で，義県層から孔子鳥標本が数多く掘り出された．この地域では，もっと新しい地層である九仏堂層から，鳥類化石が他にもたくさん見つかっている．中国鳥が記載されたあと，熱河生物群から中生代の鳥類標本が次々と発見され，遼寧省西部は，鳥類の起源と初期進化を研究する場所として，ますます人気が高まっている．

孔子鳥　孔子鳥（図171～175）は，歯のない鳥としては，知られているかぎり最古の種類である．初期の鳥類の多くはクチバシを持たないが，孔子鳥は，現在，裏庭で見かける鳥と同じように，角質のクチバシを持っている．歯がなくなり，角質のクチバシが現れたことから，顎がものを切りきざむ機能が低下し，咀嚼の過程がもっぱら砂嚢へ移行したものと推測されるが，直接の化石証拠は得られていない．

孔子鳥の大きさは始祖鳥と同じくらいである．孔子鳥の後眼窩骨は大きく，腹側で頬骨とつながっている．ここから推測すると，始祖鳥にも同じような後眼窩骨があり，典型的な双弓類の頭骨を持っていたものと思われる．

肩帯の，肩甲骨と烏口骨はしっかりと連結し，始祖鳥よりもむしろ原始的に見える．前肢もまた，始祖鳥に似て原始的である．しかし，肩帯と前肢を別にすると，大部分の特徴はより派生的であるため，力強く飛翔できたと推測される．たとえば，孔子鳥の遠位尾椎骨は融合して1つにかたまり，尾端骨という骨になっている．始祖鳥は，22個の尾椎骨が融合せずに連なった長い尾を持つので，この点が大きく異なる．孔子鳥の短く安定した体は，現生鳥類に近く，始祖鳥のように長くてしまりのない体より，飛翔に適していた．

孔子鳥の特徴でとりわけ目立つのは，上腕骨近位部の窓（図171）だが，正確な機能についてはまだよくわかっていない．

現在までに発見された孔子鳥標本は，1000体を超

■171　クチバシを持つ原始的な鳥，孔子鳥の完全骨格．発掘地は遼寧省北票の四合屯（義県層下部）．中央の長い尾羽2本の印象がきれいに保存されている．顎にクチバシがあり（歯がない；上），上腕骨が三角形で，拡大した近位端に楕円形の窓が見られる（下）のが，2つの大きな特徴である．（撮影：IVPP）

■172 いっしょに埋もれた孔子鳥の「つがい」．長い尾羽を持つ左側の個体がオスと思われる．
(撮影：李大建/CAS)

■173　1枚の石板に埋もれた2体の孔子鳥．発掘地は遼寧省北票の四合屯（義県層下部）．孔子鳥標本の数は，中生代の他の鳥類化石をすべてあわせた数より多い．（撮影：IVPP）

すものと思われる．たくさんの個体がくっつきあって保存され，大量死が推測される例が多い（図172，173）．他の種類の鳥類化石は孔子鳥ほど豊富ではない．孔子鳥の場合，完全骨格が保存されているだけでなく，頭骨や首，翼，尾などの部分にしばしば，羽毛の印象がきれいに残っているのも特徴である．これらの羽毛には，始祖鳥や現生鳥類の羽毛と同様，羽軸と羽枝が認められる．小羽枝を含むものも見られる．1対の長い尾羽が保存された標本まである．これは，オスのものと考えられる（図171，172，175）．オスとメスが1枚の石板に並んで埋もれている例も珍しくない（図172）．ここから，少なくとも白亜紀前期までに，初期の鳥類における羽毛の性的二形性が現生鳥類にかなり近づいていたと言うことができる（図175）．

会　鳥　会鳥（サペオルニス *Sapeornis*）という名前は古鳥類学会の略称SAPEがもとになっている．会鳥の完模式標本の発見は，2000年6月に北京でSAPEの第5回シンポジウム大会が開催された直後だった．会鳥（図176）は，朝陽市中心部から北西にわずか数kmのところにある，新しい発掘場所で採集された．白亜紀前期の化石鳥類では，知られているかぎり最大である．始祖鳥より大きいだけでなく，ミクロラプトルなど，同じ地域で発見されるドロマエオサウルス類の多くより体が大きい．

前肢が長く，後肢は短めで，融合した手根中手骨を持ち，尾端骨が短いので，力強く飛翔できたようだ．

■174 孔子鳥の中央の尾羽，遠位端．（撮影：IVPP）

■175 孔子鳥の復元図．およそ1億2500万年前に生息していた，クチバシのある最古の鳥．体が大きく，長い尾を持つ上の個体がオスと思われる．（絵：曾孝濂，侯晋封）

■176 サペオルニス・チャオヤンゲンシス（*Sapeornis chaoyangensis*）の標本．白亜紀前期の鳥類のなかで，知られているかぎり最大（大きさは始祖鳥の約2倍）．発掘地は遼寧省朝陽の上河首（九仏堂層）．前肢が長い．比率からすると，長翼鳥のものより長い．しかし，烏口骨は，始祖鳥や獣脚類恐竜のように短くてがっしりしている．（撮影：IVPP）

その一方で，烏口骨が短く，がっしりしている点など，始祖鳥や獣脚類恐竜に似た原始的特徴も保持している．同じ時代に，このような大型の鳥類と，小型から中型の鳥類が共在していたのであれば，初期の鳥類の分化は，以前考えられていたよりも早く進み，白亜紀前期までに大きな開きが生じていたものと思われる．

熱河鳥 熱河鳥（ジェホロルニス *Jeholornis*）（図177〜179）はかなり原始的な鳥類で，系統発生学的には，始祖鳥よりほんの少し進んだ程度である．長い骨の尾を持つことがわかった鳥としては，3番目になる．尾は，24個から25個ほどの尾椎骨から構成されている．熱河鳥の尾は，始祖鳥のものよりも原始的なほどである．それどころか，知られているかぎりどの鳥類よりも，ドロマエオサウルス類との類似性を多く

■177 ジェホロルニス・プリマ（*Jeholornis prima*）の完模式標本．始祖鳥よりわずかばかり進化した，原始的な鳥類．発掘地は遼寧省朝陽の大平房（九仏堂層）．始祖鳥よりあとの年代で，長い尾の骨格を完全に保持している唯一の鳥類．

■178 熱河鳥（*Jeholornis*）の体内にあった種子．種子食だったと推測される．（撮影：IVPP）

■179 熱河鳥の復元図．（絵：許湧/IVPP）

有している.たとえば,尾椎骨の前関節突起と血道弓が長いのは,ドロマエオサウルス類の特徴であり,鳥類と獣脚類恐竜,とりわけドロマエオサウルス類とのつながりを示す,さらなる証拠といえる.

熱河鳥の完模式標本には,50を超す種子の痕跡が腹部に保存されていた(図178).これは,中生代に種子食への適応が見られたことを物語る,初めての直接証拠である.この鳥が種子を食べていたのは間違いない.この結論を裏づける証拠は他にも見られる.たとえば,顎が短くて厚みがあり,頑丈だが,歯はごく小さなものが下顎に生えているだけである.種子の多くが形をとどめているところを見ても,よく発達した嗉嚢を持っていたことがうかがわれる.

肩帯と前肢は大きく進化しながら,尾と後肢はきわめて原始的,という組みあわせから考えると,鳥類の初期進化においては,モザイクのように寄せ集めの特徴が見られたと推測できる.つまり,初期の鳥類ではまず飛翔能力が発達したあと,後肢や尾の特徴が新しくなっていったのだろう.

華夏鳥 華夏鳥(カタイオルニス *Cathayornis*)(図180)は,小型のエナンティオルニス類で,体はスズメよりやや大きい.エナンティオルニス類(反鳥類,「反対の鳥」という意味)は,中生代に多く生息していた鳥類で,肩甲骨と烏口骨のあいだのつながり方が,現生鳥類の「反対」になっているという珍しい特徴を持つ.華夏鳥は,中国遼寧省でプロの古生物学者によって収集された最初の鳥類標本である.1990年にこの鳥類化石が発見されたことで,中国の初期鳥類の研究にはずみがつき,この地域で,羽毛恐竜や,孔子鳥のような初期の鳥類が次々と発見されるきっかけとなった.

華夏鳥は義県層の上に位置する九仏堂層から発見された(「中生代ポンペイ」の章を参照).始祖鳥よりかなり年代が新しいが,両者のあいだには,歯の生えた

■180 カタイオルニス・ヤンディカ(*Cathayornis yandica*)の完模式標本.反鳥類(イエスズメほどの大きさ).遼寧省朝陽の波羅赤(九仏堂層)で中国人科学者が収集した,初めての完全な化石鳥類骨格.(撮影:IVPP)

顎など，頭骨の構造に類似性が認められる．しかし，華夏鳥の脳函は始祖鳥のものよりはるかに大きい．肩帯や翼には，始祖鳥や孔子鳥より進んだ特徴が多く見られる．最も原始的なエナンティオルニス類である原羽鳥（以下を参照）に比べて，華夏鳥の前肢の指は短く縮んでいる．

波羅赤鳥　波羅赤鳥（ボルオチア *Boluochia*）（図181，182）も，九仏堂層から産出したエナンティオルニス類である．この鳥類化石は，華夏鳥と同じ層準，同じ化石産地から発掘された．遼寧省朝陽市近郊の波

■181　ボルオチア・ゼンギ（*Boluochia zhengi*）の完模式標本．反鳥類（華夏鳥よりやや大きい）．発掘地は遼寧省朝陽の波羅赤（九仏堂層）．（撮影：IVPP）

羅赤村で発掘されたことから，この名前がつけられた．波羅赤鳥の最も目立つ特徴は，現生種の猛禽類やスズメ目の鳥類にも見られるように，前上顎骨の前端がカギ状に湾曲している点である．前上顎骨から歯は見つかっていない．したがって，波羅赤鳥は，現生種の猛禽類やスズメ目の鳥類に似た生活をしていたものと思われる．

波羅赤鳥にはもうひとつ，重要な特徴がある．湾曲した長いかぎ爪が足にあり，木によじのぼったり，とまったりする能力があったと推測されるのである．また，足根中足骨の遠位端で，足指の滑車がほぼ同じ位置に並んでいることからも，しっかりと木にとまることができたと思われる．

遼西鳥 遼西鳥（リアオシオルニス *Liaoxiornis*）（図183, 184）は，知られているかぎり最も小さな中生代の鳥類で，1999年に遼寧省西部凌源の義県層から発見の報告がなされた．大きさはスズメほどである．

遼西鳥の頭骨は大きく，厚みがある．中生代の鳥類はたいていそうだが，上顎にも下顎にも歯がある．遼西鳥には，原始的な特徴と派生的な特徴が混在している．目立つ特徴としては，上腕骨より大腿骨が長く，尾端骨が首より長い点があげられる．派生的な特徴は以下のとおりである．中手骨の近位端が融合している．始祖鳥や孔子鳥といった，より原始的な鳥類に比べて，前肢の指骨の数が少ない．叉骨の下部に長い突起（hypocleideum）がある．烏口骨が長い．

幼体とエナンティオルニス類の特徴が見られるので，遼西鳥は幼体のエナンティオルニス類と推測されるが，鳥類の初期進化における系統分類上の位置づけを確定するには，まだ資料が足りない．

始反鳥 始反鳥（エオエナンティオルニス *Eoenantiornis*）（図185）という名前は，1999年の発表時点で，最も原始的なエナンティオルニス類だったことからつけられた．他の鳥類に比べて，口吻が短く，頭骨が上下に厚いのが特徴である．始反鳥は孔子鳥より小さいが，他のエナンティオルニス類よりは大きい．これは，初期の鳥類の進化において，体が小型化していく傾向に一致している．現在までに知られている歯を持つ鳥類はすべてそうだが，始反鳥の歯は，歯冠の根元がせばまっている．その他の注目すべき特徴としては，原羽鳥と同じように，小翼を持っている点があげられる．始祖鳥と孔子鳥には，小翼がない．小翼は，他のエナンティオルニス類と真鳥類のすべてに存在すると思われる（現生鳥類はすべて真鳥類である）．

原羽鳥 原羽鳥（プロトプテリクス *Protopteryx*）（図186, 187）は，ムクドリほどの大きさで，その名のとおり，「原始的な羽毛を持つ鳥」である．中央にある2枚の長い尾羽は，初期鳥類のなかで最も目を引く特徴である．その遠位端は，他の鳥類のものと大差なく，中央軸すなわち羽軸の両側に，羽枝がある．しかし，近位部は枝分かれしておらず，羽軸のどちら側にも，羽枝の分化は見られない．つまり，尾羽の近位側はウロコが長くなったような構造で，爬虫類のウロコと鳥類の羽毛の中間段階と解釈できる．原羽鳥が発見されたあと，孔子鳥や，他のエナンティオルニス類の一部でも，同じように原始的な尾羽が確認された．

原羽鳥はまた，現在までに知られているエナンティオルニス類のなかで最も原始的な特徴を示している．たとえば，前肢の骨の一部が，他のエナンティオルニス類のものより長い．その一方で，烏口骨に初期段階の前烏口軟骨が現れ，烏口骨，肩甲骨，叉骨が作る孔（triosseal canal）の存在がうかがわれる．これは派生的な特徴であり，現生鳥類では，はばたき飛翔に使われる重要な構造である．

原羽鳥は，低速で飛んだり，飛び立ったりするときにバランスを保つのに必要な，小翼も持っている．これもまた派生的な特徴の1つであり，始祖鳥や孔子鳥よりうまく飛べたことがわかる．

長翼鳥 長翼鳥（ロンギプテリクス *Longipteryx*）（図188）は，会鳥と同じ，朝陽の化石産地から発見された鳥類で，長い翼をもつ．後肢に比べて前肢がずいぶん長く，後肢の約1.4倍にもなる．9個ほどの頸椎には，鞍型の椎体が発達している．ここから，頭部

■ 182　波羅赤鳥（*Boluochia*）の復元図．猛禽類のような生活をしていた．（絵：曾孝濂）

■183 リアオシオルニス・デリカトゥス（*Liaoxiornis delicatus*）の完模式標本．幼体もしくは亜成体の反鳥（大きさはシジュウカラほど）．発掘地は遼寧省凌源の大王杖子（義県層中部）．（撮影：IVPP）

■184 リアオシオルニス・デリカトゥスの復元図．（絵：アンダーソン・ヤン）

鳥　類　117

■185　エオエナンティオルニス・ブレリ（*Eoenantiornis buhleri*）の完模式標本．原始的な反鳥類（大きさはカッコウほど）．口吻が比較的短く（矢印），頭骨に厚みがある．発掘地は遼寧省北票の黒蹄子溝（義県層下部）．（撮影：IVPP）

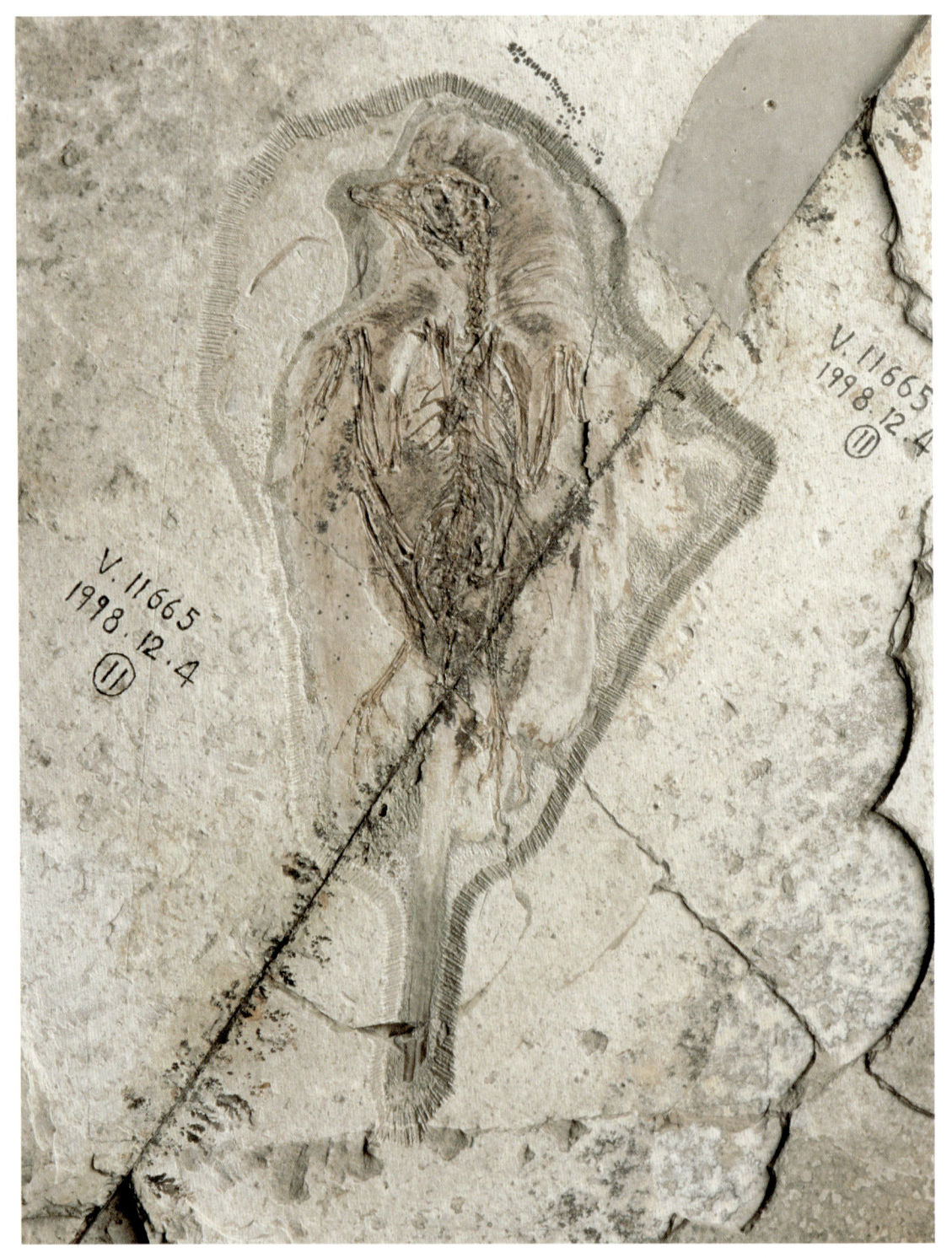

■186 プロトプテリクス・フェンニンゲンシス（*Protopteryx fengningensis*）の完模式標本（ムクドリほどの大きさ）．現在までのところ，最も原始的な反鳥類．発掘地は河北省豊寧の四岔口（義県層）．（撮影：IVPP）

鳥 類 ● 119

■187 原羽鳥（*Protopteryx*）の復元図．中央に長い尾羽がついている．この枝分かれしていない尾羽は，羽毛の祖先型で，ウロコと羽毛の関係を示しているのかもしれない．（絵：IVPP）

■188 ロンギプテリクス・チャオヤンゲンシス（*Longipteryx chaoyangensis*）の完模式標本．長い翼を持つ反鳥類（大きさはハトほど）．発掘地は遼寧省朝陽の上河首（九仏堂層）．（撮影：IVPP）

と頸部を機敏に動かせたことがわかる.

　長翼鳥は，体の両側にそれぞれ，少なくとも4個以上のカギ状突起を持つ．エナンティオルニス類でこうした構造が確認されたのは初めてである．現生鳥類の一部では，肋骨の後縁にカギ状突起がついていて，隣り合う肋骨どうしを結びつけている．こうして強化された肋骨は，飛行や呼吸に必要な筋肉をうまくつなぎ止めることができる.

　長翼鳥は長い前肢とクチバシを持ち，木にしっかりととまることができた．したがって，長翼鳥の生活様式は，カワセミに似ていたものと思われる．長翼鳥の発見により，白亜紀前期のあいだに，初期のエナンティオルニス類の放散がかなり進んでいたことも推測できる.

遼寧鳥　遼寧鳥（リアオニンゴルニス *Liaoningornis*）（図189）は，四合屯で採集された．ここは，孔子鳥や，羽毛恐竜のシノルニトサウルス，その他多くの重要な脊椎動物化石が見つかったことで有名な化石産地である．遼寧鳥は，義県層から発見された化石鳥類としては，知られているかぎり唯一の真鳥類である．真鳥類のなかでは小型で，ムクドリほど

■189　リアオニンゴルニス・ロンギディギトゥス（*Liaoningornis longidigitus*）の完模式標本（石板A）．遼寧省北票の四合屯（義県層下部）で見つかった，唯一の真鳥類（大きさはスズメほど）．（撮影：IVPP）

■190　ヤノルニス・マルティニ（*Yanornis martini*）の完模式標本．大型の真鳥類（大きさはタイリクキジほど）．発掘地は遼寧省朝陽の大平房（九仏堂層）．（撮影：IVPP）

の大きさである．足根中足骨はほぼ完全に融合し，足のかぎ爪が鋭く湾曲しているので，しっかりと木にとまることができたと思われる．

さらに，胸骨によく発達した竜骨突起があるので，遼寧鳥は，エナンティオルニス類や，他の基盤的鳥類より飛ぶ力が強かったと考えられる．遼寧鳥の胸骨は，同じ遼寧省西部で発見されたもっと新しい年代の高等な真鳥類である，燕鳥や義県鳥のものよりぶ厚い（下

■191　イシアノルニス・グレーボーイ（*Yixianornis grabaui*）の完模式標本．真鳥類（燕鳥よりわずかに小さい）．骨格の保存状態がよく，羽毛の印象が残っている．発掘地は遼寧省朝陽の前楊（九仏堂層）．（撮影：IVPP）

を参照).また,胸骨には側方突起がない.

燕　鳥　燕鳥(ヤノルニス *Yanornis*)(図190)の名前は,朝陽を首都とした古代国家,「燕国」("Yan")に由来する.大型の鳥類で,大きさはタイリクキジに近い.真鳥類に属し,九仏堂層から発見された.長いクチバシと,長くのびた吻部,密生した歯が,燕鳥の最も目立つ特徴である.頸椎は長く,鞍型なので,現生鳥類と同じくらい,頭部と頸部がよく動いたと思われる.うしろ足の指は比較的長いが,かぎ爪は短めである.現生種のチドリと同様,燕鳥は一日の大半を水辺で過ごし,軟体動物や魚類,節足動物をつかまえて食べていたようだ.長い口と,長くて柔軟な首は,この生活様式に適している.

義県鳥　義県鳥(イシアノルニス *Yixianornis*)(図191, 192)は,遼寧省錦州市,義県の九仏堂層から採集された.燕鳥に比べると,頭部が短くて歯が少なく,長骨が細い.燕鳥と同じ真鳥類で,胸骨の竜骨突起がよく発達している.カギ状突起も発達しているので,丈夫な胸郭を持っていたと推測される.

朝陽鳥　朝陽鳥(チャオヤンギア *Chaoyangia*)(図193)は,熱河生物群で初めて記載された真鳥類である.採集地は,波羅赤鳥や華夏鳥と同じ,朝陽の波羅赤である.不完全な標本で,頭部よりうしろの骨の一部しか残っていない.朝陽鳥の完模式標本には,きれいに保存されたカギ状突起が見られる.エナンティオルニス類には仙椎が8個,孔子鳥には7個あるのに対して,朝陽鳥の仙椎は少なくとも9個ある.また,脛跗骨の近位に脛骨稜が発達している.その一方で,もっと原始的な鳥類のように,長い恥骨結合も見られる.

　熱河生物群の鳥類化石は保存状態のよいものが多く,また,非常に原始的な種類でもかなり高等な種類でも,分類上の多様性が高いことから,初期鳥類の系統発生や進化に関する重要な情報が得られる(図194).様々な仮説に関してまだ議論が続いているが,いくらかは,意見の一致が得られている.

■192　イシアノルニス・グレーボーイの翼の羽毛.現存種の飛行性鳥類のものと変わらない.(撮影:IVPP)

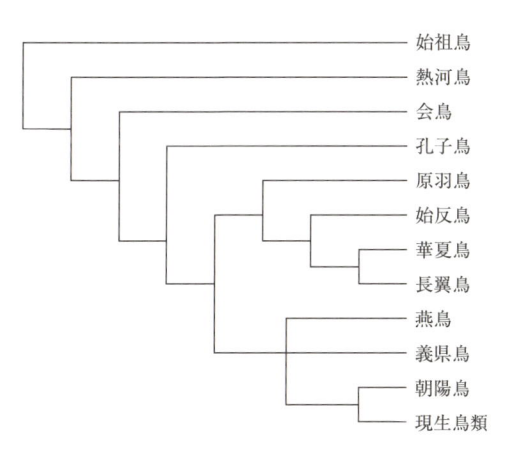

■193 チャオヤンギア・ベイシャネンシス（*Chaoyangia beishanensis*）の完模式標本．肋骨にカギ状突起（赤い矢印）があり，脛附骨の近位に脛骨稜（青い矢印）が発達した真鳥類．発掘地は遼寧省朝陽の北山（九仏堂層）．（撮影：IVPP）

■194 熱河鳥類群と始祖鳥，現生鳥類の系統関係を示した分岐図．

哺乳類 mammals

王元青，胡耀明，李傳夔（Yuan-qing Wang, Yao-ming Hu, Chuan-kui Li）

哺乳綱は，生物学的に最も分化が進んだ脊椎動物グループであり，現生哺乳類すべてと，その共通の祖先，絶滅したなかまを含む．哺乳類は，およそ6500万年前から新生代全体を通じて，陸上の生態系で優位を占めてきた．このため，新生代はしばしば「哺乳類の時代」と呼ばれる．しかし，哺乳類の歴史を振り返ると，はじめの3分の2は，新生代の前に位置する中生代に含まれている．中生代はおよそ2億5000万年前から6500万年前まで続いた．哺乳類は三畳紀後期（約2億2000万年前）に初めて姿を現し，恐竜のような巨大爬虫類とともに，中生代の残りを生きぬいた．この期間全体にわたって，哺乳類は小型で，数も少なく，恐竜の陰に隠れてくらしていた．しかし，白亜紀の終わりに起きた大量絶滅では，恐竜より一枚うわてをいき，その後は地球上の大陸で優勢を誇るようになる．

哺乳類は中生代でおよそ1億5500万年を過ごしたが，化石記録は乏しく，断片的である．哺乳類の歯は，爬虫類のように一様ではなく，切歯，犬歯，小臼歯，大臼歯の4種類に分かれ，それぞれが異なる機能を持つ．中生代の哺乳類は，おもに歯の形態に基づいて，次のように分類される．三錐歯類(Triconodonta)，梁歯類(Docodonta)，多丘歯類(Multituberculata)，相称歯類(Symmetrodonta)，真汎獣類(Eupantotheria)，単孔類(Monotremata)，有袋類(Marsupialia)，真獣類(Eutheria)．このなかで，現在も地球上に生息しているのは，最後の3グループのみである．熱河生物群で哺乳類が発見されるまで，中国では，中生代の哺乳類化石を産出する場所が10カ所，報告されていた．このうち，保存状態のよい標本が見つかったのは，中国南西部の雲南省禄豊にあるジュラ紀前期の地層だけだった．ここでは，シノコノドン(Sinoconodon)やモルガヌコドン(Morganucodon)といった，三錐歯類の頭骨がいくつも発見されている．他の発掘地から出てきた化石はたいてい，顎の断片だった．中国東北部にあるジュラ紀中期の石炭層からは，中国で初めての中生代哺乳類，マンチュロドン(Manchurodon)が発見された．その後，この地域ではさらに2種類の哺乳類，エンデテリウム(Endotherium)とリアオテリウム(Liaotherium)が発見されている．

1992年，遼寧省西部の小村，尖山溝の近くで，熱河生物群で初めての哺乳類が掘り出された．この化石哺乳類は，1997年に，ザンヘオテリウム・クインクエクスピデンス(Zhangheotherium quinquecuspidens)と命名された．以後，熱河生物群からは，さらに6種の哺乳類が見つかっている．この生物群から出てくる動物，特に羽毛恐竜‒鳥類系統や様々な無脊椎動物は数が豊富だが，それらに比べると，哺乳類化石の数はあまり多くない．にもかかわらず，熱河生物群の化石哺乳類は，中生代の哺乳類史において重要不可欠な存在である．珍しく保存状態のよい資料は，哺乳類の形質の移り変わりについて理解を深め，初期哺乳類の系統発生を推測するのに必要な証拠となる．これらの化石から，白亜紀前期に東アジアで哺乳類がかなり多様化し，三錐歯類，多丘歯類，相称歯類，真獣類という4つの主要な哺乳類グループが存在していたことがわかる．以下の段落では，この4グループについて，系統分類の順番にしたがって，簡単に解説する．

三錐歯類 三錐歯類(triconodonts)は，知られているかぎり最も原始的な哺乳類と，そこから派生したなかまを含む．その名が示すとおり，基本的な歯の構造は，おもな咬頭が前後に3つ並んだ形をしている．一部の高等な種類では，遠位端に4つ目の大きな咬頭がある．三錐歯類の系統は中生代の哺乳類史の全体に及び，三畳紀後期から白亜紀後期まで続いている．歯や，頭骨および頭部よりうしろの骨の一部は数多く見つかるが，関節が完全につながった骨格は，熱河生物群で三錐歯類化石が発見されるまで知られていなかった．

熱河生物群で初めて報告された三錐歯類は，ジェホロデンス・ジェンキンシ(Jeholodens jenkinsi)（図195, 196）である．この化石は完全に近い骨格で，部分頭骨と，頭部よりうしろの骨格全部が1対の石板に保存されており，1999年に李強と共同研究者によって記載された．ジェホロデンスには，他の原始的哺乳類と区別できる特徴が見られる．歯式（上顎／下顎の各側にある切歯，犬歯，小臼歯，大臼歯の数）が4・1・

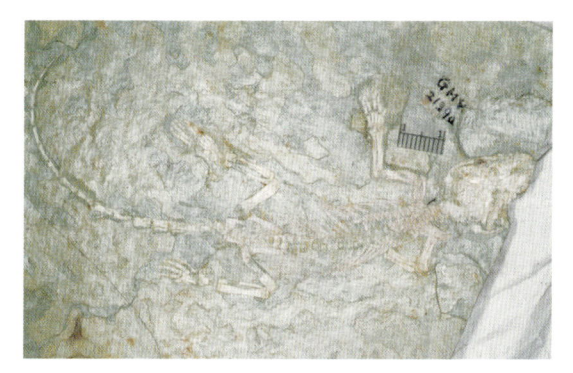

■195 ジェホロデンス・ジェンキンシ（*Jeholodens jenkinsi*）の完模式標本（頭骨の長さ約2cm）．三錐歯類．発掘地は遼寧省北票の四合屯（義県層下部）．（撮影：CMNH）

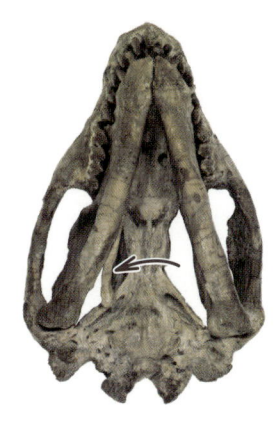

■197 レペノマムス・ロブストゥス（*Repenomamus robustus*）の完模式標本の頭骨（長さ108mm）．現在までのところ最大の中生代哺乳類．左が背面で，右が腹面．発掘地は遼寧省北票の陸家屯（義県層最下部）．矢印は，下顎にある骨化したメッケル軟骨．（撮影：孟津／AMNH）

■196 ジェホロデンス・ジェンキンシの復元図．（絵：マーク・A・クリングラー／CMNH）．

■198 レペノマムス・ロブストゥスの頭骨．上が前面で，下が側面．歯の形態がわかる．（撮影：孟津／AMNH）

2・3/4・1・2・4．頬舌方向に扁平な大臼歯に，おもな咬頭が3つあり，まっすぐ並んでいる．三錐歯類特有の派生形質である．スプーン型の切歯を持つ．

　ジェホロデンス・ジェンキンシの関節がつながった模式標本では，肩帯と上腕骨の大部分に獣類（therian）に似た派生形質が見られる一方で，脊柱，腰帯，後肢，足部には非常に原始的な形質が認められる．このように派生形質と原始的形質がモザイク状に入りまじった状態を，李強と共同研究者は次のように解釈した．収斂により，多丘歯類-獣類クレードのものに似た派生的な肩帯と前肢がジェホロデンスに生じたのか，そうでなければ，単孔類が遠いなかまの非哺乳類であるキノドン類（cynodonts）の状態へ先祖返りした結果，原始的な肩帯と前肢を持つようになったのである．

　ジェホロデンスの報告から1年後，李錦玲と共同研究者が，別の三錐歯類，レペノマムス・ロブストゥス（*Repenomamus robustus*）を記載する．もとになった化石は，かなり保存状態のよい頭骨と，それに付随した，頭部よりうしろの骨格の一部（図197，198）だった．その後も，同じ化石産地からさらに数体の標本が採集された．この動物は，中生代の哺乳類としては，知られているかぎり世界最大である．完模式標本の頭骨は長さ108mmで，別の標本では長さ114mmを計測している．レペノマムス・ロブストゥスの歯式は3・1・2・4/3・1・2・5である（図198）．上顎の大臼歯は，3つのおもな咬頭の真ん中が大きく，他の2つは弱々しい．はっきりとした外側歯帯（歯の唇側縁にあ

る帯状の構造）はない．大きな体と歯の特徴以外にも，レペノマムスには中生代の他の哺乳類とは異なる，次のような特徴が認められる．前上顎骨の背側突起が短く，鼻骨と接していない．大きな中隔上顎骨を保持している．矢状稜が短くて低い．ラムダ状稜が発達している．頭骨の背側にあらわれた後頭部の表面が傾斜している．

これらのレペノマムス標本で最も目を引く特徴は，歯骨の正中側に，独立した骨がついている点である．現生哺乳類すべてと，ほとんどの化石哺乳類では，下顎が歯骨1個でできている．しかし，哺乳類型爬虫類と，きわめて原始的な哺乳類を見ると，歯骨は，後歯骨群（普通は，関節骨，前関節骨，角骨，上角骨を含む）とともに，下顎を構成している．哺乳類の進化の初期段階で，後歯骨群はぐんと縮小し，耳域に移動して（耳小骨と，骨胞の一部になって）いるか，歯骨に融合している．レペノマムスの下顎にある，この奇妙な骨は棒状で，前縁が尖り，後縁はフレア状に広がっている（図197）．この骨の前部は，メッケル溝の後部がのびたように見える，くぼみにはまっている．歯骨には他の痕跡がないので，レペノマムスでは，すべての後歯骨群が歯骨から離れていたと推測できる．耳域の構造や，その小ささからすると，頭蓋骨と下顎骨に対する耳小骨のサイズはすでに縮小していたにちがいない．そうすると，歯骨にくっついている棒状の骨は，後歯骨群のどれでもない，と結論づけてもいいはずである．現生哺乳類の発生学的研究により，メッケル軟骨の後部が耳小骨に移行する過程はすべて明らかにされており，また，解剖学的研究の結果，出生前，および出生後も一部の現生有袋類，単孔類，真獣類で，歯骨の内側の溝にメッケル軟骨が入っていることがわかった．レペノマムスに見られる，独立した例の骨は，形や頭蓋骨との関係が，前述した現生哺乳類のメッケル軟骨の状態に近い．2001年，私たちは，この奇妙な骨はメッケル軟骨の骨化した中央部である，と結論づけた．この発見により初めて，化石記録におけるメッケル軟骨の骨化が立証され，現生哺乳類の共通の祖先において，成体に骨化したメッケル軟骨が残っていたことを示す直接証拠が得られた．

この点は，別の部分頭骨によっても裏づけられている．同じ化石産地から，左右両方の下顎がついた頭骨が発見され，骨化したメッケル軟骨が確認されたのである．この標本はゴビコノドン（*Gobiconodon*）の新種で，同じ三錐歯類のなかまである（図199）．ゴビコノドン属は，レペノマムスと近い系統関係にあり，以前にも，北アメリカやアジアの，白亜紀前期の地層から見つかっていた．歯式は2・1・4・4/1・1・4・5である．この化石は2003年に，李傳夔と共同研究者によって，ゴビコノドン・ゾフィアエ（*Gobiconodon zofiae*）と命名された．

初期哺乳類の歯骨にはたいてい，内側に溝が見られるが，骨化したメッケル軟骨の発見は，この溝の機能を解明するのに役立った．この溝については，いろいろな解釈がなされてきた．歯の神経か血管，もしくはその両方が入っていたという説や，入っていたのはメッケル軟骨だという説，後歯骨群とつながる小関節面という説まで出された．系統上，もっと高等な哺乳類でも，このような溝が多く存在するため，これらの動物群に後歯骨群が残っていると解釈すれば，3つの耳小骨が完成した哺乳類の中耳は，複数の起源を持つことになる．レペノマムスとゴビコノドンの歯骨の内側にある溝から，骨化したメッケル軟骨が見つかったことで，この溝がメッケル軟骨を収める役目を果たしていたことが明らかになった．ここからさらに次のような推測が成り立つ．初期の哺乳類においては，骨化しているかどうかに関係なく，内側の溝にメッケル軟骨が入っていた可能性があり，さらに言うなら，もっぱらメッケル軟骨のための溝だったとさえ考えられる．そうすると，3つの耳小骨を持つ哺乳類の中耳に，複数の起源を求める必要はなくなる．

多丘歯類 多丘歯類（multituberculates）は三畳紀の終わりに初めて現れ，新生代の始新世後期に絶滅した．下顎に，大きな1対の切歯が前方に倒れるような形で生えている点など，表面上，齧歯類に似た特徴が見られるので，多丘歯類はしばしば「中生代の齧歯類」と呼ばれる．あとに出現する種類では，下顎の先端にある1対目の切歯がノミのような形になっていて，腹側だけがエナメル質におおわれている．この点が特に齧歯類に似ている．しかし，齧歯類とは違って，多丘歯類の切歯はたいてい1対より多い．ほとんどの多丘歯類は，下の歯列の中央部で，小臼歯がナイフ状の構造に変化している．大臼歯には，小さなこぶのような低めの咬頭があり，その数が数個から十数個以上になるので，多丘歯類という名前がつけられた．多丘歯類の歯の形態は，時とともにはっきりと変化している．小臼歯の数が減り，下の最後部にあるナイフ状の小臼歯で，刻み目やうねの数が増え，大臼歯の咬頭も数が増える．

現在までのところ，熱河生物群で見つかった多丘歯類は1種のみで，2002年に胡耀明と王元青によっ

哺乳類 ● 127

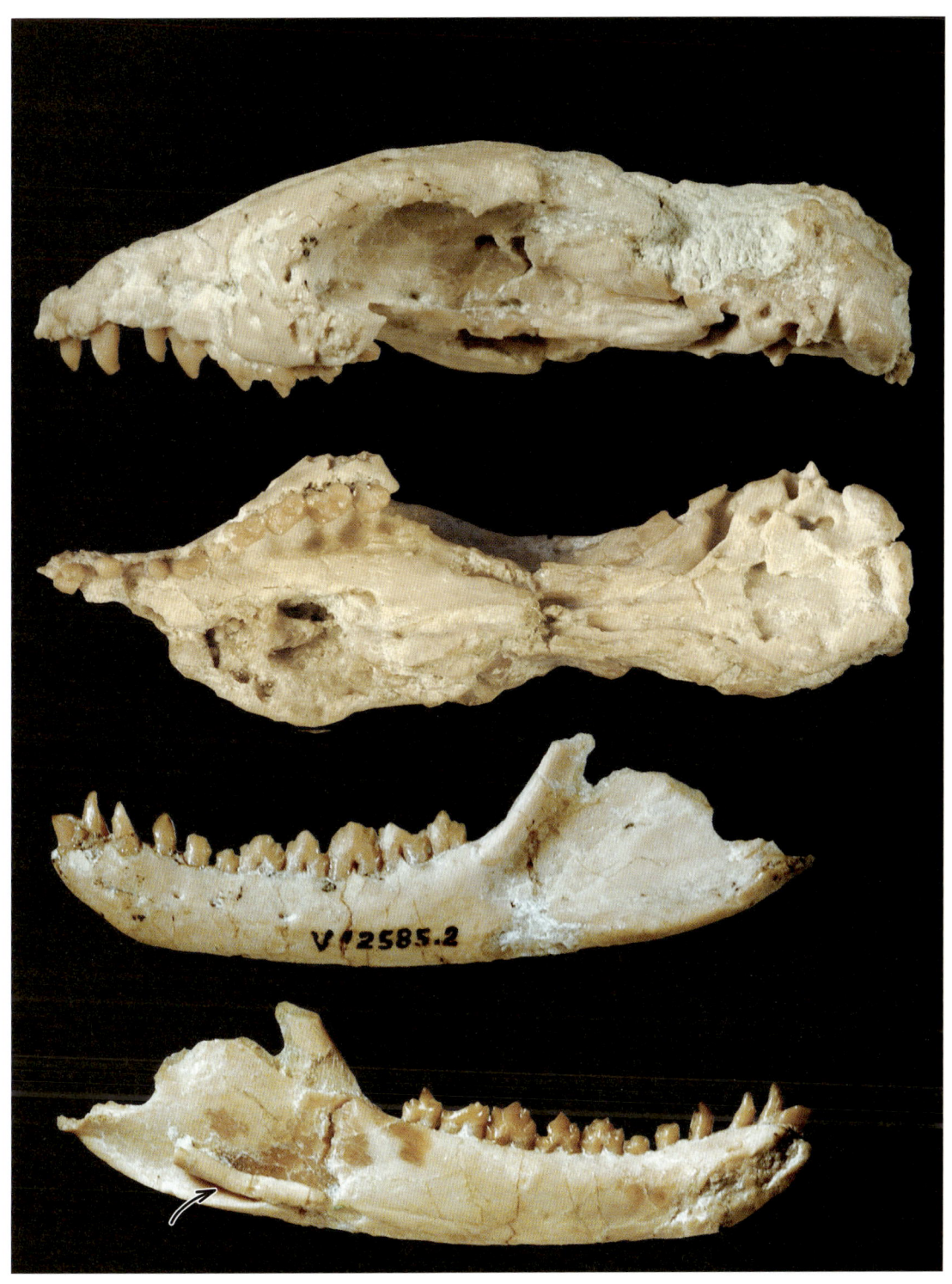

■199 ゴビコノドン・ゾフィアエ（*Gobiconodon zofiae*）の完模式標本（頭骨の長さ 45 mm）．頭蓋骨の側面（上）と腹面（中），および，下顎の唇側と舌側（下）．発掘地は遼寧省北票の陸家屯（義県層最下部）．矢印は骨化したメッケル軟骨．（撮影：IVPP）

てシノバアタル・リンユアネンシス（*Sinobaatar lingyuanensis*）と名づけられた（図200）．模式標本は亜成体で，体長は，口吻の先から尻までの長さが約10.3 cm である．歯式は 3・?・5・2/1・0・3・2 である．のちに現れる多丘歯類と異なり，シノバアタルの下顎の先端にある切歯は円錐形で，エナメル質によって完全におおわれている．下の歯列の中央にあるナイフ状の部分には，小臼歯が 3 本生えている（図201）．シノバアタルの歯式は，モンゴルから見つかる白亜紀前期の多丘歯類の一部と同じで，歯の形態も似ている．特に頬歯はそっくりである．

シノバアタル・リンユアネンシスの完模式標本は，白亜紀後期より前の多丘歯類標本のなかで最も完全に近い．また，初期の多丘歯類についてはよくわかっていなかった，頭部よりうしろの骨格の形態に関して，新しい情報も得られた．その結果，歯の特徴が大きく変化しているのに比べて，頭骨よりうしろの形態は，多丘歯類の歴史全体を通じてほとんど変わっていなかったことが明らかになった．ここから推測すると，進化の過程において，多丘歯類における移動運動のパターンは，どの種類でもあまり変化しなかったと思われる．頭部よりうしろの骨格の形態が分化していない

■200　シノバアタル・リンユアネンシス（*Sinobaatar lingyuanensis*）の完模式標本（石板 A，頭骨の長さ 26.6 mm）．多丘歯類．発掘地は遼寧省凌源の大王杖子（義県層中部）．（撮影：IVPP）

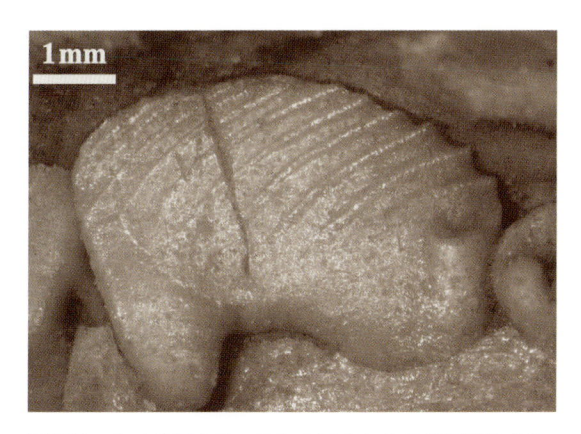

■201 シノバアタル・リンユアネンシスの下顎にある，ナイフ状の小臼歯（雄型模型）．（撮影：孟津／AMNH）

ところを見ると，多丘歯類の活動域は様々な場所にわたっていたようである．

シノバアタルの標本からは，多丘歯類の前肢の形態に関する情報がたっぷり得られる．シノバアタルの前肢の足首は，モンゴルで発見された白亜紀後期の多丘歯類，クリプトバアタル（*Kryptobaatar*）や，熱河生物群の相称歯類，ザンヘオテリウムのものに構造がよく似ている．うしろ足の保存状態もよく，北アメリカで発掘された暁新世の多丘歯類，プティロドゥス（*Ptilodus*）に似た特徴が見られる．たとえば，脛骨の関節丘が大きく，距骨と脛骨の関節は非対称だが可動範囲が広い，といった特徴が認められる．うしろ足と足首の構造，そして物をつかめる長い尾をもとに，F・A・ジェンキンズ・ジュニアとD・W・クローズは，プティロドゥスを樹上性の動物として再現したが，シノバアタルの生活様式も同様だったと思われる．

相称歯類　相称歯類（symmetrodonts）は，トガリネズミほどの大きさの哺乳類で，上下の大臼歯に，三角形で，不完全な相称型の咬頭がある．三角形の向きは，上下の大臼歯で逆になっている．つまり，上の大臼歯では中央の咬頭が舌側にあるが，下の大臼歯では頬側にある．最初期の相称歯類は，ウェールズ地方にある，三畳紀終わりからジュラ紀はじめの地層で見つかった．相称歯類の最も新しい化石記録は，北アメリカの白亜紀後期の地層で発見されている．

胡耀明と共同研究者は1997年，熱河生物群から見つかった相称歯類の哺乳類，ザンヘオテリウム・クインクエクスピデンス（*Zhangheotherium quinquecuspidens*）について報告を行った（図202～205）．これは熱河生物群で初めて確認された哺乳類であり，骨格の保存状態がよく，頭骨の一部と，頭部よりうしろの骨格が大部分含まれている．すべての頸椎と胸椎，前肢と胸帯，そして後肢や腰帯，肋骨の印象もきれいに残っている．ザンヘオテリウムの歯式は，3・1・2・5/3・1・2・6である（図203）．先のにぶいトリゴニッド咬頭（trigonid cusps）と，目立たない稜があり，歯帯の小尖頭が大きく，唇側と舌側に歯帯がないところから，識別できる．ザンヘオテリウムが発見されるまで，相称歯類は，上顎と下顎の断片しか見つかっていなかった．ザンヘオテリウムの骨格は完全に近いので，このグループの形態について重要な情報を得ることができる．

頭骨の特徴でとりわけ興味深いのは，聴覚器官にかかわる部分である．折れたり変形したりしているが，ザンヘオテリウムの側頭骨椎体の骨は完全に保存されている．蝸牛が収まる岬角は，円筒状の指のような形で（図204），三錐歯類や多丘歯類のものに似ている．蝸牛はうずまき型をした内耳の空洞だが，岬角がこのような形をしている場合，中にある蝸牛はまっすぐ，もしくは少しばかり湾曲している（しかし，巻いていない）可能性が高い．したがって，ザンヘオテリウムの蝸牛は巻いていなかったと推測できる．だとすれば，ザンヘオテリウムの聴覚機能は，もっと高等な哺乳類の大半に比べると，あまり発達していなかったと思われる．

ザンヘオテリウムの肩帯と前肢は保存状態がきわめてよく，頭部よりうしろの骨格のなかで，最も情報量が多い部分である．ザンヘオテリウムの鎖骨は棒状で，有袋類や有胎盤類のものに形が似ている．しかし，有袋類や有胎盤類と違って，胸骨の前，2つの鎖骨のあいだに，分離した間鎖骨がある．有袋類や有胎盤類には，このように分離した間鎖骨は存在しないが，単孔類（カモノハシやハリモグラ）には大きな間鎖骨があり，主要な支持構造としての機能を果たしている．単孔類では鎖骨と間鎖骨の関節が固定しているが，ザンヘオテリウムの鎖骨−間鎖骨関節は可動性で，鎖骨の可動範囲が広く，前肢を自由に動かすことができる．

現生種の陸生哺乳類のうち，有袋類と有胎盤類は，矢状面に平行な姿勢で移動する．つまり，移動の際に，前肢と後肢が体の真下にのびる．一方，単孔類は脚をある程度横へ張り出して，はう姿勢をとる．解剖学的構造を比較すると，この姿勢の違いは四肢骨の形態に関係していることがわかる．ザンヘオテリウムの前肢には，矢状面に平行な姿勢を保つ獣類に似たところがある．しかし，獣類ではない，はい歩く種類の哺乳類に共通の，原始的な特徴もいくらか保持していた．原

■202 ザンヘオテリウム・クインクエスピデンス（*Zhangheotherium quinquecuspidens*）の完模式標本（頭骨の長さ 35.3 mm）．相称歯類．発掘地は遼寧省北票の尖山溝（義県層下部）．（撮影：IVPP）

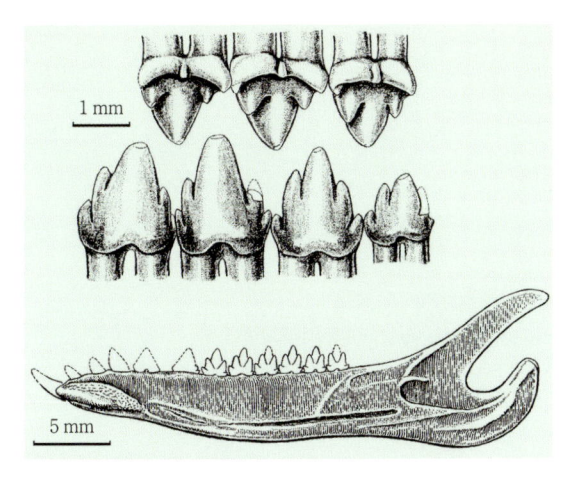

■203 ザンヘオテリウム・クインクエクスピデンスの上下の歯列と下顎.

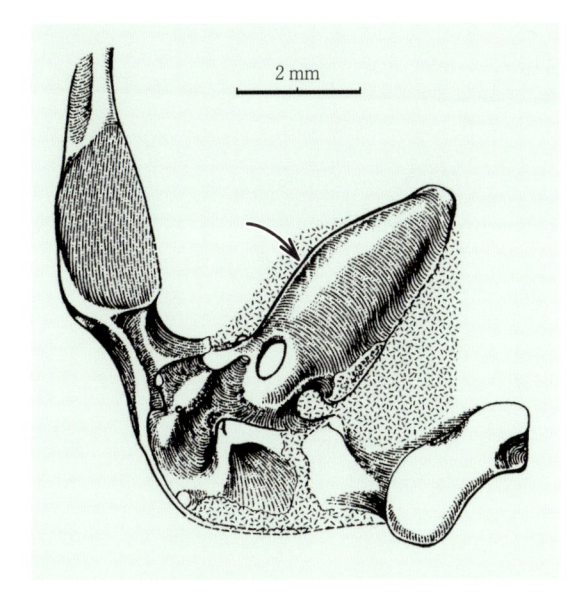

■204 ザンヘオテリウム・クインクエクスピデンスの耳域の復元図. 指の形をした岬角(矢印)のなかに蝸牛がある. 高い周波数の音がよく聞き取れない聴覚系だったことが推測できる.

■205 ザンヘオテリウム・クインクエクスピデンスの復元図. (絵：マーク・A・クリングラー／CMNH)

始的な特徴と派生的な特徴の両方が前肢に見られるところから，ザンヘオテリウムの前肢は，単孔類のようにはう姿勢と，獣類のように矢状面に平行な姿勢の中間だったと推測される．

2003年のはじめ，G・W・ロウヒエルらが，熱河生物群から別の相称歯類，マオテリウム・シネンシス (*Maotherium sinensis*) が見つかったことを報告する．この動物は関節が完全につながった骨格で，ザンヘオテリウムと近い関係にある．細部にいくらか違いはあるが，両者には頭蓋骨や歯式，頭部よりうしろの骨格など，形態上の特徴に多くの共通点が見られるので，同じ科に分類されている．

真獣類 真獣類 (eutherians) は，現生種の有胎盤類と，絶滅した近縁種を含む，哺乳類のグループである．真獣類にとって最も近い共通の祖先を持つのは，有袋類である．真獣類と有袋類は大臼歯の数によって区別される（真獣類は，上顎と下顎の左右にそれぞれ3本の大臼歯があるが，有袋類の場合は，上顎に4本，下顎に4本である）．真獣類の化石記録は，白亜紀前期の終わり（およそ1億1000万年前）のものが最古だった．ところが2002年，李強と共同研究者が，熱河生物群に含まれていた，真獣類のエオマイア・スカンソリア (*Eomaia scansoria*) について報告する（図206，207）．これが現在では，知られているかぎり世界最古の真獣類である．エオマイア・スカンソリアの四肢は特殊化し，現生哺乳類では登攀性（樹木にのぼる）や樹上性（樹木にすむ）の種類にしか見られない特徴が認められる．白亜紀に生息していた地上性もしくは走行性（走る）の真獣類とは，この点がまったく異なる．こうした事実から推測すると，最初期の真獣類系統は，いろいろな場所にあわせて運動器官を発達させたため，白亜紀のあいだに様々な生態的地位へ楽々と放散できたものと思われる．

初期の哺乳類の類縁関係には，古哺乳類学者から大きな関心が寄せられている．熱河生物群の哺乳類化石は，保存状態がきわめてよいか，それぞれのグループ内で見つかった最古の標本である．したがって，哺乳類のおもな系統の類縁関係や，哺乳類の骨格の進化に

■ 206 エオマイア・スカンソリア（*Eomaia scansoria*）の完模式標本（石板 A，頭骨の長さ約 3 cm）．真獣類．発掘地は遼寧省凌源の大王杖子（義県層中部）．（撮影：CMNH）

■ 207 エオマイア・スカンソリアの復元図．（絵：マーク・A・クリングラー／CMNH）

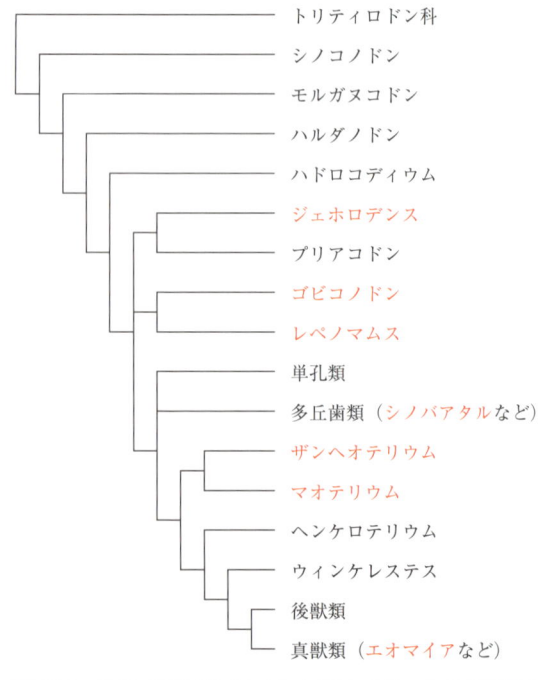

■ 208 熱河哺乳類群（赤字）に関する様々な分析結果を組みあわせて，哺乳類の系統関係を表した分岐図．

- トリティロドン科
- シノコノドン
- モルガヌコドン
- ハルダノドン
- ハドロコディウム
- ジェホロデンス
- プリアコドン
- ゴビコノドン
- レペノマムス
- 単孔類
- 多丘歯類（シノバアタルなど）
- ザンヘオテリウム
- マオテリウム
- ヘンケロテリウム
- ウィンケレステス
- 後獣類
- 真獣類（エオマイアなど）

ついて，新たな光を当てることができる．違う角度から類縁関係を分析すれば，あいまいさも生じるが，その結果はたがいに大きく矛盾するものではなく，哺乳類のおもな特徴について，ある程度の進化的傾向が見えてくる．こうした結果をふまえて（図208），次のように結論づけてもかまわないだろう．①ザンヘオテリウムにうずまき型の蝸牛がないのは，原始的な状態，すなわち，うずまき型の蝸牛がまだ進化していない状態と考えてよい．②現生種の獣類は，前肢が矢状面に平行になっているが，単孔類，多丘歯類，その他，中生代の様々な哺乳類，たとえばザンヘオテリウム，ヘンケロテリウム（*Henkelotherium*），ウィンケレステス（*Vincelestes*）などでは，このような姿勢は見られなかった．この姿勢が現れたのは，哺乳類の進化におけるもっとあとの段階だろう．③レペノマムスやゴビコノドンに，哺乳類の特徴である3つの耳小骨が完成した中耳が存在するのは，この構造が哺乳類に広く行き渡っていたことの証拠である．

シャジクモ類 charophytes

王肩飛，盧輝楠，楊景林（Qi-fei Wang, Hui-nan Lu, Jing-lin Yang）

シャジクモ類（charophytes, stoneworts）は，河川や湖沼，潟湖，フィヨルドなどの，淡水や汽水に生息する藻類で，南極大陸をのぞくすべての大陸に幅広く分布している．大半は，透明でカルシウムが豊富な澄んだ水中に生える．なかでも多く見られるのは，pH 7.0～8.0のアルカリ性の湖である．ごく弱い流れであれば，流水中にも生える．シャジクモ類は，岸辺から深さ18 mまでの水中に密生する．栄養器官は比較的単純で，維管束はない．しかし，生殖器官はやや複雑である．一般的な分類では，植物界のなかの，シャジクモ植物という独立した門に位置づけられる．

シャジクモ類の葉状体は緑色で，高さは0.5～200 cm（平均値は15～25 cm）である．通常は直立した中心軸，すなわち茎を持ち，非常に短い節部細胞から規則的に枝が輪生し，仮根によって泥や砂の底質に付着する（図209）．細胞に含まれる小さな楕円形の葉緑体によって光合成を行い，無機化合物を有機質の栄養分に変える．ふつうは雌雄同体で，1個体から雌雄両方の生殖細胞が作られる．雄性生殖器（造精器）と雌性生殖器（造卵器）は枝に生じる．現生シャジクモ類の造卵器は楕円形から球形で，左巻きの管状細胞5個に包まれている．一方，造精器は球形で，4～8個の楯細胞によって保護されている．シャジクモ類は無性生殖も有性生殖も行う．無性生殖は珠芽，すなわち成熟した個体の断片によって行われる．成長とともに，多かれ少なかれ，石灰化が起こる．この現象は造卵器の管状細胞内でいちじるしく，その結果，あとに残りやすい石灰の殻ができる．化石化した造卵器はふつう，ジャイロゴナイト（gyrogonite）と呼ばれる．

シャジクモ類化石の多くは，ここに取りあげた写真（図210～223）に見られるように，ジャイロゴナイトとして残ったものである．化石シャジクモ類の出現は，4億年近く前の，シルル紀後期にまでさかのぼることができる．かなりの種が，地理的に広く分布しているが，地質年代的な分布は狭い範囲に限られるので，環境を再現する手段としてだけでなく，淡水や汽水堆積物の層位を比較する指標にも利用される．化石シャジクモ類の分類や同定の手がかりとしては，ジャイロゴナイトの大きさや形，石灰化や胞嚢の特徴，頂部の構造やくぼみ，ロゼットや小冠細胞などがあげられる．

中国東北部には，ジュラ紀のシャジクモ類が見られない．現在までのところ，義県層上部や九仏堂層下部からの発見報告はない．河北省北部と遼寧省西部の義県層下部から見つかる化石シャジクモ類は，メソカラ（*Mesochara*），ペッキスファエラ（*Peckisphaera*），ミンヘカラ（*Minhechara*）が圧倒的に多い．

九仏堂層上部から阜新層で豊富に見つかるシャジクモ類化石は，おもにフラベロカラ・ヘベイエンシス（*Flabellochara hebeiensis*），フラベロカラ・ハルリシ（*F. harrisi*），アトポカラ・トリウォルウィス・トリク

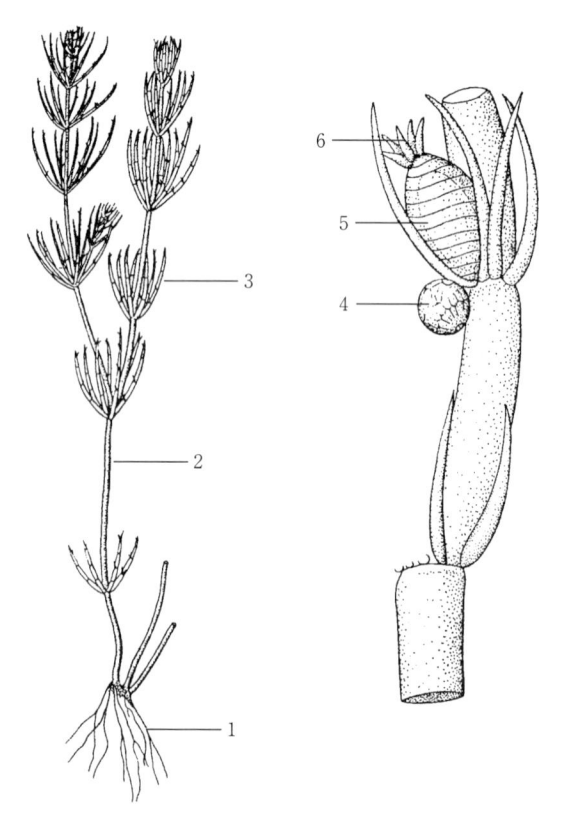

■209 現生シャジクモ類の略図（左：×1．1：仮根，2：軸，3：枝）と生殖器官（右：×40．4：造精器，5：造卵器，6：小冠細胞）．（Nordstedt, 1891を改変．任玉皋／NIGP）

シャジクモ類 ● 135

エトラ（*Atopochara trivolvis triquetra*），アクリストカラ・ムンドゥラ（*Aclistochara mundula*），アクリストカラ・フイフイバオエンシス（*A. huihuibaoensis*），メソカラ・スティピタタ（*Mesochara stipitata*），メソカラ・ウォルタ（*M. voluta*），ペッキスファエラ・ウェルティキルラタ（*Peckisphaera verticillata*）である．これらの種は，中国北部の白亜系下部の中ほどに位置する堆積物に多く見られる．そのなかでも特に，フラベロカラ・ヘベイエンシスとアトポカラ・トリウォルウィス・トリクエトラが，層位学上，重要な意味を持つ．なぜなら，どちらも世界中のバレミアン期地層でよく見つかる化石であるからだ．九仏堂層，沙海層，阜新層から産出するシャジクモ類化石は，中国の第3クラヴァトル類生存帯，すなわち，バレミアン期後期のア

■210 アクリストカラ・フイフイバオエンシス（*Aclistochara huihuibaoensis*）の側面（長さ550μm，幅440μm）．内モンゴル，ホルチン左翼後旗（沙海層）のハラウス掘削試料．

■212 ペッキスファエラ・ウェルティキルラタ（*Peckisphaera verticillata*）の頂面（幅550μm）．遼寧省阜新（阜新層）の東梁掘削試料．

■211 アクリストカラ・ムンドゥラ（*Aclistochara mundula*）の側面（長さ550μm，幅250μm．発掘地は遼寧省義県の皮家溝（九仏堂層）．

■213 ペッキスファエラ・ウェルティキルラタの側面（長さ575μm，幅525μm）．遼寧省阜新（阜新層）の東梁掘削試料．

トポカラ・トリウォルウィス・トリクエトラ-フラベルロカラ・ヘベイエンシス生存帯に含まれる.

シャジクモ類の分布によると，義県層下部の地質年代は白亜紀前期のはじめにあたる．九仏堂層上部や沙海層，阜新層は，バレミアン期後期と見られる.

写真に映っているのは，内モンゴル，河北省，遼寧省から産出した化石シャジクモ類である．その特徴を，簡単に説明する.

アクリストカラ・フイフイバオエンシス (*Aclistochara huihuibaoensis*)（図210）: 卵形から扁長楕円形のジャイロゴナイト．長さ400〜550 μm，幅350〜500 μm．側方から見えるらせんの数は8〜9．らせん細胞は凹型．細胞間の隆起は狭く，尖っている.

■214 メソカラ・シュアンジエンシス (*Mesochara xuanziensis*) の側面（長さ290 μm，幅230 μm）．発掘地は河北省灤平の大店子（義県層下部）.

■216 メソカラ・プロドゥクタ (*Mesochara producta*) の側面（長さ360 μm，幅200 μm．発掘地は河北省灤平の大店子（義県層下部）.

■215 メソカラ・ウォルタ (*Mesochara voluta*) の側面（長さ390 μm，幅300 μm）．発掘地は遼寧省喀左の三官廟（義県層下部）.

■217 ペッキスファエラ・ムルティスピラ (*Peckisphaera multispira*) の側面（長さ370 μm，幅300 μm）．発掘地は河北省灤平の大店子（義県層下部）.

中国の白亜系下部から発見.

アクリストカラ・ムンドゥラ（*Aclistochara mundula*）（図211）： つぼ型のジャイロゴナイト．長さ370〜600 μm，幅250〜400 μm．側方から見えるらせんは10〜12．世界中の白亜系下部から発見．

ペッキスファエラ・ウェルティキルラタ（*Peckisphaera verticillata*）（図212，213）： 回転楕円形のジャイロゴナイト．頂部は幅広で丸みをおび，底部は狭く，丸みをおびている．長さ450〜750 μm，幅400〜600 μm．側方から見えるらせんは10〜12．世界中の白亜系下部から発見．

メソカラ・シュアンジエンシス（*Mesochara xuanziensis*）（図214）： 卵形から亜卵形の，非常に小さなジャイロゴナイト．長さ230〜350 μm，幅200〜250 μm．側方から見えるらせんは6〜8．中国の河北省，沙海省，安徽省，河南省，甘粛省，新疆，ヨー

■218　ペッキスファエラ・パラグラヌリフェラ（*Peckisphaera paragranulifera*）の側面（長さ450 μm，幅350 μm）．発掘地は遼寧省義県の皮家溝（九仏堂層）．

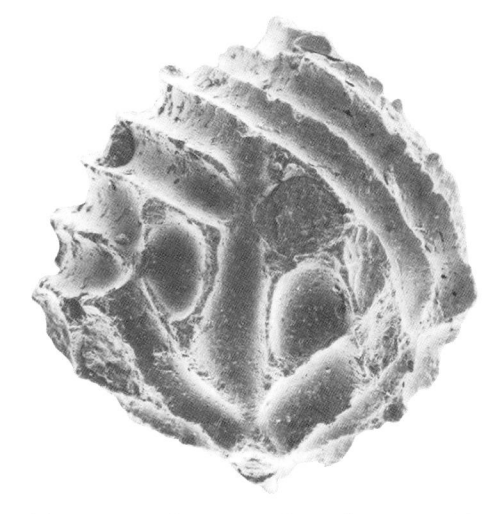

■220　アトポカラ・トリウォルウィス・トリクエトラの側面（長さ900 μm，幅860 μm）．図219と同じ化石．内モンゴル，ホルチン左翼後旗（沙海層）のハラウス掘削試料．

■219　アトポカラ・トリウォルウィス・トリクエトラ（*Atopochara trivolvis triquetra*）の頂面（幅860 μm）．内モンゴル，ホルチン左翼後旗（沙海層）のハラウス掘削試料．

■221　アトポカラ・トリウォルウィス・トリクエトラの底面（幅860 μm）．図219と同じ化石．内モンゴル，ホルチン左翼後旗（沙海層）のハラウス掘削試料．

■222 フラベルロカラ・ヘベイエンシス（*Flabellochara hebeiensis*）の側面（長さ 750μm，幅 660μm）．遼寧省康平（沙海層）の齊家窩棚掘削試料．

■223 ミンヘカラ属の一種（*Minhechara* sp.）の側面（長さ 1030μm，幅 610μm）．発掘地は遼寧省喀左の三官廟（義県層下部）．

ロッパではスペイン北部やドイツ北西部の白亜系下部から発見．

メソカラ・ウォルタ（*Mesochara voluta*）（図 215）：円錐状で卵形の小さなジャイロゴナイト．長さ 300～400μm，幅 210～330μm．側方から見えるらせんは 8～9．世界中の，ジュラ紀後期から白亜紀前期の地層に分布．

メソカラ・プロドゥクタ（*Mesochara producta*）（図 216）：卵形のジャイロゴナイト．頂部は幅広で丸みをおび，底部はすぼまって，柄状に突き出ている．長さ 250～380μm，幅 200～250μm．側方から見えるらせんは 8～9．中国北部の白亜系下部から発見．

ペッキスファエラ・ムルティスピラ（*Peckisphaera multispira*）（図 217）：幅の広い卵形のジャイロゴナイト．頂部は丸く，底部は幅がせばまって丸みをおびているか，柄状にすぼまっている．長さ 300～400μm，幅 200～300μm．側方から見えるらせんは 10～11．内モンゴルと河北省の白亜系下部から発見．

ペッキスファエラ・パラグラヌリフェラ（*Peckisphaera paragranulifera*）（図 218）：卵形もしくは亜回転楕円形のジャイロゴナイト．頂部は丸く，底部は丸みをおびて突き出ている．底部の先端は平たい．長さ 450～600μm，幅 350～465μm．側方から見えるらせんは 11～12．中国の白亜系下部から発見．

アトポカラ・トリウォルウィス・トリクエトラ（*Atopochara trivolvis triquetra*）（図 219～221）：胞嚢の長さ 820～1080μm，幅 750～1000μm．36単位から構成され，3つのまとまりに分けられる．底面側から見た形は三角形．世界中のバレミアン期地層に分布．

フラベルロカラ・ヘベイエンシス（*Flabellochara hebeiensis*）（図 222）：胞嚢は卵形．長さ 620～800μm，幅 520～700μm．側面の単位は細胞 5～6個から構成される．世界中のバレミアン期地層から発見．

ミンヘカラ属の一種（図 223）：亜回転楕円形のジャイロゴナイト．頂部と底部は丸みをおびている．頂部の中心は突き出て，軸柱を形成．長さ 750～1050μm，幅 450～610μm．側方から見えるらせんは 10～11．遼寧省と青海省の白亜系下部から発見．

（本章に載せた写真の化石はすべて，化石化した造卵器，すなわちジャイロゴナイトである．撮影は NIGP の茅永強と陳周慶による．）

陸生植物 land plants

呉舜卿 (Shun-qing Wu)

陸生植物は熱河生物群を構成する重要な生物である．おもに遼寧省西部の義県層から掘り出され，現在わかっている中生代の陸生植物のうち，主要なグループがほぼすべて含まれている．たとえば，胞子植物では，コケ植物類（Bryophyta），ヒカゲノカズラ類（Lycopsida），トクサ類（Sphenopsida），真正シダ類（Filicopsida），そして種子植物ではイチョウ類（Ginkgoales），チェカノフスキア類（Czekanowskiales），球果植物類（Coniferales），ベネティテス類（Bennettitales），グネツム類（Gnetales），被子植物類（Angiospermae）が見つかっている．この研究報告のもとになった植物化石は，主として，遼寧省西部北票市の黄半吉溝にある，義県層下部の尖山溝層で発見された．これまでに同定された化石は合計で，34属54種になる．そのうち，9属28種が新しい分類群である．以下に，おもな植物グループの特徴を簡単に説明し，古生態環境が推測できる場合は，それについても論じる．

コケ植物類 コケ植物類（bryophytes（Bryophyta））は，陸生植物のなかで最も基盤的なグループである．ここに含まれるのは，構造が簡単で，水分や養分を運ぶ通導組織は木質化しておらず，根を欠く，小型の緑色植物である．配偶体が主体で，そこにきわめて単純な胞子体が生じる点が，他の陸生植物すべてと異なる（他の陸生植物では，胞子体のほうが

■224 ムスキテス・テネルルス（*Muscites tenellus*）．コケ植物類．長さ 3.15 cm．

■225 タルリテス・リッキオイテス（*Thallites riccioites*）．コケ植物類．長さ 1.1 cm．丸いあとかたは，再生・繁殖器官である無性芽の杯状体と思われる．

主体で，通導組織は木質化している）．配偶体はたいてい直立し，二叉分枝の小さな葉のような付属体がついている．苔類の配偶体は平らな葉状体になっていることが多い．この配偶体のうえに，枝分かれしない胞子体が生じ，先端に1個の胞子囊がつく．コケ植物類はおもに，日陰の湿った環境に生える．熱河生物群では，2属4種が確認されている．茎と葉が分化した茎葉体タイプも，葉状体タイプも，両方見られる（図224, 225）．

ヒカゲノカズラ類　ヒカゲノカズラ類（lycopsids (Lycopsida)）は，維管束植物の基盤的位置にある．現生種のヒカゲノカズラ類はすべて草本性である．水平方向にのびる根茎から，二叉分枝の茎が直立し，そこに葉が密生するのが特徴である．この植物は異形胞子性，もしくは同形胞子性で，胞子囊は小さな円錐形にまとまっているか，軸に沿って散在し，胞子囊葉の向軸側表面に生じる．ヒカゲノカズラ類の生態環境は幅広く，湿潤な場所にも，乾燥した地域にも見られる．現存するヒカゲノカズラ類である，ヒカゲノカズラ科 (Lycopodiaceae)，イワヒバ科 (Selaginellaceae)，ミズニラ科 (Isoetaceae) の3科は白亜紀にも存在したが，これまでのところ，熱河生物群で確認されているのはヒカゲノカズラ科のみである．そのうちの1つ，リコポディテス・ファウストゥス（*Lycopodites faustus*）は同形胞子性で，胞子囊が集まって胞子囊穂を形成する（図226, 227）．

トクサ類　トクサ類（sphenopsids, horsetails (Sphenopsida)）は，水平にのびる根茎から，はっきりとした節を持つ茎が直立しているのが特徴である．茎は中が空洞で，節に枝と葉が輪生する．この植物は異形胞子性もしくは同形胞子性で，胞子囊はたいてい背軸側に頂生する．胞子囊がつく胞子葉はウロコ状の盾形で，茎の先端で楕円形の円錐状に並んでいる．現存する唯一の属であるトクサ属（*Equisetum*，トクサ科（Equisetaceae））は，草本性で同形胞子性である．その葉は非常に小さく，ある程度くっつきあって，節のところで歯牙状の葉鞘を形成する．節間の表面には，維管束から生じた縦方向の隆起がはっきりと見える．トクサ（*Equisetum*）はもっぱら湿った環境に生え，茎は中が空洞になっている．この特徴は，絶滅した多くのトクサ類と同じで，湿った地域に生育するよう適応した結果である．トクサ属に似た植物であるエクイセティテス（*Equisetites*）の化石は，義県層の化石層に多く見られる．熱河生物群で最も豊富なトクサ類は，エクイセティテス・ロンゲワギナトゥス（*Equisetites*

■226　リコポディテス・ファウストゥス（*Lycopodites faustus*）．ヒカゲノカズラ類．長さ5.95 cm．

■227　図226に写っている標本の先端を拡大．円錐状の胞子囊穂に，丸い胞子囊が2列に並んでいるのがわかる．

陸生植物 ● 141

■228　エクイセティテス・ロンゲワギナトゥス（*Equisetites longevaginatus*）．トクサ類．
　　　長さ 3.7 cm．

■229 ボトリキテス・レヘエンシス（*Botrychites reheensis*）．真正シダ類．長さ6.8 cm．異形性で，胞子のついている羽片とついていない羽片が見られる．

longevaginatus)（図 228）で，きわめて小さな茎と，やや長めの葉鞘を特徴とする．

真正シダ類 真正シダ類（filicopsids, ferns（Filicopsida））は，胞子で繁殖する維管束植物のなかで最大のグループである．この植物は，はっきりと分化した根，茎，葉を持つ．木質もしくは草質で，木本の習性を獲得した種類もあり，直立し，てっぺんに大きな葉をつけるのが特徴である．真正シダ類の葉はしばしばフロンド（fronds）と呼ばれ，単葉の場合もあるが，多くは羽状もしくは叉状の複葉をつける．真正シダ類の大半は同形胞子性だが，異形胞子性のものもわずかに見られる．胞子嚢は頂生し，通常の葉，あるいは特殊化した葉の背軸側表面につく．胞子嚢は葉の上の様々な位置に生じる．葉身の表面に散在することもあれば，集まって，円形や細長い形，線状の胞子嚢群を作ることもある．真正シダ類はおもに湿潤な地域に生育するが，もっと乾燥した環境に適応した種類も存在する．義県層ではごくふつうに見られる植物で，これまでに5種以上が確認されている．熱河植物群集で特に目につくのは，絶滅属のボトリキテス（*Botrychites*）（図 229, 230），エボラキア（*Eboracia*）（図 231），コニオプテリス（*Coniopteris*）である．

イチョウ類 イチョウ類（ginkgos（Ginkgoales））は，長枝と短枝を特徴とする大型の樹木である．木質で，小さな髄を持ち，らせん状に分枝し，葉もらせん状につく．長枝上の葉はたいていまばらにつくが，短枝上の葉は先端部に密生する．葉は特徴のある扇形で，葉脈が二叉分枝し，2つに裂けたり，ときに深く切れ込んでいる．唯一の現生種であるギンゴ・ビロバ（*Ginkgo biloba*）は，雌雄異株で，雌の木と雄の木に分かれている．胚珠と小胞子葉は，短枝の先につく．胚珠は胚珠軸上の小さな杯状部のなかに生じる．現生種のイチョウには胚珠が2つあるが，そのうちの1つだけが成熟する．祖先型のイチョウ類のなかには，もっと多くの胚珠が生じる種類も見られる．胚珠と成熟した種子は比較的大きく，外側に多肉質の層がある．イチョウ類は，中生代には今よりはるかに豊富で多様だった．なかでもジュラ紀後期から白亜紀前期に最盛期を迎えるが，白亜紀後期から第三紀のあいだに激減し，多様性も地理的分布も縮小する．第四紀に入

■**230** ボトリキテス・レヘエンシスの羽片．真正シダ類．長さ4cm．

■**231** エボラキア・ロビフォリア（*Eboracia lobifolia*）の，胞子がついていない羽片．真正シダ類．長さ 1.8 cm．羽片基部の右側に少羽片が見える．（撮影：趙士偉/NIGP）

ると，中国東部の狭い範囲にしか見られなくなった．現在，ギンゴ・ビロバの自生地として知られているのは，浙江省にある温帯性の湿った森林だけである．ギンゴ・ビロバは落葉性だが，イチョウ類の葉が豊富に見つかる層準があることから推測すると，少なくとも一部の絶滅種は同じように落葉性だったようだ．義県層では最近，周志炎と鄭少林（2003）によって，1種だけイチョウ属（*Ginkgo*）発見の報告がなされている（図232）．胚珠の構造は，現生種のイチョウと，たくさんの胚珠をつけたジュラ紀のイチョウ類の中間を示している．ここの植物群には，バイエラ属（*Baiera*）（図233）やギンゴイテス属（*Ginkgoites*），スフェノバイエラ属（*Sphenobaiera*）など，絶滅したイチョウ類がいくつか含まれている．

チェカノフスキア類 チェカノフスキア類（czekanowskialeans（Czekanowskiales））は，絶滅種の種子植物で，類縁関係はよくわかっていない．かつてはイチョウ類に分類されていたが，葉と生殖器の構造，特に胚珠の構造がイチョウとは明らかに異なるので，今では別の目に分類されることが多い．葉はまとまって短枝につく．葉の幅は非常に狭く，葉脈が1本しかない．これに対して，イチョウの葉には2本の葉脈が入っている．チェカノフスキア類の葉はたいてい，複数の部分に二叉分枝し，1つ1つに葉脈が1本走っている．レプトストロブス（*Leptostrobus*）と呼ばれる造卵構造は，長い軸に，2弁からなる胚珠がらせん状についているのが特徴である．この両弁構造の単位はしばしば，朔と呼ばれ，それぞれに胚珠が複数入っている．イクソストロブス（*Ixostrobus*）と呼ばれる小胞子葉構造は，単軸に，対をなす花粉嚢が同

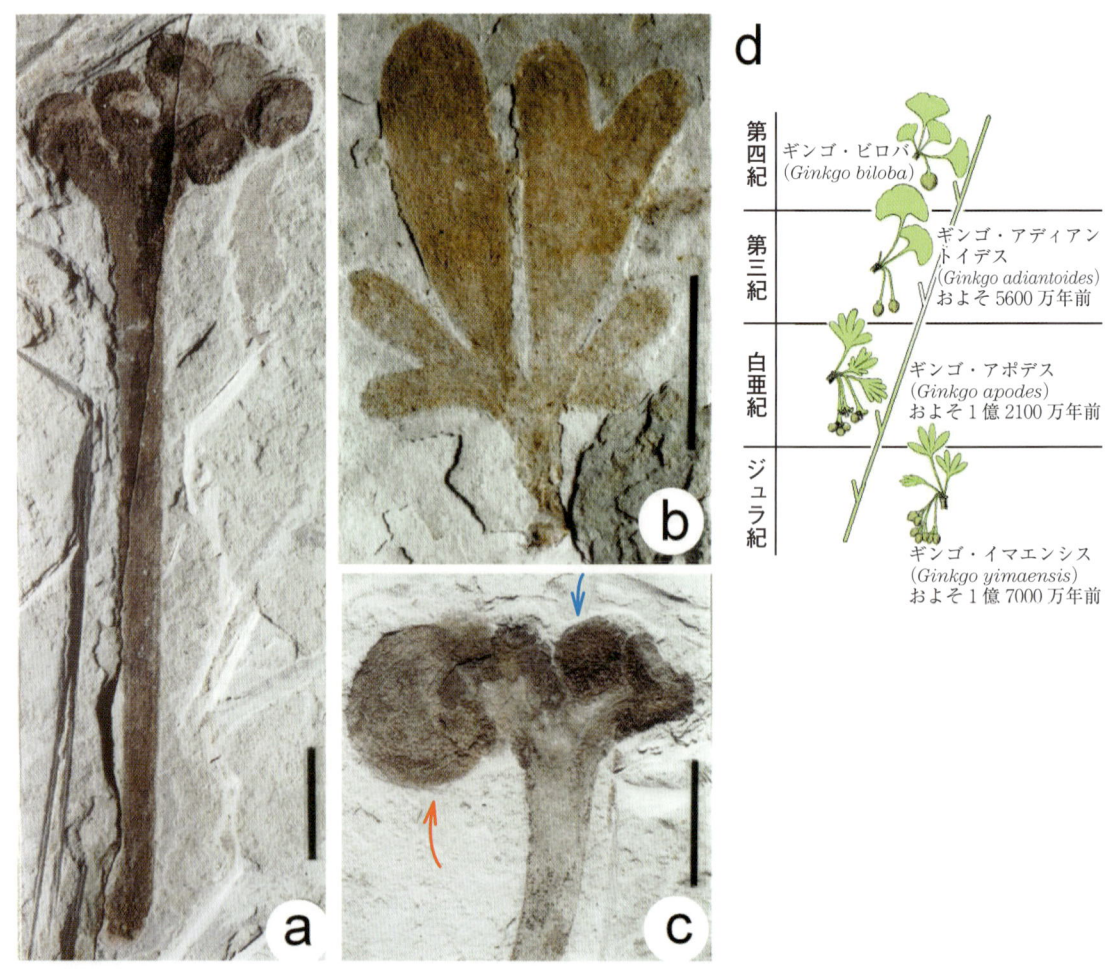

■232 ギンゴ・アポデス（*Ginkgo apodes*）．イチョウ類．発掘地は遼寧省義県の頭道河子（義県層の磚城子層）．目盛りはすべて5 mm．a：6つのカラーと非常に短い小花柄がある，未成熟の造卵器官，b：付随する葉，c：熟しかけた胚珠（赤い矢印）と，成熟せずに終わったと思われる胚珠（青い矢印），および空のカラーが1〜2（?）個ついた造卵器官，d：様々なイチョウ類の復元図と，地史におけるイチョウ類の進化を表した略図．（提供：周志炎/NIGP）

じく，らせん状につく．チェカノフスキア類はジュラ紀から白亜紀に幅広く分布し，数も豊富で，とりわけ北半球に多く見られた．熱河生物群では，ソレニテス（*Solenites*）（図234）やスフェナリオン（*Sphenarion*）がよく見つかる．

球果植物類　球果植物類（conifers（Coniferales））は長枝と短枝を特徴とする樹木で，高木が多く，低木の種類は数少ない．木部が大きく，髄は小さい．枝の数は多く，葉のつき方はらせん状もしくは十字対生である．葉は同形もしくは異形性で，概して小さく，針状やウロコ状，円錐状で，葉脈は1本だが，まれに2本の場合がある．ほとんどの球果植物類は雌雄同株である．胚珠と小胞子嚢は，球果となって頂生する．雌性の生殖器官では，種鱗に胚珠がつく．種鱗はくっつきあって果鱗という支持構造になる．熟した種子はたいてい小さめで，硬い種皮に包まれている．小胞子嚢の球果は単純で，小胞子葉の背軸側表面に花粉嚢がつく．中生代は球果植物が豊富で，白亜紀に入ってからしばらく経っても新しい種類が次々と現れたが，その多くは絶滅した．義県層でこれまで記録されている球果植物はすべて，絶滅した属や科に属しているようである．最も豊富に見つかる球果植物はスキゾレピス（*Schizolepis*）（図235，236）だが，エラトクラドゥス（*Elatocladus*）（図237）とブラキフィルルム（*Brachyphyllum*）も，熱河層の植物群集の重要な部分を占めている．

■233　バイエラ・ボレアリス（*Baiera borealis*）．イチョウ類．長さ7.1 cm．
（撮影：趙士偉／NIGP）

■234　ソレニテス・ムルラヤナ（*Solenites murrayana*）．チェカノフスキア類．長さ4.55 cm．

■235　スキゾレピス・ベイピアオエンシス（*Schizolepis beipiaoensis*）の球果．球果植物類．長さ9.15 cm．

■236 スキゾレピス・ベイピアオエンシスの翼果．球果植物類．長さ1.15 cm.

ベネティテス類　ベネティテス類（bennettites（Bennettitales））は絶滅した種子植物で，外観も葉の形態もソテツ類に似ている．ベネティテス類は，まばらに枝分かれした，あるいは枝分かれしていない低めの高木，もしくは低木として再現される．幹は細いが，一部のベネティテス類では，幹が樽型にふくらんでいる．葉は大きく，単純な形（全縁）や羽状に分かれた形をしている．葉全体の形態は一部のソテツ類によく似ている．しかし，この2グループは，表皮があれば，その特徴によって簡単に見分けられる．胚珠と小胞子葉は集まって，大きめの花に似た，単性もしくは両性の構造を作る．胚珠と熟した種子は小さく，頂生で，小さな種間鱗といっしょに，円錐形や球形の花床にびっしりとつく．小胞子嚢は，単枝もしくは（羽状，二回羽状に）分枝した小胞子葉につく．ベネティテス類は，三畳紀，ジュラ紀，白亜紀前期の地層に多く見られるが，白亜紀の終わりまでに絶滅した．義県層では4種類が報告されている（図238〜240）．

グネツム類　グネツム類（gnetales）には現存する3属（エフェドラ *Ephedra*，グネツム *Gnetum*，ウェルウィッチア *Welwitschia*）が含まれる．この3属の形態は明らかに異なる．系統分類上の位置づけは，はっきりしない．被子植物の近くにおかれたこともあるが，最近では，球果植物類と結びつけられている．エフェドラとグネツムには高木，低木，つる植物やよじのぼり植物があり，枝分かれが多く，葉序は十字対生や輪生である．ウェルウィッチアは珍しいことに，茎が非常に短くて枝分かれしておらず，宿存性の葉2枚が，生きているかぎりずっと成長し続ける．ほとんどが雌雄異株で，雌雄同株の種類はまれである．胚珠と小胞子葉は頂生で，小さな複合体の単性球果をつける．熟した種子の大きさは，小さいものから大きいものまである．小胞子嚢は集葯雄ずいにつく．エフェドラは乾生植物で，ウェルウィッチアは極端な乾生だが，グネツムは熱帯性の属で，生息域もより幅広く，湿った環境からやや乾いた環境まで生息できる．グネツム類の化石史はあまり知られていないが，グネツム類の花粉は白亜紀前期の堆積層から豊富に見つかる．義県層では，グネツム類化石が比較的多く見つかり，数種類が記載されている．たとえば，エラグロシテス・チャンギイ（*Eragrosites changii*）や，化石種のエフェドリテス属（*Ephedrites*）に分類された（Guo and Wu, 2000）リアオシア・チェニイ（*Liaoxia chenii*）（図241），化石種のグルワネルラ属（*Gurvanella*）に分類された（Sun et al., 2001）チャオヤンギア・リアンギイ（*Chaoyangia liangii*）（図242）などがその例である．これらはすべて，栄養器官の形態がエフェドラに近似しているが，一部（グルワネルラなど）は，胚珠の構造によってエフェドラと区別できる．

被子植物　被子植物（angiosperms（Angiospermae））は，すべての植物グループのなかで最も多様で，栄養器官や生殖器官の特徴も実に様々である．他の植物と区別できる最も目立つ特徴は，胚珠が心皮組織に包まれており，花粉管がその心皮組織を通って胚珠に到達する点だろう．義県層からは数種類の被子植物が記載されているが，位置づけがはっきりしないものが多い（図243〜250）．一部はすでにグネツム類に分類されているが，アルカエフルクトゥス（*Archaefructus*）などの特徴については，まだ議論が続いている（「被子植物」の章を参照）．最近，もっと明白な被子植物が，冷琴とエルセ・M・フリースによって記載された．これについては「被子植物」の章で，熱河生物群の被子植物について論じる際に扱う．

（特にことわっていないかぎり，本章に載せた写真の化石は，遼寧省北票の黄半吉溝で，義県層下部の尖山溝層から採集された．撮影は李大建/CASによる．）

■237　エラトクラドゥス・レプトフィルルス（*Elatocladus leptophyllus*）．球果植物類．長さ 4.45 cm.

■ 238 ウィリアムソニア・ベルラ（*Williamsonia bella*）．ベネティテス類．長さ 10.1 cm．

■ 239 レヘザミテス・アニソロブス（*Rehezamites anisolobus*）．ベネティテス類の可能性あり．長さ 10.1 cm．

■ 240 ティルミア・アクロドンタ（*Tyrmia acrodonta*）．ベネティテス類．長さ 6.9 cm．

陸生植物 ● 149

■242 チャオヤンギア・リアンギイ（*Chaoyangia liangii*）. グネツム類. 長さ 0.85 cm.

■243 エレニア・ステノプテラ（*Erenia stenoptera*）. 分類位置不明の植物. 長さ 0.5 cm.（撮影：鄧東興 / NIGP）

■241 リアオシア・チェニイ（*Liaoxia chenii*）. グネツム類. 長さ 8.9 cm.（撮影：鄧東興 / NIGP）

150 ● 陸生植物

■244 ティファエラ・フシフォルミス (*Typhaera fusiformis*). 分類位置不明の植物. 長さ1.8 cm. （撮影：趙士偉/NIGP）

■246 リリテス・レヘエンシスの果枝. 分類位置不明の植物. 長さ4.5 cm. 先端に果実があり，葉は対生.

■245 リリテス・レヘエンシス (*Lilites reheensis*) の葉茎. 分類位置不明の植物. 長さ9.8 cm. 対生の抱茎葉と，湾曲した葉脈が見える.

■247 カルポリトゥス類 (*Carpolithus*). 分類位置不明の植物. 長さ0.6 cm. （撮影：鄧東興/NICP）

■248 アントリトゥス・オワトゥス（*Antholithus ovatus*）．分類位置不明の植物．長さ1.9 cm．

■249　アントリトゥス類（*Antholithus* sp.1）．分類位置不明の植物．長さ 3.1 cm．（撮影：鄧東興 /NIGP）

■250　アントリトゥス類（*Antholithus* sp.2）．分類位置不明の植物．長さ3.5 cm．（撮影：趙士偉/NIGP）

被子植物 angiosperms

冷琴，呉舜卿，エルセ・マリー・フリース（Qin Leng, Shun-qing Wu, Else Marie Friis）

　被子植物（花の咲く植物）は，現在，陸上におけるほとんどの環境で他の植物を圧倒し，陸生の一次生産量の大部分を占めている．被子植物はこれまでに存在した陸生植物のなかで，最も種の数が多いグループである．花の形態は驚くほど多様で，生育形も幅広く，微小なウキクサから，そびえ立つ高木まで見られる．また，砂漠から海岸沿いの湿地にいたるまで，陸上の生態系の大半に現れ，海洋に生息する種類も存在する．このように，現在の世界で優勢を誇っているが，陸生植物の歴史を振り返ると，被子植物が多様化した時期はかなり遅く，生態系のなかで優位を占めるようになったのは，白亜紀のあいだの比較的短い期間だった．植物が初めて陸に上がってから3億年以上もあとのことである．

　間違いなく被子植物といえる最古の化石は，イスラエル（Brenner, 1996）とイギリス南部（Hughes, 1994）のバランギニアン期-オーテリビアン期地層から見つかった花粉粒で，年代はおよそ1億3000万〜1億3500万年前である．このように白亜紀はじめの地層から被子植物が見つかることはめったにないが，初めて出現してから1000万〜1500万年後の，バレミアン期-アプチアン期までには，すでに幅広く定着していた．この頃には，裸子植物（ソテツ類，イチョウ類，シダ種子類，ベネティテス類，球果植物類）やシダ植物（ヒカゲノカズラ類，トクサ類，真正シダ類）に支配された中生代の古い植生から，現在の生態系への移行が，ずいぶん進んでいた．

　スモモ，茶，クルミ，ヒマワリ，イネ，その他，朝食用のシリアルになる作物は，私たちの日常生活に欠かせない，おなじみの被子植物である．最初期の被子植物は，現在の子孫と多くの特徴を共有しているが，違う部分もあった．どう違っていたかについては，まだ十分に解明されていない．被子植物の起源と初期の多様化に関する研究は百年以上にわたって熱心に進められてきたが，出現時期や古い被子植物の特徴，最も近縁な植物グループについてなど，多くの疑問が未解決のままである．これまでのところ，分子の研究から明らかな手がかりは得られておらず，被子植物の進化について，世界的に受け入れられる理論的モデルも存在しない．したがって，被子植物の進化を解明し，その系統関係を説明する様々な理論モデルを検証するうえで，化石記録の情報はきわめて重要である．

　このように植物は白亜紀に大きな変化をとげたが，熱河層群の堆積物は，この期間の早い段階で堆積した．これを糸口にして，白亜紀前期の植物相における変化や，新たな改良点を研究することができる．熱河層群の堆積層には，低エネルギーの湖沼系に生息していた，あるいは，閉じこめられた植物群が保存されている．化石化の前に移動した形跡はまったくないか，ほとんどない．一部の植物化石は，根，茎，葉と生殖器官が同一個体としてのつながりを保ったまま，丸ごと保存されており，明らかに水生の植物も含まれている．化石記録に植物全体が保存されることはきわめてまれで，世界中でも報告されている場所は数カ所しかない．水生植物の化石が丸ごと残っている例はもっと珍しい．なぜなら，水生植物はたいてい構造が非常に繊細で，化石になる可能性が低いからである．だからこそ，熱河植物群集は，よくわかっていない植物史の一部に光を当てる役目を果たす．植物が丸ごと保存され，全体の形態に関するすばらしい情報が得られるほどの堆積状態でも，熱河層の堆積物に含まれる植物化石は，化石化のごく初期の段階で急速に組織が腐敗したせいで，細胞レベルの構造がほとんど破壊されている（Leng and Yang, 2003）．おまけに，水生植物はかなり特殊化しているので，系統関係の推測が非常に難しい場合がある．

熱河層の被子植物研究史　　熱河層で初めて被子植物に分類された植物は，ポタモゲトン・ジェホレンシス（*Potamogeton jeholensis* Yabe et Endo）とポタモゲトン属かと思われる植物（*Potamogeton?* sp.）である．報告者は2人の日本人植物学者，矢部長克および遠藤誠道で，1935年のことだった〔訳注：矢部長克および遠藤誠道は古生物学者〕．しかし，被子植物の研究がさかんになったのは，それからおよそ60年後で，義県層産出の被子植物と見られる数種が記載されたのは最近である．一部の研究者は，義県層下部をジュ

ラ紀後期とする年代推定を採用していたため，これらの化石には，他の場所で発掘された被子植物より古い年代が与えられ，その結果，研究熱が高まったのは間違いない．今では，白亜紀前期の中頃という推定が広く認められているので（Zhou et al., 2003），他の地域から産出した初期の被子植物群と同年代におかれている．最近，被子植物と結びつけられた化石植物としては，以下のような例があげられる．チャオヤンギア・リアンギイ（*Chaoyangia liangii* Duan；Duan, 1997）．エラグロシテス・チャンギイ（*Eragrosites changii* Cao et Wu），リアオシア・チェニイ（*Liaoxia chenii* Cao et Wu），および「単子葉類の葉」（"Monocotyledon Leaf"）（Cao et al., 1998）．エレニア・ステノプテラ（*Erenia stenoptera* Krassilov），リリテス・レヘエンシス（*Lilites reheensis* Wu），オルキディテス・リネアリフォリウス（*Orchidites linearifolius* Wu），オルキディテス・ランキフォリウス（*O. lancifolius* Wu），トラパ属かと思われる植物（*Trapa*? sp.），およびティファエラ・フシフォルミス（*Typhaera fusiformis* Krassilov）（Wu, 1999）．アルカエフルクトゥス・リアオニンゲンシス（*Archaefructus liaoningensis* Sun, Dilcher, Zheng et Zhou；Sun et al., 1998），およびアルカエフルクトゥス・シネンシス（*A. sinensis* Sun, Dilcher, Ji et Nixon；Sun et al., 2002）．ベイピアオア・パルワ（*Beipiaoa parva* Dilcher, Sun et Zheng），ベイピアオア・ロトゥンダ（*B. rotunda* Dilcher, Sun et Zheng），およびベイピアオア・スピノサ（*B. spinosa* Dilcher, Sun et Zheng；Sun et al., 2001）．シノカルプス・デクッサトゥス（*Sinocarpus decussatus* Leng et Friis；Leng and Friis, 2003）．その他にも，真偽のほどは明らかではないが，被子植物と推定される植物が，きわめて断片的だったり保存状態が悪い資料をもとに記載されているが（たとえば，「不確定の被子植物」という名のもとに呉（Wu, 1999）によって記載された数種類の植物など），ここではこれ以上論じない．

化石化の前に急速に腐敗し，また，水生環境に適応して形態が特殊化した可能性もあるため，植物の形態や構造の解釈は容易ではない．そのため，これらの植物化石の多くについては，解釈や分類上の位置づけに関する疑問が生じている．チャオヤンギア・リアンギイ，エラグロシテス・チャンギイ，リアオシア・チェニイ，ポタモゲトン・ジェホレンシス（のちに三木（Miki, 1964）によって，ラヌンクルス・ジェホレンシス（*Ranunculus jeholensis*）として再定義された）は，遺存種の種子植物グループであるグネツム類のなかまに，明らかな類似性が見られる．また，これらのうち，エラグロシテス・チャンギイとリアオシア・チェニイの2種は，絶滅したエフェドリテス属（*Ephedrites*

■251　アルカエフルクトゥス・シネンシス（*Archaefructus sinensis*）．水生植物（保存されている主軸の長さは15 cm）．発掘地は遼寧省凌源の大王杖子（義県層の大王杖子層）（およそ1億2500万〜1億2200万年前）．左は生殖軸の拡大写真．（撮影：イヴォンヌ・アレモ/NRM）

に再分類された（Guo and Wu, 2000）．ポタモゲトン属かと思われる植物（*Potamogeton*? sp.）と，「単子葉類の葉」，リリテス，およびオルキディテス2種は，球果植物として再解釈された（Sun et al., 2000, 2001）が，この分類にもやはり疑問が残る（以下を参照）．アルカエフルクトゥスはもともと，複数の部分からなる両性の裸花として記載され，現存する被子植物すべての姉妹群であると結論づけられた（Sun et al., 1998, 2002）．しかし，この解釈にも疑問が投げかけられ，また別の解釈が出された（Friis et al., 2003）．周をはじめとする研究者たち（2003）は，アルカエフルクトゥスが他の種子植物ともっと近い関係にある可能性について論じている．以下の部分では，白亜紀前期の被子植物の構造や多様性を議論する際に，今も注目され続けている化石植物について，簡単に解説する．

アルカエフルクトゥス―沈水植物 アルカエフルクトゥスは，孫ら（1998）によって設けられた絶滅属である．最初の記載に含まれていたのは，アルカエフルクトゥス・リアオニンゲンシス1種のみで，もとになった情報は，生殖軸の断片にすぎなかった．のちに，もっと完全に近い標本が見つかり，2種目の，アルカエフルクトゥス・シネンシスが記載された（Sun et al., 2002）．アルカエフルクトゥスに分類される植物は，腋生分枝と，頂生で細長い生殖軸を特徴とす

■252 アルカエフルクトゥス・リアオニンゲンシス（*Archaefructus liaoningensis*）の花部（長さ約6.5 cm）．上に雌器，下に雄器がある．発掘地は遼寧省北票の黄半吉溝（義県層の尖山溝層）（およそ1億2500万年前）．（撮影：イヴォンヌ・アレモ/NRM）

る，小型の草本である（図251〜253）．一般的な習性と形態，とりわけ細かく分裂した葉は，アルカエフルクトゥスが水生植物であることを示している．生殖軸の上部には造卵（雌性）器官，下部には小胞子嚢（雄性）器官がある（図252）．造卵器官はしばしば対をなし，小胞子嚢器官は1〜4房の集まりを作る（図251，253）．アルカエフルクトゥスに被子植物としての決定的な特徴が存在するかどうかについては，十分な資料がなく，生殖上の特徴の多くはまだよく理解されていない．生殖器官の形態は，被子植物と同じように，造卵器官が心皮で，小胞子嚢器官が雄ずいだった可能性を示している．対をなしたり，かたまりを作って，軸上に配置されていることから，1つ1つの生殖軸は，最初に記載されたように1つの花からなるのではなく，数多くの花が側方に並んだ花序であると推測される（Friis et al., 2003）．花序内の個々の花はごくわずかの部分からできた単純な構造で，単性である．上部につく雌花には1〜2枚の心皮があり，下部につく雄花には1〜4本（たいていは2本もしくは3本）の雄ずいがある．花は裸花で，二次的に花被を失ったものと考えられる．この点は，沈水花という推測にもあっている．なぜなら，水中の花には，乾燥を防いだり，受粉媒介者を引きつけるための花被は必要ないからである．水中で花を咲かせるように特殊化した現生種の被子植物も，やはり単純で，花被がない構造の花を持つのがふつうである．植物の様々な位置に花序軸があること（図251，253）も，生殖軸の一部がゆるい形になっていること（図252）とあわせて，沈水花という解釈を裏づけている．

シノカルプス—高等な特徴を持つ被子植物

シノカルプス・デクッサトゥス（*Sinocarpus decussatus*）は，果序軸の断片化石（図254〜256）がたった1つ知られているだけである．この標本は結実段階の化石で，細長い茎に果実が対生している（図254，256）．果実を生じる花は子房上位花で，部分的につながった（3〜）4枚の心皮から構成される．化石は不完全で，ひどく押しつぶされているが，明らかに被子植物のものである．そのおもな根拠は，心皮が合着している点である．合着した心皮はふつう，被子植物のなかでは，より派生的な特徴と見なされ，真正双子葉類と呼ばれる「高等な」被子植物の大半がこの特徴を備えている．シノカルプスの分類上の位置はまだ確定していないが，化石は現生種の真正双子葉類に酷似しており，キンポウゲ科（Ranunculaceae）やツゲ科（Buxaceae），

■253　ほぼ完全なアルカエフルクトゥス・シネンシス標本（長さ13.4 cm）．発掘地は遼寧省凌源の大王杖子（義県層の大王杖子層）（およそ1億2500万〜1億2200万年前）．（撮影：イヴォンヌ・アレモ /NRM）

ミロタムヌス科（Myrothamnaceae）と同じように，被子植物の派生形質と，より原始的な形質をあわせ持つ．

被子植物の可能性があるその他の植物　熱河植物群には他にも被子植物と思われる植物が含まれるが，その類縁関係はまだはっきりしない．化石の多くが断片的だったり，生殖器官が欠けていたりするので，もっと多くの情報が集まるまで，ただ推測することしかできない．こうした不確定の被子植物の例としては，ポタモゲトン属かと思われる植物（*Potamogeton*? sp.）の栄養枝，「単子葉類の葉」，そしてオルキディテス属の2種（図257, 258）があげられる．これらはすべて，大きさや形，脈系のパターンや配置がたがいによく似た葉を持つので,同じ種類の可能性がある．どれも，細長く，散開した，平行脈系の葉で，全体の外観は，一部の単子葉植物や現生種の水生植物にも似ている．これらはみな球果植物に再分類され，リアオニンゴクラドゥス・ボイイ（*Liaoningocladus boii* Sun, Zheng et Mei ; Sun et al., 2001, 2000）という絶滅分類群に入れられた．とはいえ，球果植物との類縁関係を裏づける特徴は明確ではなく，リアオニンゴクラドゥスのものとして記載された気孔は，被子植物に特徴的

■254　シノカルプス・デクッサトゥス（長さ5 cm）．高等な特徴をもつ被子植物．発掘地は遼寧省凌源の大王杖子（義県層の大王杖子層）（およそ1億2500万〜1億2200万年前）．（撮影：イヴォンヌ・アレモ /NRM）

■255　図254の標本の拡大写真．心皮が部分的につながっている．（撮影：樊曉羿 /NIGP）

で球果植物には見られない，特殊な型（シンデト型，syndetocheilic）を示している．したがって，これらの化石は，最初の推測どおり，被子植物だった可能性があるが，系統関係については，まだこれから詳しく研究しなくてはならない．被子植物と推定されるリリテス・レヘエンシス（*Lilites reheensis*）も同様に，球果植物として再解釈され，ポドカルピテス・レヘエンシス（*Podocarpites reheensis*（Wu）Sun et Zheng；Sun et al., 2001）という名前があらためてつけられた．しかし，分類上の位置づけに関する十分な資料を集め，脈系のパターンや表皮の構造，生殖器官についてもっ

■256　シノカルプス・デクッサトゥスの復元図．（絵：冷琴，任玉皐/NIGP）

■258　オルキディテス・ランキフォリウス（*Orchidites lancifolius*）．不確定の被子植物（長さ 2.2 cm）．発掘地は遼寧省北票の黄半吉溝（義県層の尖山溝層）（およそ 1 億 2500 万年前）．（撮影：樊曉羿/NIGP）

■257　オルキディテス・リネアリフォリウス（*Orchidites linearifolius*）．不確定の被子植物（長さ 6.7 cm）．発掘地は遼寧省北票の黄半吉溝（義県層の尖山溝層）（およそ 1 億 2500 万年前）．（撮影：樊曉羿/NIGP）

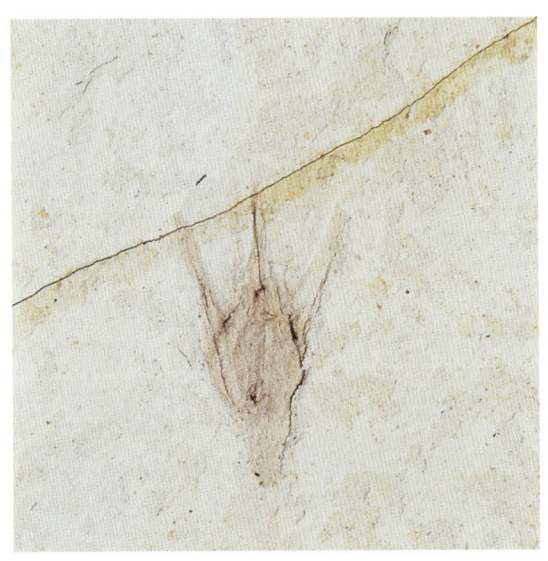

■259　ベイピアオア・スピノサ（*Beipiaoa spinosa*）の，トゲがある果実（種子）．不確定の被子植物（長さ 1 cm）．発掘地は遼寧省北票の黄半吉溝（義県層の尖山溝層）（およそ 1 億 2500 万年前）．（撮影：樊曉羿/NIGP）

と詳しく知る必要がある．

　義県層から見つかった化石のなかには，生殖器官だけのものもある．そのうち，トラパ属かと思われる植物（*Trapa*? sp.）やベイピアオア・パルワ，ベイピアオア・ロトゥンダ，ベイピアオア・スピノサなどには，しっかりとしたトゲがある（図259）．この特徴は現生種の水生被子植物の果実や種子によく見られるので，これらの器官も大昔の水生植物についていた可能性がある．だが，今はまだ，栄養構造と有機的なつながりを持った状態で発見されていないため，性質を完全に解明するまでにはいたっていない．

熱河層の被子植物と世界の他地域との関係　　熱河生物群で見つかる被子植物は比較的珍しく，他の地域で発掘されて記載された植物化石と異なっているが，それでも，広い意味では，他のバレミアン期–アプチアン期植物群の植物とかなり一致する．アルカエフルクトゥスのように，小型で単純で，少ない部分からなる単性花は，同時代のヨーロッパや北アメリカの植物相にもふつうに見られる．少なくともアフリカとヨーロッパ，北アメリカでは，この時期に真正双子葉類が確立している．被子植物史の早い段階で水生植物が存在したことも，他の地域から産出した化石をもとに推測されてきた．しかし，これまでのところ，水生環境にあわせた初期の特殊化を示す証拠が，植物丸ごとの形で見つかったのは，熱河生物群だけである．

胞子と花粉 spores and pollen

黎文本（Wen-ben Li）

胞子と花粉は植物の繁殖器官である．シダ植物類（pteridophytes）と，一部のもっと原始的な植物，たとえばコケ植物類，藻類，菌類などは，胞子を作り，それによって有性的・無性的に新しい世代の植物を生み出す．裸子植物と被子植物を含む種子植物（spermatophytes）は，花粉を作る．花粉（雄性の胞子）の精子は，雌性生殖器官である胚珠の卵と結びついて，種子を生じる．この種子の発芽によって，種子植物は繁殖する．胞子と花粉の研究は，花粉（胞子）学と呼ばれる．胞子と花粉はきわめて小さく，ふつうは200 μm以下の大きさだが，数は非常に多い．分解を防ぐ有機質の壁（エキシン）のおかげで，花粉や胞子は保存状態がよく，鉱物性の砕屑物とともに堆積物のなかで長期にわたって保存されている．堆積物から胞子や花粉を取り出すには，たいていの場合，胞子や花粉を含む岩石を，硝酸やフッ化水素酸にひたし，鉱物性の砕屑物から分離する．岩石の残留物から胞子や花粉を取り出したあとは，ゼリー状のグリセリンとあわせてスライドガラスにのせる．倍率が600〜1000倍の顕微鏡で観察すれば，種類を同定することができる．一般に，植物の分類群が異なれば，胞子や花粉の形態も異なり，エキシンの構造や装飾などに違いが見られる．花粉学の分類研究によって，植生や気候，環境をかなりのところまで再現し，植物が生息していた年代を推定することができる．

遼寧省西部，北票の尖山溝や黄半吉溝，義県の棗茨山，ハルチン左翼蒙古族自治県の孫家嶺，三官廟，谷家嶺における義県層の発掘では，胞子や花粉の化石が大量に得られ（図260〜268），40属に分類される約70種が確認された．こうした胞子－花粉群集の種は，ほとんどが中生代全体を通じてごくふつうに見られた種類である．たとえば，胞子では，コケ植物のステレイスポリテス・アンティクアスポリテス（*Stereisporites antiquasporites*），ヒカゲノカズラ類のリコポディウムスポリテス・アウストロクラワティディテス（*Lycopodiumsporites austroclavatidites*），レプトレピディテス・ウェルルコスス（*Leptolepidites verrucosus*），ネオライストリッキア・エクアリス（*Neoraistrickia equalis*），デンソイスポリテス・ミクロルグラトゥス（*Densoisporites microrugulatus*），真正シダ類のキアティディテス・ミノル（*Cyathidites minor*），オスムンダキディテス・ウェルマニイ（*Osmundacidites wellmanii*），クルキスポリテス・プセウドレティクラトゥス（*Klukisporites pseudoreticulatus*），バクラティスポリテス・コマウメンシス（*Baculatisporites comaumensis*）．花粉粒では，裸子植物のクラッソポルリス・アンヌラトゥス（*Classopollis annulatus*），ギンゴキカドフィトゥス・ニティドゥス（*Ginkgocycadophytus nitidus*），エフェドリピテス属の一種（*Ephedripites* sp.），カイトニポルレニテス・パルリドゥス（*Caytonipollenites*

■ 260 デンソイスポリテス・ミクロルグラトゥス（*Densoisporites microrugulatus*）．イワヒバ属の胞子．

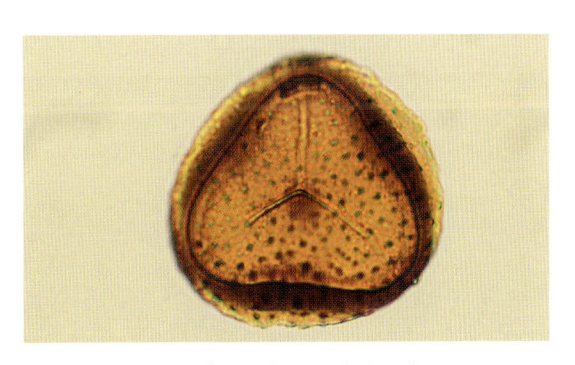

■ 261 テヌアングラスポリス・ミクロウェルルコスス（*Tenuangulasporis microverrucosus*）．イワヒバ属の可能性がある胞子．

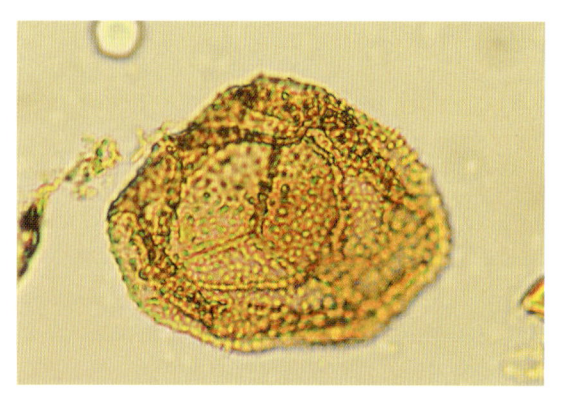

■262 オスムンダキディテス・ウェルマニイ（*Osmundacidites wellmanii*）．真正シダ類の胞子．

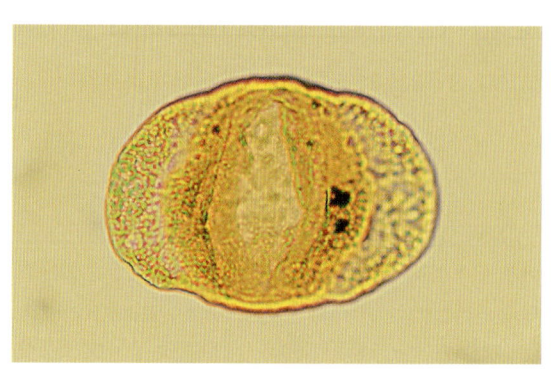

■265 ピヌスポルレニテス・ディウルガトゥス（*Pinuspollenites divulgatus*）．裸子植物の花粉．

■263 キカトリコシスポリテス・パシフィクス（*Cicatricosisporites pacificus*）．真正シダ類の胞子．

■266 ポドカルピディテス・オルナトゥス（*Podocarpidites ornatus*）．裸子植物の花粉．

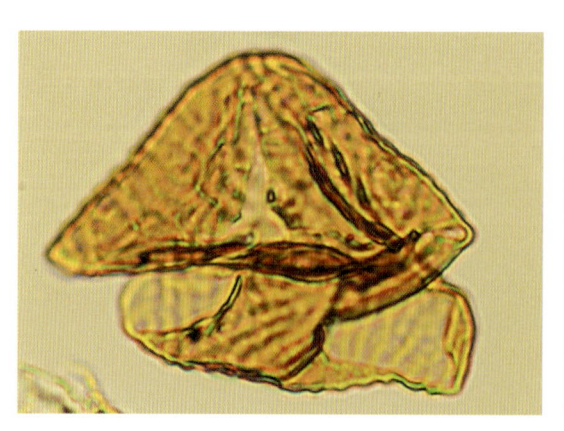

■264 スキザエオイスポリテス・ケルトゥス（*Schizaeoisporites certus*）．真正シダ類の胞子．

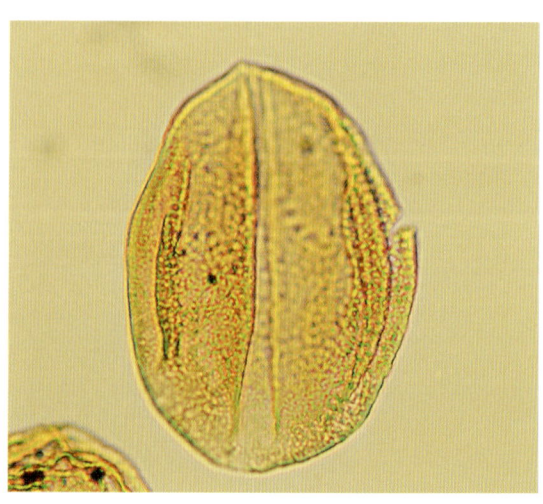

■267 プロトコニフェルス・フナリウス（*Protoconiferus funarius*）．裸子植物の花粉．

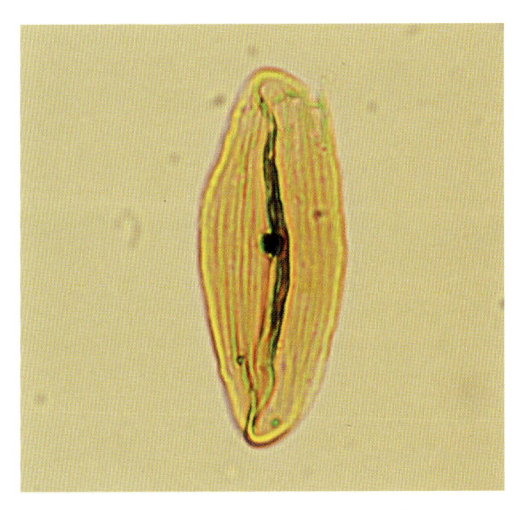

■268 ユゲルラ・クラリバクラタ（*Jugella claribaculata*）．裸子植物の花粉．

pallidus），ペリノポルレニテス・エラトイデス（*Perinopollenites elatoides*），ピヌスポルレニテス・ディウルガトゥス（*Pinuspollenites divulgatus*），アビエティネアエポルレニテス・ペクティネルルス（*Abietineaepollenites pectinellus*），ケドリピテス・プシルルス（*Cedripites pusillus*），ケドリピテス・ミクロサッコイデス（*C. microsaccoides*），ピケアエポルレニテス属の数種（*Piceaepollenites* spp.），アビエスポルレニテス属の数種（*Abiespollenites* spp.），ポドカルピディテス・ムルテシムス（*Podocarpidites multesimus*），ポドカルピディテス・オルナトゥス（*P. ornatus*），カルリアラスポリテス・ダンピエリ（*Callialasporites dampieri*），ビケストポルリス・ウラネンシス（*Bicestopollis wulanensis*），クアドラエクリナ・リンバタ（*Quadraeculina limbata*），プロトコニフェルス・フナリウス（*Protoconiferus funarius*），プロトピヌス属の一種（*Protopinus* sp.），プセウドピケア・ワリアビリフォルミス（*Pseudopicea variabiliformis*），プセウドピケア・ロトゥンディフォルミス（*P. rotundiformis*）が見つかっている．その他にも，白亜紀に出現する種として，次のような名前をあげることができる．カニクサ類（lygodiaceae）のキカトリコシスポリテス・アウストラリエンシス（*Cicatricosisporites australiensis*），キカトリコシスポリテス・パシフィクス（*C. pacificus*），スキザエオイスポリテス・ケルトゥス（*Schizaeoisporites certus*），イワヒバ類（selaginellales）のキクロクリステルラ・センティコサ（*Cyclocristella senticosa*），テヌアングラスポリス・キウチェンゲンシス（*Tenuangulasporis qiuchengensis*），テヌアングラスポリス・ミクロウェルルコスス（*T. microverrucosus*），裸子植物のユゲルラ・クラリバクラタ（*Jugella claribaculata*），ジアオヘポルリス・フレクスオスス（*Jiaohepollis flexuosus*），ジアオヘポルリス・アンヌラトゥス（*J. annulatus*）．

花粉学の研究によると，義県層が堆積した時期に，遼寧省西部の植生の中心をなしていたのは球果植物で，全植生の90％以上を占めていた．球果植物の森林の下層には，コケ植物やシダ植物，ソテツ類がまばらに育っていた．義県層では，被子植物の大型化石シノカルプス・デクッサトゥス（*Sinocarpus decussatus*）のほか，被子植物と思われる数種類の植物化石が，様々な層準で記録されている（「被子植物」の章を参照）．しかし，これまでのところ，間違いなく被子植物の花粉粒といえる化石は，義県層全体のどこからもまったく見つかっていない．キカトリコシスポリテスやスキザエオイスポリテス，テヌアングラスポリス，ジアオヘポルリスといった属がたまに現れるところから考えると，義県層の年代は，1億3500万～1億3100万年前の，白亜紀はじめ（ベリアシアン期）にちがいない〔訳注：この数値はオーテリビアン期に相当する．また義県層自体からの年代測定値はバレミアン期－アプチアン期を示す（図12, 16参照）〕．

乾生植物のケイロレピス類（cheirolepidiaceae）であるクラッソポルリスは，河北省北部の宣化や万全にある，ジュラ紀終わりの後城層で胞子－花粉群集の優位を占め，たいてい，含有量の15～91％に達している．これに対し義県層では，クラッソポルリスと，同じく乾燥に強いスキザエオイスポリテスやエフェドリピテスの出現率が低く，全体量の2％未満にすぎない．この事実は，河北省北部と遼寧省西部で，ジュラ紀後期の乾燥した気候から，白亜紀前期の比較的湿った気候への変化が起きていたことを示している．

（本章に載せた写真の標本はすべて，遼寧省ハルチン左翼蒙古族自治県，三官廟の義県層上部から発見された．撮影は黎文本/NIGPによる．）

参考文献

序説

Cao, Z.-y., Wu, S.-q., Zhang, P.-a., Li, J.-r., 1998. Discovery of fossil monocotyledons from Yixian Formation, western Liaoning. *Chinese Science Bulletin* (English edition), **43**: 230-233.

Chen, P.-j., Dong, Z.-m., Zhen, S.-n., 1998. An exceptionally well-preserved theropod dinosaur from the Yixian Formation of China. *Nature*, **391**: 147-152.

Duan, S.-y., 1998. The oldest angiosperm — a tricarpous female reproductive fossil from western Liaoning Province, NE China. *Science in China* (Series D, English edition), **41**: 14-20.

Endo, S., 1952. A record of *Sequoia* from the Jurassic of Manchuria. *Bot Gaz*, **113**: 228-230.

Grabau, A. W., 1923. Cretaceous mollusca from north China. *Bulletin of Geological Survey of China*, **5**(2): 183-197.

Grabau, A. W., 1928. *Stratigraphy of China. Part II: Mesozoic*. Peking: Geological Survey of China. 774pp.

Gu, Z.-w., 1962. *The Jurassic and Cretaceous of China*. Beijing: Science Press. 84pp. (In Chinese)

Guo, S.-x., Wu, X.-w., 2000. *Ephedrites* from latest Jurassic Yixian Formation in western Liaoning, Northeast China. *Acta Palaeontologica Sinica*, **39**(1): 81-91.

Hou, L.-h., Zhou, Z.-h., Martin, L. D., Feduccia, A., 1995. A beaked bird from the Jurassic of China. *Nature*, **377**: 616-618.

Krassilov, V. A., 1982. Early Cretaceous flora of Mongolia. *Palaeontographica/B*, **181**: 1-43.

Leng, Q., Friis, E. M., 2003. *Sinocarpus decussatus* gen. et sp. nov., a new angiosperm with basally synocarpous fruits from the Yixian Formation of Northeast China. *Plant Systematics and Evolution*, **241**(1-2): 77-88.

Lo, C.-h., Chen, P.-j., Tsou, T.-y., Sun, S.-s., Lee, C.-y., 1999. Age of *Sinosauropteryx* and *Confuciusornis* — ^{40}Ar/^{39}Ar laser single-grain and K-Ar dating of the Yixian Formation, NE China. *Geochimica*, **28**(4): 405-409. (In Chinese, with English abstract)

Miki, S., 1964. Mesozoic flora of *Lycoptera* beds in South Manchuria. *Bulletin of Mukogawa Women's University*, **12**: 13-22. (In Japanese, with English abstract)

Ostrom, J. H., 1973. The ancestry of birds. *Nature*, **242**: 136.

Sauvage, H. E., 1880. Sur un *Prolebias* (*Prolebias davidi*) des terrains tertiaires du nord de la China. *Bulletin of the Society of Geology of France*, Seris 3: 452-454. (In French)

Sun, G., Dilcher, D. L., Zheng, S.-l., Zhou, Z.-k., 1998. In search of the first flower: a Jurassic angiosperm, *Archaefructus*, from Northeast China. *Science*, **282**: 1692-1695.

Swisher III, C. C., Wang, X.-l., Zhou, Z.-h., Wang, Y.-q., Jin, F., Zhang, J.-y., Xu, X., Zhang, F.-c., Wang, Y., 2002. Further support for a Cretaceous age for the feathered-dinosaur beds of Liaoning, China: New ^{40}Ar/^{39}Ar dating of the Yixian and Tuchengzi Formations. *Chinese Science Bulletin* (English edition), **47**(2): 135-138.

Swisher III, C. C., Wang, Y.-q., Wang, X.-l., Xu, X., Wang, Y., 1999. Cretaceous age for the feathered dinosaurs of Liaoning, China. *Nature*, **400**: 58-61.

Woodward, A. S., 1895. *Catalogue of the Fossil Fishes in the British Museum* (*Natural History*). *Part III*. London: British Museum (Natural History). 23-48.

Yabe, H., Endo, S., 1935. *Potamogeton* remains from the Lower Cretaceous? *Lycoptera* bed of Jehol. *Proceedings of the Imperial Academy* (*of Japan*), Tokyo, No. 11: 274-276.

Zhou, Z.-y., Zheng, S.-l., 2003. The missing link in *Ginkgo* evolution. *Nature*, **423**: 821-823.

中生代のポンペイ

Eberth, D. A., Russull, D. A., Braman, D. R., Deino, A. L., 1993. The age of the dinosaur-bearing sediments at Tebch, Inner Mongolia, P. R. China. *Canadian Journal of Earth Sciences*, **30** (10-11): 2101-2106.

Jin, F., 1996. New advances in the late Mesozoic stratigraphic research of western Liaoning, China. *Vertebrata PalAsiatica*, **34** (2): 102-122. (In Chinese, with English abstract)

Niu, B.-g., He, Z.-j., Song, B., Ren, J.-s., 2003. SHRIMP Dating on the lava of the Zhangjiakou Formation and its implications. *Geological Bulletin of China*, **22**(2): 140-141. (In Chinese)

Ren, D., Gao, K.-q., Guo, Z.-g., Ji, S.-a., Tan, J.-j., Song, Z., 2002. Stratigraphic division of the Jurassic in the Daohugou area, Ningcheng, Inner Mongolia. *Geological Bulletin of China*, **21** (8-9): 584-588. (In Chinese, with English abstract)

Smith, P. E., Evensen, N. M., York, D., Chang, M.-m., Jin, F., Li, J.-l., Cumbaa, S., Russell, D., 1995. Dates and rates in ancient lakes: ^{40}Ar/^{39}Ar evidence for an Early Cretaceous age for the Jehol Group, Northeast China. *Canadian Journal of Earth Sciences*, **32** (9): 1426-1431.

Swisher III, C. C., Wang, Y.-q., Wang, X.-l., Xu, X., Wang, Y., 1999. Cretaceous age for the feathered dinosaurs of Liaoning, China. *Nature*, **400**: 58-61.

Swisher III, C. C., Wang, X.-l., Zhou, Z.-h., Wang, Y.-q., Jin, F., Zhang, J.-y., Xu, X., Zhang, F.-c., Wang, Y., 2002. Further support for a Cretaceous age for the feathered-dinosaur beds of Liaoning, China: New ^{40}Ar/^{39}Ar dating of the Yixian and Tuchengzi Formations. *Chinese Science Bulletin* (English edition), **47**(2): 135-138.

Unwin, D. M., Lü, J.-c., Bakhurina, N. N., 2000. On the systematic and stratigraphic significance of pterosaurs from the Lower Cretaceous Yixian Formation (Jehol Group) of Liaoning, China. *Mitteilungen Museum für Naturkunde Berlin, Geowissenschaftlichen*, Reihe **3**: 181-206.

Wang, S.-s., Wang, Y.-q., Hu, H.-g., Li, H.-m., 2001. The existing time of Sihetun vertebrate in western Liaoning, China — Evidence from U-Pb dating of zircon. *Chinese Science Bulletin* (English edition), **46**(9): 776-781.

Wang, S.-s., Hu, H.-g., Li, P.-x., Wang, Y.-q., 2001. Further discussion on the geologic age of Sihetun vertebrate assemblage in western Liaoning, China: evidence from Ar-Ar dating. *Acta Petrologica Sinica*, **17**(4): 663-668. (In Chinese, with English abstract)

Wang, X.-l., Wang, Y.-q., Zhang, F.-c., Zhang, J-y., Zhou, Z.-h., Jin, F., Hu, Y.-m., Gu, G., Zhang, H.-c., 2000. Vertebrate biostratigraphy of the Lower Cretaceous Yixian Formation in Lingyuan, western Liaoning and its neighboring southern Nei Mongol (Inner Mongolia), China. *Vertebrata PalAsiatica*, **38**(2): 81-99. (In Chinese, with English summary)

Wang, X.-l., Wang, Y.-q., Zhou, Z.-h., Jin, F., Zhang, J.-y., Zhang, F.-c., 2000. Vertebrate faunas and biostratigraphy of the Jehol Group in western Liaoning, China. *Vertebrata PalAsiatica*, **38** (supp.): 41-63.

Zhang, J.-f., 2002. Discovery of Daohugou Biota (pre-Jehol Biota) with a discussion on its geological age. *Journal of Stratigraphy*, **26**(3): 174-178. (In Chinese, with English abstract)

Zhou, Z.-h., Barrett, P. M., Hilton, J., 2003. An exceptionally preserved Lower Cretaceous ecosystem. *Nature*, **421**: 807-814.

腹足類 gastropods

Arkell, W. J., 1941. The Gastropods of the Purbeck Beds. *Quarterly Journal of the Geological Society of London*, **97**: 79-128.

Huckriede, R., 1967. Molluskenfaunen mit limnischen und brackischen Elementen aus Jura, Serpulit und Wealden NW-Deutschlands und ihre palaogeographische Bedeutung. *Beihefte zum Geologischen Jahrbuch*, **67**: 1-266. (In German)

Sharabati, D. P., 1981. *Saudi Arabian Seashells*. Netherland: Royal Smeets Offset. 113pp.

Yu, W., Wang, H.-j., Li, Z.-s., 1963. *Gastropod Fossils from China*. Beijing: Science Press. 347pp. (In Chinese)

Pan, H.-z., Zhu, X.-g., 1999. Fossil gastropods of the lower part of Yixian Formation from Sihetun area, western Liaoning, China. *Palaeoworld*, No. 11: 80-91. (In Chinese, with English summary)

二枚貝類 bivalves

Chen, J.-h., 1999. A study of nonmarine bivalve assemblage succession from the Jehol Group (U. Jurassic and L. Cretaceous). *Palaeoworld*, **11**: 92-107. (In Chinese, with English abstract)

Liu, B., Chen, F., Wang, W.-l., 1986. On the non-marine Juro-Cretaceous boundary in eastern Asia in the light of event stratigraphy. *Earth Science — Journal of Wuhan College of Geology*, **11**(5): 465-472. (In Chinese, with English abstract)

Ma, Q.-h., 1983. Some Cretaceous lamellibranchs from Shandong Province. *Acta Palaeontologica Sinica*, **22**(4): 669-676. (In Chinese, with English abstract)

Wang, P., 1987. Some new data of freshwater Pelecypoda in Rehe Fauna from northern Hebei Province. *Bulletin of Tianjin Institute of Geology and Mineral Resources*, No. 5: 125-131. (In Chinese, with English abstract)

Yu, X.-h., 1982. Freshwater Bivalvia (Mollusca) from Upper Jurassic Fuxin Formation, western Liaoning. Bulletin of *Shenyang Institute of Geology and Mineral Resources*, No. 4: 185-205. (In Chinese, with English abstract)

貝甲類 conchostracans

Chen, P.-j., 1999. Distribution and spread of the Jehol Biota. *Palaeoworld*, No. 11: 1-6. (In Chinese, with English abstract)

Chen, P.-j., 1999. Fossil conchostracans from the Yixian Formation of western Liaoning, China. *Palaeoworld*, No. 11: 114-130. (In Chinese, with English abstract)

Chen, P.-j., Hudson, J. D., 1991. The conchostracan fauna of the Great Estuarine Group, Middle Jurassic, Scotland. *Palaeontology*, **34**(3): 515-545.

Wang, W.-l., 1987. Mesozoic conchostracans from western Liaoning, China. In: Yu et al. (eds.), *Mesozoic Stratigraphy and Palaeontology of Western Liaoning, China*(3). Beijing: Geological Publishing House, 134-201.

Zhang, W.-t., Chen, P.-j., Shen, Y.-b., 1976. *Fossil Conchostraca of China*. Beijing: Science Press. 325pp. (In Chinese)

貝形虫類 ostracods

Anderson, F. W., 1985. Ostracod faunas in the Purbeck and Wealden of England. *Journal of Micropalaeontology*, **4**(2): 1-68.

Cao, M.-z., 1999. Nonmarine Ostracods of the lower part of the Yixian Formation in Sihetun area, western Liaoning, China. *Palaeoworld*, No. 11: 131-149. (In Chinese, with English abstract)

Horne, D. J., 1995. A revised ostracod biostratigraphy for the Purbeck-Wealden of England. *Cretaceous Research*, **16**: 639-663.

Hou, Y.-t., Gou, Y.-x., Chen, D.-q., 2002. *Fossil Ostracoda of China. Vol. 1. Superfamilies Cypridacea and Darwinulacea*. Beijing: Science Publishing House. 1090pp. (In Chinese, with English abstract)

Pang, Q.-q., Zhang, L.-x., Wang, Q., 1984. Ostracoda. In: Tianjin Institute of Geology and Mineral Resources (ed.), *Palaeontological Atlas of North China, III Micropalaeontological Volume*. Beijing: Geological Publishing House. 59-199. (In Chinese, with English Abstract)

Schudack, U., 1994. Revision, Dokumentation und Stratigraphie der Ostracoden des nordwestdeutschen Oberjura Und Unter-Berriasium. *Berliner Geowissenschaftliche Abhandlungen*, **E**(11): 1-193. (In German, with English summary)

Sinitsa, S. M., 1992. New ostracods from the Jurassic and Lower Cretaceous of East Transbaikalia. *Paleontological Journal*, 1992 (3): 20-33. (In Russian, with English abstract)

Yang, R.-q., 1981. The fossil ostracod assemblage from the Dabeigou Formation of the Luanping Group, northern Hebei and its chronological significance. In: Micropalaeontological Society of China (ed.), *Selected Papers from the 1st Convention of the Micropalaeontological Society of China*. Beijing: Science Publishing House. 76-84. (In Chinese)

Zhang, L.-j., 1985. Nonmarine ostracod faunas of late Mesozoic in W. Liaoning. In: Zhang, L.-j., Pu, R.-g., Wu, H.-z. (eds.), *Mesozoic Stratigraphy and Palaeontology of Western Liaoling*. Beijing: Geological Publishing House. 1-120. (In Chinese, with English abstract)

エビ類 shrimps

Albrecht, H., 1983. Die Protastacidae n. fam., fossile Vorfahren der Flusskrebse? *Neues Jahrbuch für Geologie und Palaontologie, Monatshefte*, H **1**: 5-15. (In German, with English abstract)

Gordon, I., 1957. On *Spelaeogriphus*, a new cavernicolous crustacean from South Africa. *Bulletin of British Museum of Natural History* (Zoology), **5**: 31-47.

Hobbs Jr., H. H., 1974. Synopsis of the families and genera of the crayfishes (Crustacea: Decapoda). *Smithsonian Contributions to Zoology*, **164**: 1-32.

Hobbs Jr., H. H., 1989. An illustrated checklist of the American crayfishes (Decapoda: Astacidae, Cambaridae, and Parastacidae). *Smithsonian Contributions to Zoology*, **480**: 1-236.

Imaizumi, R., 1938. Fossil crayfishes from Jehol. *Science Reports of the Tohuku Imperial University* (Series 2 Geology), **19**: 173-178.

Pires, A. M. S., 1987. *Potiicoara brasilensis*: a new genus and species of Spelaeogriphacea (Crustacea: Peracarida) from Brazil with a phylogenetic analysis of the Peracarida. *Journal of Natural History*, **21**: 225-238.

Poore, G. C. B., Humphreys, W. F., 1998. First record of Speleogriphacea from Australia: a new genus and species from an aquifer in arid Pilbara of western Australia. *Crustaceana*, **71** (7): 721-742.

Scholtz, G., 1998. Von Zellen und Kontinenten — die Evolution der Flusskrebse (Decapoda, Astacida). *Zugleich Kataloge des OÖ. Landesmuseums*, Neue Folge Nr, **137**: 205-212. (In German, with English astract)

Schram, F. R. Shen, Y.-b., 2000. An unusual specimen of fossil crayfish molt. *Acta Palaeontologica Sinica*, **39**(3): 416-418.

Shen, Y.-b., Schram, F. R., Taylor, R. S., 1999. *Liaoningogriphus quadripartitus* (Malacostraca: Spelaeogriphacea) from the Jehol Biota and notes on its Paleoecology. *Palaeoworld*, No. 11: 175-187. (In Chinese, with English summary)

Shen, Y.-b., Schram, F. R., Taylor, R. S., 2001. Morphological variation in fossil crayfish of the Jehol Biota, Liaoning, Province, China and its taxonomic discrimination. *Chinese Science Bulletin* (English edition), **46**(1): 26-33.

Shen, Y.-b., Taylor, R. S., Schram, F. R., 1998. A new spelaeogriphacean (Crustacea: Peracarida) from the Upper Jurassic of China. *Contributions to Zoology*, **68**(1): 19-35.

Taylor, R. S., Schram, F. R., Shen, Y.-b., 1999. A new crayfish Family (Decapoda: Astacida) from the Upper Jurassic of China, with a reinterpretation of other Chinese crayfish taxa. *Paleontological Research*, **3**(2): 121-136.

van Straelen, V., 1928. On fossil freshwater crayfish from eastern Mongolia. *Bulletin of the Geological Society of China*, **7**: 133-138.

昆虫類とクモ類 insects and spiders

Lin, Q.-b., 1976. The Jurassic fossil insects from western Liaoning. *Acta Palaeontologica Sinica*, **15**(1): 97-118. (In Chinese, with English abstract)

Ren, D., 1997. Studies on Late Jurassic scorpion-flies from Northeast China (Mecoptera: Bittacidae, Orthophlebiidae). *Acta Zootaxonomica Sinica*, **22**(1): 75-85.

Ren, D., 1997. Studies on the late Mesozoic snake-flies of China (Raphidioptera: Baissopteridae, Mesoraphidiidae, Alloraphidiidae). *Acta Zootaxonomica Sinica*, **22**(2): 172-188. (In Chinese, with English abstract)

Ren, D., 1998. Flower-associated Brachycera flies as fossil evidences for Jurassic angiosperm origins. *Science*, **280**: 85-88.

Ren, D., Lu, L.-w., Guo., Z.-g., Ji, S.-a., 1995. *Faunae and Stratigraphy of Jurassic-Cretaceous in Beijing and the Adjacent Areas*. Beijing: Seismological Press. 222pp. (In Chinese, with English summary).

Zhang, H.-c., Rasnitsyn, A. P., 2003. Some ichneumonids (Insecta, Hymenoptera, Ichneumonoidea) from the Upper Mesozoic of China and Mongolia. *Cretaceous Research*, **24**(2): 193-202.

Zhang, H.-c., Rasnitsyn, A. P., Zhang, J.-f., 2002. Two ephialtitid wasps (Insecta, Hymenoptera, Ephialtitoidea) from the Yixian Formation of western Liaoning, China. *Cretaceous Research*, **23**(3): 401-407.

Zhang, H.-c., Rasnitsyn, A. P., Zhang, J.-f., 2002. The oldest known scoliid wasps (Insecta: Hymenoptera, Scoliidae) from the Jehol Biota of western Liaoning, China. *Cretaceous Research*, **23**(1): 77-86.

Zhang, H.-c., Rasnitsyn, A. P., Zhang, J.-f., 2002. Pelecinid wasps (Insecta: Hymenoptera: Proctotrupoidea) from the Yixian Formation of western Liaoning, China. *Cretaceous Research*, **23** (1): 87-98.

Zhang, J.-f., 1999. Aeschnidiid nymphs from the Jehol Biota (latest Jurassic-Early Cretaceous), with a discussion of the family Aeschnidiidae (Insecta, Odonata). *Cretaceous Research*, **20**(6): 813-827.

Zhang, J.-f., 2000. The discovery of aeschnidiid nymphs (Aeschnidiidae, Odonata, Insecta). *Chinese Science Bulletin*, **45** (11): 1031-1038.

Zhang, J.-f., Zhang, H.-c., 2001. New findings of larval and adult aeschnidiids (Insecta: Odonata) in the Yixian Formation, Liaoning Province, China. *Cretaceous Research*, **22**(4): 443-450.

魚類 fishes

Bai, Y.-j., 1983. A new *Peipiaosteus* from Fengning of Hebei, China. *Vertebrata PalAsiatica*, **21**(4): 341-346. (In Chinese, with English abstract)

Chang, M.-m., Chou, C.-c., 1977. On late Mesozoic fossil fishes from Zhejiang Province, China. *Memoirs of Institute of Vertebrate Palaeontology and Palaeoanthropology, Academia Sinica*, **12**: 1-59. (In Chinese, with English abstract)

Cockerell, T. D. A., 1925. The affinities of fish *Lycoptera middendorffi*. *Bulletin of the American Museum of Natural History*, **51**(8): 313-324.

Greenwood, P. H., 1970. On the genus *Lycoptera* and its relationships with the family Hiodontidae (Pisces, Osteoglossomorpha). *Bulletin of the British Museum (Natural History), Zoology*, **19**: 259-285.

Jin, F., Tian, Y.-p., Yang, Y.-s., Deng, S.-y., 1995. An early fossil sturgeon (Acipenseriformes, Peipiaosteidae) from Fengning of Hebei, China, *Vertebrata PalAsiatica*, **33**(1): 1-16. (In Chinese, with English abstract)

Liu, H.-t., Su, T.-t., Huang, W.-l., Chang, K.-j., 1963. Lycopterid fishes from North China. *Memoirs of Institute of Vertebrate Palaeontology and Palaeoanthropology, Academia Sinica*, **6**: 1-53. (In Chinese, with English abstract)

Liu, H.-t., Zhou, J.-j., 1965. A new sturgeon from the upper Jurassic of Liaoning, North China. *Vertebrata PalAsiatica*, **9** (3): 237-247. (In Chinese, with English abstract)

Liu, Z.-c., 1982. A new liptolepid fish from North China. *Vertebrata PalAsiatica*, **20**(3): 187-195. (In Chinese, with English abstract)

Lu, L.-w., 1994. A new paddlefish from the Upper Jurassic of Northeast China. *Vertebrata PalAsiatica*, **32**(2): 134-142. (In Chinese, with English abstract)

Ma, F.-z., Sun, J.-r., 1988. Jura-Cretaceous ichthyofaunas from Sankeyushu section of Tonghua, Jilin. *Acta Palaeontology Sinica*, **27**(6): 694-712. (In Chinese, with English abstract)

Saito, K., 1936. Mesozoic leptolepid fishes from Jehol and Chientao, Manchuria. *Report of the first Scientific Expedition to Manchoukuo*, Section 2, pt 3: 1-23.

Sauvage, H. E., 1880. Sur un *Prolebias* (*Prolebias davidi*) des terrains tertiaires du nord de la China. *Bulletin de la Société Géologique de France*, Ser 3: 452-454. (In French)

Stensiö, E. A., 1935. *Sinamia zdanskyi*, a new amiid from the Lower Cretaceous of Shantung, China. *Palaeontologica Sinica*, Ser C, **3** (1): 1-48.

Takai, F. A., 1943. Monograph on the lycopterid fishes from the Mesozoic of eastern Asia. *Journal of the Faculty of Science, Imperial University of Tokyo*, Section II (Geology, Mineralogy, Geography, Seismology), Section 6: 207-270.

Yakovlev, V. N., 1965. Systematics of the family Lycopteridae. *Paleontologicheskiy Zhurnal*, No. 2: 80-92. (In Russian)

両生類 amphibians

Dong, Z.-m., Wang, Y., 1998. A new urodele (*Liaoxitriton zhongjiani* gen. et sp. nov.) from the Early Cretaceous of western Liaoning Province, China. *Vertebrata PalAsiatica*, **36**(2): 159-172. (In Chinese, with English summary)

Duellman, W. E., Trueb, L., 1986. *Biology of Amphibians*. Baltimore and London: Johns Hopkins University Press. 670pp.

Frost, D. R., 2002. *Amphibian Species of the World: an online reference*. V2.21 (15 July 2002). Electronic database available at http://research.amnh.org/herpetology/amphibia/index.html.

Gao, K.-q., Cheng, Z.-w., Xu, X., 1998. First report on the Mesozoic urodele fossils from China. *Chinese Geology*, 1998(1): 40-41. (In Chinese)

Gao, K.-q., Shubin, N. H., 2001. Late Jurassic salamanders from northern China. *Nature*, **410**: 574-577.

Gao, K.-q., Shubin, N. H., 2003. Earliest known crown-group salamanders. *Nature*, **422**: 424-428.

Gao, K.-q., Wang, Y., 2001. Mesozoic anurans from Liaoning Province, China, and phylogenetic relationships of archaeobatrachian anuran clades. *Journal of Vertebrate Paleontology*, **21**(3): 460-476.

Ji, S.-a., Ji, Q., 1998. The first Mesozoic fossil frog from China (Amphibia: Anura). *Chinese Geology*, 1998(3): 39-42. (In Chinese, with English abstract)

Sanchiz, B., 1998. Salientia. In: Wellnhofer, P. (ed.), *Handbuch der Paläoherpetologie, Teil 4*. München: Verlag Dr. Friedrich Pfeil. 1-275.

Wang, Y., Gao, K.-q., Xu, X., 2000. Early evolution of discoglossid frogs: new evidence from the Mesozoic of China. *Naturwissenschaften*, **87**(9): 417-420.

Wang, Y., Gao, K.-q., 1999. Earliest Asian discoglossid frog from western Liaoning. *Chinese Science Bulletin* (English edition), **44**(7): 636-642.

Wang, Y., 2000. A new salamander (Amphibia: Caudata) from the Early Cretaceous Jehol Biota. *Vertebrata PalAsiatica*, **38**(2): 100-103. (In Chinese, with English abstract)

Wang, Y., 2001. Advance in the study of Mesozoic lissamphibians from China. In: Deng, T., Wang, Y. (eds.), *Proceedings of the Eighth Annual Meeting of the Chinese Society of Vertebrate Paleontology*. Beijing: China Ocean Press. 9-19.

Wang, Y., 2002. *Fossil Lissamphibians from the Jehol Group and Phylogenetic Study of Basal Anurans*. Unpublished Ph. D. Dissertation, Graduate School of the Chinese Academy of Sciences. 153pp. (In Chinese, with English summary)

Zhao, E.-m., Adler, K., 1993. *Herpetology of China*. St. Louis: Society for the Study of Amphibians and Reptiles. 522pp.

カメ類 turtles

Carroll, R. L., 1988. *Vertebrate Paleontology and Evolution*. New York: W H Freeman and Company. 698pp.

Endo, R., Shikama, T., 1942. Mesozoic reptilian fauna in the Jehol mountainland, Manchoukuo. *Bulletin of the National Central Museum of Manchoukuo*, No. 3: 1-20.

Gaffney, E. S., 1996. Unique among vertebrates. *Natural History*, **105**(6): 38-39.

Ji, S.-a., 1995. Part 3. Reptiles. In: Ren, D., Lu, L.-w., Guo, Z.-g., Ji, S.-a. (eds.), *Faunae and Stratigraphy of Jurassic-Cretaceous in Beijing and the Adjacent Areas*. Beijing: Seismological Press. 140-146.

Li, J.-l., Liu, J., 1999. The skull of *Manchurochelys liaoxiensis* (Testudines: Sinemydidae) from the Yixian Formation of Beipiao, Liaoning and phylogenetic position of this taxon. *Palaeoworld*, No. 11: 281-295.

Ma, S.-l., 1986. Mesozoic turtle fossil from Donghai coalmine, Jixi, Heilongjiang Province. *Museum Research*, 1986(2): 109-112. (In Chinese)

Romer, A. S., 1945. *Vertebrate Paleontology*. Chicago, Illinois: University of Chicago Press. 687pp.

コリストデラ類 choristoderes

Brinkman, D. B., Dong, Z.-m., 1993. New material of *Ikechosaurus sunailinae* (Reptilia: Choristodera) from the Early Cretaceous Laohongdong Formation, Ordos Basin, Inner Mongolia, and the interrelationships of the genus. *Canadian Journal of Earth Sciences*, **30**(10/11): 2153-2162.

Carroll, R. L., 1988. *Vertebrate Paleontology and Evolution*. New York: W H Freeman and Company. 698pp.

Carroll, R. L., Currie, P. J., 1991. The early radiation of diapsid reptiles. In: Schultze, H. P., Trueb, L. (eds.), *Origins of the Higher Groups of Tetrapods*. Ithaca and London: Comstock Publishing Associates. 354-424.

Endo, R., 1940. A new genus of Thecodontia from the *Lycoptera* beds in Manchoukuo. *Bulletin of the National Central Museum of Manchoukuo*, No. 2: 1-14.

Evans, S. E., 1988. The early history and relationships of the Diapsida. In: Benton, M. J. (ed.), *The Phylogeny and Classification of the Tetrapods, Volume 1: Amphibians, Reptiles, Birds*. Systematics Association Special, Vol. **35A**. Oxford: Clarendon Press. 221-260.

Gao, K.-q., Evans, S. E., Ji, Q., Norell, M., Ji, S.-a., 2000. Exceptional fossil material of a semi-aquatic reptile from China: the resolution of an enigma. *Journal of Vertebrate Paleontology*, **20**(3): 417-421.

Gao, K.-q., Fox, R. C., 1998. New choristoderes (Reptilia: Diapsida) from the Upper Cretaceous and Paleocene, Alberta and Saskatchewan, Canada, and phylogenetic relationship of Choristodera. *Zoological Journal of Linnean Society*, **124**: 1-51.

Gao, K.-q., Tang, Z.-l., Wang, W.-l., 1999. A long-necked diapsid reptile from the Upper Jurassic/Lower Cretaceous of Liaoning Province, northeastern China. *Vertebratea PalAsiatica*, **37**(1): 1-8.

Huene, F. F. v., 1942. Ein Rhynchocephale aus mandschurischem Jura. *Neues Jahrbuch für Mineralogie, Geologie und Palaontologie, Abhaandlungen B*, **87**: 244-252.

Lü, J.-c., Kobayashi, Y., Li, Z.-g., 1999. A new species of *Ikechosaurus* (Reptilia: Choristodera) from the Jiufotang Formation (Early Cretaceous) of Chifeng City, Inner Mongolia. *Bulletin de l'Institut Royal des Sciences Naturelles de Belgique, Sciences de la Terre*, **69** (supp. B): 37-47.

Sigogneau-Russell, D., 1981. Présence d'un nouveau Champsosauride dans le Crétacé supérieur de Chine. *Comptes

Rendus Académie des Sciences, Paris, **292**: 1-4.

有鱗類 squamates

Endo, R., Shikama, T., 1942. Mesozoic reptilian fauna in the Jehol mountainland, Manchoukuo, *Bulletin of the National Central Museum of Manchoukuo,* No. 3: 1-20.

Hoffstetter, R., 1964. Les Sauria du Jurassique superieur et specialment les Gekkota de Baviere et de Mandchourie. *Senckenbergiana Biologica,* **45**: 281-324.

Ji, S.-a., 1998. A new long-tailed lizard from Upper Jurassic of Liaoning, China. In: Department of Geology, Peking University (ed.), *Collected Works of International Symposium on Geological Science Held at Peking University, Beijing, China*. Beijing: Seismological Press. 496-505.

Ji, S.-a., 2001. A new fossil material of *Yabeinosaurus tenuis. Land & Resources,* No. 3: 41-43. (In Chinese)

Ji, S.-a., Ren, D., 1999. First record of lizard skin fossil from China with description of a new genus (Lacertilia: Scincomorpha). *Acta Zootaxonamica Sinica,* **24**(1) : 114-120.

Sun, A.-l., Li, J.-l., Ye, X.-k., Dong, Z.-m., Hou, L.-h., 1992. *The Chinese Fossil Reptiles and Their Kins.* Beijing: Science Press. 260pp.

Young, C.-c., 1958. On a new locality of *Yabeinosaurus tenuis* Endo and Shikama. *Vertebrata PalAsiatica,* **2**(2-3) : 151-156. (In Chinese and English)

翼竜類 pterosaurs

Campos, D. A., Kellner, A. W. A., 1997. Short note on the first occurrence of Tapejaridae in the Crato Member (Aptian), Santana Formation, Araripe Basin, Northeast Brazil. *Anais da Academia Brasileira de Ciências,* **69**(1): 83-87.

Ji, S.-a., Ji, Q., 1997. Discovery of a new pterosaur in western Liaoning, China. *Acta Geologica Sinica,* **71**(1): 1-6. (In Chinese, with English abstract)

Ji, S.-a., Ji, Q., 1998. A new fossil pterosaur (Rhamphorhynchoidea) from Liaoning. *Jiangsu Geology,* **22** (4): 199-206. (In Chinese, with English abstract)

Ji, S.-a., Ji, Q., Padian, K., 1999. Biostratigraphy of new pterosaurs from China. *Nature,* **398**: 573-574.

Kellner, A. W. A., 1989. A new edentate pterosaur of the Lower Cretaceous from the Araripe Basin, northeastern Brazil. *Anais da Academia Brasileira de Ciências,* **1**(4): 439-446.

Kellner, A. W. A., Campos, D. A., 1988. Sobre um novo pterossauro com crista sagital da Bacia do Araripe Cretáceo Inferior do Nordeste do Brasil. *Anais da Academia Brasileira de Ciências,* **60**(4): 459-469.

Kellner, A. W. A., Tomida, Y., 2000. Description of a new species of Anhangueridae (Pterodactyloidea) : with comments on the pterosaur fauna from the Santana Formation (Aptian-Albian), northeastern Brazil. *National Science Museum Monographs, Tokyo,* **17**: 1-135.

Sharov, A. G., 1971. New flying reptiles from the Mesozoic of Kazakhstan and Kirghizia. *Transaction Paleontological Institute,* **130**: 104-113.

Unwin, D. M., Bakhurina, N. N., 1994. *Sordes pilosus* and the nature of the pterosaur flight apparatus. *Nature,* **371**: 62-64.

Unwin, D. M., Lü, J.-c., Bakhurina, N. N., 2000. On the systematic and stratigraphic significance of pterosaurs from the Lower Cretaceous Yixian Formation (Jehol Group) of Liaoning, China. *Mitteilungen Museum für Naturkunde Berlin, Geowissenschaftlichen,* Reihe **3**: 181-206.

Wang, X.-l., Lü, J.-c., 2001. Discovery of a pterodactylid pterosaur from the Yixian Formation of western Liaoning, China. *Chinese Science Bulletin* (English edition), **46**(13): 1112-1117.

Wang, X.-l., Zhou, Z.-h., 2003. A new pterosaur (Pterodactyloidea: Tapejaridae) from the Early Cretaceous Jiufotang Formation of western Liaoning and its implications for biostratigraphy. *Chinese Science Bulletin* (English edition), **48**(1): 16-23.

Wang, X.-l., Zhou, Z.-h., 2003. Two new pterodactyloid pterosaurs from the Early Cretaceous Jiufotang Formation of western Liaoning, China. *Vertebrata PalAsiatica,* **41**(1): 34-41.

Wang, X.-l., Zhou, Z.-h., Zhang, F.-c., Xu, X., 2002. A nearly completely articulated rhamphorhynchoid pterosaur with exceptionally well-preserved wing membranes and "hairs" from Inner Mongolia, northeast China. *Chinese Science Bulletin* (English edition), **47**(3): 226-230.

Wellnhofer, P., 1978. *Handbuch der Paläoherpetologie. Teil 19, Pterosauria.* Stuttgart: Gustav Fischer Verlag. 82pp.

Wellnhofer, P., 1991a. *The Illustrated Encyclopedia of Pterosaurs.* New York: Crescent Books. 192pp.

Wellnhofer, P., 1991b. The Santana Formation Pterosaurs. In: Maisey, J. G. (ed.), *Santana Fossils: An Illustrated Atlas.* New Jersey : T. F. H. Publications. 351-370.

Wellnhofer, P., Kellner, A. W. A., 1991. The skull of *Tapejara wellnhoferi* Kellner (Reptilia, Pterosauria) from the Lower Cretaceous Santana Formation of the Araripe Basin, northeastern Brazil. *Mitteilungen der Bayerischen Staatssammlung für Paläontologie und historische Geologie,* **31**: 89-106.

恐竜 dinosaurs

Chen, P.-j., Dong, Z.-m., Zhen, S.-n., 1998. An exceptionally well-preserved theropod dinosaur from the Yixian Formation of China. *Nature,* **391**: 147-152.

Ji, Q., Currie, P. J., Norell, M. A., Ji, S.-a., 1998. Two feathered dinosaurs from northeastern China. *Nature,* **393**: 753-761.

Sereno, P. C., Chao, S.-c., Cheng, Z.-w., Rao, C.-g., 1988. *Psittacosaurus meileyingensis* (Ornithischia: Ceratopsia), a new psittacosaur from the Lower Cretaceous of northeastem China. *Journal of Vertebrate Paleontology,* **8**: 366-377.

Wang, X.-l., Xu, X., 2001. A new iguanodontid (*Jinzhousaurus yangi* gen. et sp. nov.) from the Yixian Formation of western Liaoning, China. *Chinese Science Bulletin* (English edition), **46**(19): 1169-1172.

Xu, X., Cheng, Y.-n., Wang, X.-l., Chang, C.-h., 2002. An unusual oviraptorosaurian dinosaur from China. *Nature,* **419**: 291-293.

Xu, X., Makovicky, P. J., Wang, X.-l., Norell, M. A., You, H.-l., 2002. A ceratopsian dinosaur from China and the early evolution of Ceratopsia. *Nature,* **416**: 314-317.

Xu, X., Norell, M. A., Wang, X.-l., Makovicky, P. J., Wu, W.-c., 2002. A basal troodontid from the Early Cretaceous of China. *Nature,* **415**: 780-784.

Xu, X., Tang, Z.-l., Wang, X.-l., 1999. A therizinosaurid dinosaur with integumentary structures from China. *Nature,* **399**: 350-354.

Xu, X., Wang, X.-l., 1998. New psittacosaur (Ornithischia, Ceratopsia) occurrence from the Yixian formation of Liaoning, China and its stratigraphical significance. *Vertebrata PalAsiatica,* **36**(2): 147-158. (In Chinese, with English summary)

Xu, X., Wang, X.-l., 2003. A new maniraptoran dinosaur from the Early Cretaceous Yixian Formation of western Liaoning. *Vertebrata PalAsiatica*, **41**(3): 195-202.

Xu, X., Wang, X.-l., Wu, X.-c., 1999. A dromaeosaurid dinosaur with a filamentous integument from the Yixian Formation of China. *Nature*, **401**: 262-266.

Xu, X., Wang, X.-l., You, H.-l., 2000. A primitive ornithopod from the Yixian Formation of China. *Vertebrata PalAsiatica*, **38**(4): 318-325.

Xu, X., Wang, X.-l., You, H.-l., 2001. A juvenile ankylosaur from China. *Naturwissenschaften*, **88**: 297-300.

Xu, X., Zhou., Z.-h., Prum, R., 2001. Branched integumental structures in Sinornithosaurus and the origin of feathers. *Nature*, **410**: 200-204.

Xu, X., Zhou, Z.-h., Wang, X.-l., 2000. The smallest known non-avian theropod dinosaur, *Nature*, **408**: 705-708.

Xu, X., Zhou, Z.-h., Wang, X.-l., Kuang, X.-w., Zhang, F.-c., 2003. Four-winged dinosaurs from China. *Nature*, **421**: 335-340.

You, H.-l., Xu, X., Wang, X.-l., 2003. A new genus of Psittacosauridae (Dinosauria: Ornithopoda) and the origin and early evoloution of marginocephalian dinosaurs. *Acta Geologica Sinica* (English edition), **77**(1): 15-20.

Zhang, F.-c., Zhou, Z.-h., Xu, X., Wang, X.-l., 2002. A juvenile coelurosaurian theropod from China indicates arboreal habits. *Naturwissenschaften*, **89**: 394-398.

Zhou, Z.-h., Wang, X.-l., 2000. A new species of *Candipteryx* from the Yixian Formation of Liaoning, Northeast China. *Vertebrata PalAsiatica*, **38**(2): 111-127.

鸟类 birds

Hou, L.-h., Chen, P.-j., 1999. *Liaoxiornis delicatus gen.* et sp. nov., the smallest Mesozoic bird. *Chinese Science Bulletin* (English edition), **44**(9): 834-838.

Hou, L.-h., Martin, L. D., Zhou, Z.-h., Feduccia, A., 1996. Early adaptation of birds — evidence from fossils from Northeastern China. *Science*, **27**: 1164-1167.

Hou, L.-h., Martin, L. D., Zhou, Z.-h., Feduccia, A., 1999. *Archaeopteryx* to opposite birds — missing link from the Mesozoic of China. *Vertebrata PalAsiatica*, **37**(2): 88-95.

Hou, L.-h., Martin, L. D., Zhou, Z.-h., Feduccia, A., Zhang, F.-c., 1999. A diapsid skull in a new species of the primitive bird *Confuciusornis*. *Nature*, **399**: 679-682.

Hou, L.-h., Zhou, Z.-h., Martin, L. D., Feduccia, A., 1995. A beaked bird from the Jurassic of China. *Nature*, **377**: 616-618.

Martin, L. D., Zhou, Z.-h., Hou, L.-h., Feduccia, A., 1998. *Confuciusornis sanctus* compared to *Archaeopteryx lithographica*. *Naturwissenschaften*, **85**: 286-289.

Martin, L. D., Zhou, Z.-h., 1997. *Archaeopteryx*-like skull in enantiornithine bird. *Nature*, **389**: 556.

Zhang, F.-c., Zhou, Z.-h., 2000. A primitive enantiornithine bird and the origin of feathers. *Science*, **290**: 1955-1959.

Zhang, F.-c., Zhou, Z.-h., Hou, L.-h., Gu, G., 2001. Early diversification of birds: Evidence from a new opposite bird. *Chinese Science Bulletin* (English edition), **46**(11): 945-949.

Zhang, F.-c., Zhou, Z.-h., Xu, X., Wang, X.-l., 2002. A juvenile coelurosaurian theropod from China indicates arboreal habits. *Naturwissenschaften*, **89**(9): 394-398.

Zhou, Z.-h., 1995. The discovery of Early Cretaceous birds in China. *Courier Forschungsinstitut Senckenberg*, **181**: 9-22.

Zhou, Z.-h., 2002. A new and primitive enantiornithine bird from the Early Cretaceous of China. *Journal of Vertebrate Paleontology*, **22**(1): 49-57.

Zhou, Z.-h., Clarke, J. A., Zhang, F.-c., 2002. *Archaeoraptor's* better half. *Nature*, **420**: 285.

Zhou, Z.-h., Farlow J. O., 2001. Flight capability and habits of *Confuciusornis*. In: Gauthier, J., Gall, L. F. (eds.), *New Perspectives on the Origin and Evolution of Birds: Proceedings of the International Symposium in Honor of John H. Ostrom*. New Haven: Peabody Museum of Natural History, Yale University. 237-254.

Zhou, Z.-h., Jin, F., Zhang, J.-y., 1992. Preliminary report on a Mesozoic bird from Liaoning, China. *Chinese Science Bulletin* (English edition), **37**(16): 1365-1368.

Zhou, Z.-h., Martin, L. D., 1999. Feathered dinosaur or bird? — a new look at the hand of *Archaeopteryx*. *Smithsonian Contributions to Paleobiology*, **89**: 289-293.

Zhou, Z.-h., Zhang, F.-c., 2001. Two new ornithurine birds from the Early Cretaceous of western Liaoning, China. *Chinese Science Bulletin* (English edition), **46**(15): 1258-1264.

Zhou, Z.-h., Zhang, F.-c., 2002. A long-tailed, seed-eating bird from the Early Cretaceous of China. *Nature*, **418**: 405-409.

Zhou, Z.-h., Zhang, F.-c., 2002. Largest bird from the Early Cretaceous and its implications for the earliest avian ecological diversification. *Naturwissenschaften*, **89**(1): 34-38.

哺乳类 mammals

Hu, Y.-m., Wang, Y.-q., 2002. *Sinobaatar* gen. nov.: first multituberculate from the Jehol Biota of Liaoning, Northeast China. *Chinese Science Bulletin* (English edition), **47**(11): 933-938.

Hu, Y.-m., Wang, Y.-q., Li, C.-k., Luo, Z.-x., 1998. Morphology of dentition and forelimb of *Zhangheotherium*. *Vertebrata PalAsiatica*, **36**(2): 102-125. (In Chinese, with English summary)

Hu, Y.-m., Wang, Y.-q., Luo, Z.-x., Li, C.-k., 1997. A new symmetrodont mammal from China and its implications for mammalian evolution. *Nature*, **390**: 137-142.

Ji, Q., Luo, Z.-x., Ji, S.-a., 1999. A Chinese triconodont mammal and mosaic evolution of the mammalian skeleton. *Nature*, **398**: 326-330.

Ji, Q., Luo, Z.-x., Yuan, C.-x., Wible, J. R., Zhang, J.-p., Georgi, J. A., 2002. The earliest known eutherian mammal. *Nature*, **416**: 816-821.

Jenkins Jr., F. A., Krause, D. W., 1983. Adaptations for climbing in North American multituberculates (Mammalia). *Science*, **220**: 712-715.

Li, C.-k., Wang, Y.-q., Hu, Y.-m., Meng, J., 2003. A new species of *Gobiconodon* (Triconodonta, Mammalia) and its implication for the age of Jehol Biota. *Chinese Science Bulletin* (English edition), **48**(11): 1129-1134.

Li, J.-l., Wang, Y., Wang, Y.-q., Li, C.-k., 2001. A new family of primitive mammal from the Mesozoic of western Liaoning, China. *Chinese Science Bulletin* (English edition), **46**(9): 782-786.

Lillegraven, J. A., Kielan-Jaworowska, Z., Clemens, W. A. (eds.), 1979. *Mesozoic Mammals: the First Two-thirds of Mammalian History*. Berkeley: University of California Press. 311pp.

McKenna, M. C., Bell, S. K., 1997. *Classification of Mammals: Above the Species Level*. New York: Columbia University Press. 631pp.

Rougier, G. W., Ji, Q., Novacek, M. J., 2003. A new symmetrodont mammal with fur impressions from the Mesozoic of China. *Acta Geologica Sinica*, **77**(1): 7-14.

Wang, Y.-q., Hu, Y.-m., Meng, J., Li, C.-k., 2001. An ossified Meckel's cartilage in two Cretaceous mammals and origin of the mammalian middle ear. *Science*, **294**: 357-361.

シャジクモ類 charophytes

Hao, Y.-c., Ruan, P.-h., Zhou, X.-g., Song, Q.-s., Yang, G.-d., Cheng, S.-w., Wei, Z.-x., 1983. Middle Jurassic-Tertiary deposits and Ostracod-Charophyte fossil assemblages of Xining and Minhe basins. *Earth Science, Journal of Wuhan College of Geology*, **23**: 1-210. (In Chinese, with English abstract)

Lu, H.-n., Luo, Q.-x., 1990. *Fossil Charophytes from the Tarim Basin, Xinjiang*. Beijing: Scientific and Technical Documents Publishing House. 261pp. (In Chinese, with English abstract)

Lu, H.-n., Wang, Q.-f., 1999. Charophytes of the Yixian Formation from northern Hebei and western Liaoning. *Palaeoworld*, No. 11: 58-66. (In Chinese, with English summary)

Nordstedt, O., 1891. *Australasian Characeae*. Part 1. Lund, 1-2.

Peck, R. E., 1957. North American Mesozoic Charophyta. *US Geological Survey Professional Papers*, **29A**: 1-44.

Schudack, M., 1987. Charophyteflora und fazielle Entwicklung der Grenzschichten mariner Jura/Welden in den nordwestlichen Iberischen Ketten (mit Vergleichen zu Asturien und Kantabrien). *Palaeontographica*, Abt. B, **204**: 1-180. (In German, with English abstract)

Wang, Z., Lu, H.-n., 1982. Classification and evolution of Clavatoraceae, with notes on its distribution in China. *Bulletin of Nanjing Institute of Geology and Palaeontology, Academia Sinica*, **4**: 77-104. (In Chinese, with English abstract)

陸生植物 land plants

Cao, Z.-y., Wu, S.-q., Zhang, P.-a., Li, J.-r., 1998. Discovery of fossil monocotyledons from Yixian Formation, western Liaoning. *Chinese Science Bulletin* (English edition), **43**(3): 230-233.

Duan, S.-y., 1998. The oldest angiosperm — a tricarpous female reproductive fossil from western Liaoning Province, NE China. *Science in China* (Series D, English edition), **41**(1): 14-20.

Friis, E. M., Chaloner, W. G., Grane, P. R. (eds.), 1987. *The Origins of Angiosperms and Their Biological Consequences*. Cambridge: Cambridge University Press. 358pp.

Grane, P. R., Upchurch, G. R., 1987. *Drewria potomacensis* gen. et sp. nov., an Early Cretaceous member of Gnetales from the Potomac Group of Virginia. *American Journal of Botony*, **74**(11): 1722-1736.

Guo, S.-x., Wu, X.-w., 2000. *Ephedrites* from latest Jurassic Yixian Formation in western Liaoning, Northeast China. *Acta Palaeontologica Sinica*, **39**(1): 81-91.

Krassilov, V. A., 1982. Early Cretaceous flora of Mongolia. *Palaeontographica*/B, **181**: 1-43.

Sun, G., Dilcher, D. L., Zheng, S.-l., Zhou, Z.-k., 1998. In search of the first flower: a Jurassic angiosperm, *Archaefructus*, from Northeast China. *Science*, **282**: 1692-1695.

Sun, G., Zheng, S.-l., Dilcher, D. L., Wang, Y.-d., Mei, S.-w., 2001. *Early Angiosperms and Their Associated Plants from Western Liaoning, China*. Shanghai: Shanghai Scientific and Technological Education Publishing House. 227pp. (In Chinese, with English summary)

Sze, H. C., Li, X.-x. et al., 1963. *Mesozoic Plants from China*. Beijing: Science Press. 429pp. (In Chinese)

Wu, S.-q., 1999. A Preliminary Study of the Jehol Flora from Western Liaoning. *Palaeoworld*, No. 11: 7-37. (In Chinese, with English abstract)

Zhou, Z.-y., Zheng, S.-l., 2003. Paleobiology: the missing link in *Ginkgo* evolution: *Nature*, **423**: 821-822.

被子植物 angiosperms

Brenner, G. J., 1996. Evidence for the earliest stage of angiosperm pollen evolution: A paleoequatorial section from Israel. In: Taylor, D. W., Hickey, L. J. (eds.), *Flowering Plant Origin, Evolution and Phylogeny*. New York: Chapman & Hall. 91-115.

Cao, Z.-y., Wu, S.-q., Zhang, P.-a., Li, J.-r., 1998. Discovery of fossil monocotyledons from Yixian Formation, western Liaoning. *Chinese Science Bulletin* (English edfition), **43**(3): 230-233.

Duan S.-y., 1998. The oldest angiosperm — a tricarpous female reproductive fossil from western Liaoning Province, NE China. *Science in China* (Series D, English edition), **41**(1): 14-20.

Friis, E. M., Doyle, J. A., Endress, P. K., Leng, Q., 2003. *Archaefructus* — angiosperm precursor or specialized early angiosperm? *Trends in Plant Science*, **8**(8): 369-373.

Guo, S.-x., Wu, X.-w., 2000. *Ephedrites* from latest Jurassic Yixian Formation in western Liaoning, Northeast China. *Acta Palaeontologica Sinica*, **39**(1): 81-91. (In Chinese, with English abstract)

Hughes, N. F., 1994. *The Enigma of Angiosperm Origins*. Cambridge: Cambridge Umiversity Press. 317pp.

Leng, Q., Friis, E. M., 2003. *Sinocarpus decussatus* gen. et sp. nov., a new angiosperm with basally synocarpous fruits from the Yixian Formation of Northeast China. *Plant Systematics and Evolution*, **241** (1-2) : 77-88.

Leng, Q., Yang, H., 2003. Pyrite framboids associated with the Mesozoic Jehol Biota in northeastern China: Implications for microenvironment during early fossilization. *Progress in Natural Science*, **13**: 206-212.

Miki, S., 1964. Mesozoic flora of *Lycoptera* beds in South Manchuria. *Bulletin of Mukogawa Women's University*, **12**: 13-22. (In Japanese, with English abstract)

Sun, G., Dilcher, D. L., Zheng, S.-l., Zhou, Z.-k., 1998. In search of the first flower: a Jurassic angiosperm, *Archaefructus*, from Northeast China. *Science*, **282**: 1692-1695.

Sun, G., Ji, Q., Dilcher, D. L., Zheng, S.-l., Nixon, K. C., Wang, X.-f., 2002. Archaefructaceae, a new basal angiosperm family. *Science*, **296**: 899-904.

Sun, G., Zheng, S.-l., Dilcher, D. L., Wang, Y.-d., Mei, S.-w., 2001. *Early Angiosperms and their associated plants from western Liaoning, China*. Shanghai: Shanghai Scientific and Technological Education Publishing House. 227pp. (In Chinese and Eglish)

Sun, G., Zheng, S.-l., Mei, S.-w., 2000. Discovery of *Liaoningocladus* gen. nov. from the lower part of the Yixian Formation (Upper Jurassic) in western Liaoning, China. *Acta Palaeontologica Sinica*, **39** (sup.) : 200-208.

Wu, S.-q., 1999. A preliminary study of the Jehol Flora from western Liaoning. *Palaeoworld*, No. 11: 7-37. (In Chinese, with English abstract)

Yabe, H., Endo, S., 1935. *Potamogeton* remains from the Lower Cretaceous? *Lycoptera* bed of Jehol. *Proceedings of the Imperial*

Academy (of Japan), Tokyo, No. 11: 274-276.

Zhou, Z.-h., Barrett, P. M., Hilton, J., 2003. An exceptionally preserved Lower Cretaceous ecosystem. *Nature*, **421**: 807-814.

胞子と花粉 spores and pollen

Li, W., Liu, Z., 1994. The Cretaceous palynofloras and their bearing on stratigraphic correlation in China. *Cretaceous Research*, **15**: 333-365.

Li, W.-b., Liu, Z.-s., 1999. Sporomorph assemblage from the basal Yixian Formation in western Liaoning and its geological age. *Palaeoworld*, No. 11: 68-75. (In Chinese, with English abstract)

Pu, R., Wu, H., 1985. Mesozoic sporo-pollen assemblages in western Liaoning and their stratigraphical significance. In: Zhang, L., Pu, R., Wu, H. (eds.), *Mesozoic Stratigraphy and Palaeontology of Western Liaoning, II*. Beijing: Geological Publishing House. 121-212. (In Chinese, with English abstract)

Yu, J., 1989. Early Cretaceous sporo-pollen assemblages in northern Hebei and western Liaoning Provinces. In: Stratigraphic Group, Institute of Geology, Chinese Academy of Geological Sciences (ed.), *The Palaeontology and Stratigraphy of the Jurassic and Cretaceous in Eastern China*. Beijing: Geological Publishing House. 21-25. (In Chinese, with English abstract)

Zhang, W., 1989, Jurassic sporo-pollen assemblages from some parts of eastern China. In: Stratigraphic Group, Institute of Geology, Chinese Academy of Geological Sciences (ed.), *The Palaeontology and Stratigraphy of the Jurassic and Cretaceous in Eastern China*. Beijing: Geological Publishing House. 1-20. (In Chinese, with English Abstract)

分類群リスト

Animalia　動物界

Phylum Mollusca　軟体動物門
    Class Gastropoda　腹足綱
        Subclass Prosobranchia　前鰓亜綱
            Family Cyclophoridae 1847　ヤマタニシ科
                Pseudarinia yushugouensis Zhu, 1976　プセウダリニア・ユシュゴウエンシス
            Family Valvatidae Muller, 1774　ミズシタダミ科
                Amplovalvata sp.　アンプロワルワタ属の一種
            Family Hydrobidae Fischer, 1885　ミズツボ科
                Reesidella sp.　レエシデルラ属の一種
            Family Micromelaniidae Brusina, 1874　ミクロメラニア科
                Probaicalia gerassimovi（Reis, 1910）　プロバイカリア・ゲラッシモウィ
                Probaicalia vitimensis Martinson, 1949　プロバイカリア・ウィティメンシス
        Subclass Pulmonata　有肺亜綱
            Family Ellobiidae Bolten, 1798　オカミミガイ科
                Ptychostylus philippii（Dunker, 1846）　プティコスティルス・フィリッピイ
                Ptychostylus harpaeformis（Koch et Dunker, 1837）　プティコスティルス・ハルパエフォルミス
                Zaptychius sp.　ザプティキウス属の一種
            Family Lymnaeidae Broderip, 1839　モノアラガイ科
                Galba sphaira Pan, 1983　ガルバ・スファイラ
            Family Planorbidae Geffroy, 1767　ヒラマキガイ科
                Gyraulus sp.　ヒラマキミズマイマイ属の一種
                Gyraulus loryi Coquand, 1855　ギラウルス・ロリイ

    Class Bivalvia　二枚貝綱
        Subclass Palaeoheterodonta　古異歯亜綱
            Order Unionoida Stoliczka　イシガイ目
                Superfamily Unionacea　イシガイ上科
                    Family Unionidae Fleming, 1828　イシガイ科
                        Mengyinaia mengyinensis（Grabau, 1923）　メンイナイア・メンイネンシス
                        Mengyinaia shifoensis Yu, Dong et Yao, 1989　メンイナイア・シフォエンシス
                        Mengyinaia tugrigensis（Martinson, 1961）　メンイナイア・トゥグリゲンシス
                    Family Sibireconchidae Kolesnikov, 1977　シビレコンカ科
                        Arguniella lingyuanensis（Gu, 1976）　アルグニエルラ・リンユアネンシス
                        Arguniella yanshanensis（Gu, 1976）　アルグニエルラ・ヤンシャネンシス
                Superfamily Trigonoidacea　サンカクガイ上科
                    Family Nippononaiidae Kobayashi, 1968　ニッポノナイア科

Nakamuranaia chingshanensis（Grabau, 1923） ナカムラナイア・チンシャネンシス
Nakamuranaia subrotunda Gu et Ma, 1976 ナカムラナイア・スブロトゥンダ
Family Plicatounionidae Kobayashi, 1968 プリカトウニオ科
Weichangella angularis Wang, 1982 ウェイチャンゲルラ・アングラリス
Weichangella qingquanensis Wang, 1982 ウェイチャンゲルラ・キンクアネンシス
Weichangella shalingouensis Yu et Yao, 1980 ウェイチャンゲルラ・シャリンゴウエンシス
Subclass Heterodonta　異歯亜綱
Order Cyrenodonta　キレノイダ目
Superfamily Corbiculacea　シジミ上科
Family Pisidiidae Gray, 1857　マメシジミ科
Sphaerium anderssoni（Grabau, 1923） スファエリウム・アンデルッソニ
Sphaerium jeholense（Grabau, 1923） スファエリウム・ジェホレンセ
Sphaerium pujiangense Gu et Ma, 1976 スファエリウム・プジアンゲンセ

Phylum Arthropoda　節足動物門
Class Crustacea　甲殻綱
Subclass Branchiopoda　鰓脚亜綱
Order Conchostraca　貝甲目
Family Eosestheriidae Zhang et Chen, 1976　エオセステリア科
Abrestheria rotunda Wang, 1981　アブレステリア・ロトゥンダ
Allestheria striata Shen et Chen, 1982　アルレステリア・ストリアタ
Eosestheria aff. *middendorfii*（Jones, 1862） エオセステリア・ミッデンドルフィイの類縁種
Eosestheria fuxinensis Chen, 1976　エオセステリア・フシネンシス
Eosestheriopsis gujialingensis（Wang, 1987） エオセステリオプシス・グジアリンゲンシス
Eosestheria jingangshanensis Chen, 1976　エオセステリア・ジンガンシャネンシス
Eosestheria lingyuanensis Chen, 1976　エオセステリア・リンユアネンシス
Eosestheria ovata（Chen, 1976） エオセステリア・オワタ
Eosestheria peipiaoensis（Kobayashi et Kuzumi, 1953） エオセステリア・ペイピアオエンシス
Eosestheria subrotunda Chen, 1976　エオセステリア・スブロトゥンダ
Yanjiestheria jiufotangensis（Chen, 1976） ヤンジエステリア・ジウフォタンゲンシス
Yanjiestheria beipiaoensis Chen, 1999　ヤンジエステリア・ベイピアオエンシス
Yanshania xishunjingensis Wang, 1981　ヤンシャニア・シシュンジンゲンシス
Yumenestheria delicatula Shen et Chen, 1982　ユメネステリア・デリカトゥラ
Family Diestheriidae Zhang et Chen, 1976　ディエステリア科
Diestheria jeholensis（Kobayashi et Kuzumi, 1953） ディエステリア・ジェホレンシス
Diestheria longinqua Chen, 1976　ディエステリア・ロンギンクア
Diestheria yixianensis Chen, 1976　ディエステリア・イシアネンシス
Family Loxomegaglyptidae Novojilov, 1950　ロクソメガグリプティア科
Ambonella lepida Wang, 1981　アンボネルラ・レピダ
Nestoria dabeigouensis Wang, 1981　ネストリア・ダベイゴウエンシス
Nestoria pissovi Krasinetz, 1962　ネストリア・ピッソウィ

Family Sinoestheriidae Chen et Shen, 1982　シノエステリア科
　　Sentestheria banjietaensis Wang, 1981　センテステリア・バンジエタエンシス
　　Sentestheria weichangensis Wang, 1981　センテステリア・ウェイチャンゲンシス
Family Ipsiloniidae Novojilov, 1958　イプシロニア科
　　Keratestheria gigantea Wang, 1981　ケラテステリア・ギガンテア
　　Keratestheria longa Wang, 1981　ケラテステリア・ロンガ
Family Palaeolimnadiidae Tasch, 1956　パラエオリムナディア科
　　Jibeilimnadia ovata Wang, 1981　ジベイリムナディア・オワタ

Subclass Ostracoda　貝形虫亜綱
　Order Podocopida　節柄目（カイミジンコ目）
　　Superfamily Cypridacea　キプリス上科
　　　Family Cyclocyprididae Kaufmann, 1900　キクロキプリス科
　　　　Subfamily Cyclocypridinae Kaufmann, 1900　キクロキプリス亜科
　　　　　Damonella extenda Wu et Yang, 1980　ダモネルラ・エクステンダ
　　　　　Damonella formosa Cao, 1999　ダモネルラ・フォルモサ
　　　　　Damonella subsymmetraca Zhang, 1985　ダモネルラ・スプシンメトラカ
　　　　　Ziziphocypris cosdata (Galeeva, 1955)　ジジフォキプリス・コスダタ
　　　　　Ziziphocypris linchengensis Sut et Li, 1981　ジジフォキプリス・リンチェンゲンシス
　　　　　Ziziphocypris simacovi (Mandelstam, 1955)　ジジフォキプリス・シマコウィ
　　　Family Cyprididae Baird, 1845　キプリス科
　　　　Subfamily Cyprideinae Martin, 1940　キプリデア亜科
　　　　　Cheilocypridea trapezoidea Zhang, 1985　ケイロキプリデア・トラペゾイデア
　　　　　Cypridea（*Cypridea*）*altidorsangulata* Pang, 1984　キプリデア（キプリデア）・アルティドルサングラタ
　　　　　Cypridea（*Cypridea*）*dabeigouensis* Yang, 1981　キプリデア（キプリデア）・ダベイゴウエンシス
　　　　　Cypridea（*Cypridea*）*jingangshanensis* Zhang, 1985　キプリデア（キプリデア）・ジンガンシャネンシス
　　　　　Cypridea（*Cypridea*）*liaoningensis* Zhang, 1985　キプリデア（キプリデア）・リアオニンゲンシス
　　　　　Cypridea（*Cypridea*）*luanpingensis* Pang, 1984　キプリデア（キプリデア）・ルアンピンゲンシス
　　　　　Cypridea（*Cypridea*）*obliquoblonga* Pang, 1984　キプリデア（キプリデア）・オブリクオブロンガ
　　　　　Cypridea（*Cypridea*）*prognata* Lubimova, 1956　キプリデア（キプリデア）・プログナタ
　　　　　Cypridea（*Cypridea*）*sihetunensis* Cao, 1999　キプリデア（キプリデア）・シヘトゥネンシス
　　　　　Cypridea（*Cypridea*）*subgranulosa* Pang, 1984　キプリデア（キプリデア）・スブグラヌロサ
　　　　　Cypridea（*Cypridea*）*tersa* Zhang, 1985　キプリデア（キプリデア）・テルサ
　　　　　Cypridea（*Cypridea*）*tubercularis* Pang, 1984　キプリデア（キプリデア）・トゥベルクラリス
　　　　　Cypridea（*Cypridea*）*unicostata* Galeeva, 1955　キプリデア（キプリデア）・ウニコス

タタ

Cypridea (*Cypridea*) *vitimensis* Mandelstam, 1955　キプリデア（キプリデア）・ウィティメンシス

Cypridea (*Cypridea*) *zaocishanensis* Zhang, 1985　キプリデア（キプリデア）・ザオキシャネンシス

Cypridea (*Ulwellia*) *beipiaoensis* Cao, 1999　キプリデア（ウルウェルリア）・ベイピアオエンシス

Cypridea (*Ulwellia*) *koskulensis* Mandelstam, 1958　キプリデア（ウルウェルリア）・コスクレンシス

Cypridea (*Ulwellia*) *muriculata* Zhang, 1985　キプリデア（ウルウェルリア）・ムリクラタ

Cypridea (*Ulwellia*) *regia* Lubimova, 1956　キプリデア（ウルウェルリア）・レギア

Cypridea (*Ulwellia*) *subelongata* Zhang, 1985　キプリデア（ウルウェルリア）・スベロンガタ

Djungarica camarata Zhang, 1985　ジュンガリカ・カマラタ

Djungarica circulitriangula Zhang, 1985　ジュンガリカ・キルクリトリアングラ

Djungarica procurva Zhang, 1985　ジュンガリカ・プロクルワ

Limnocypridea abscondida Lubimova, 1956　リムノキプリデア・アプスコンディダ

Limnocypridea grammi Lubimova, 1956　リムノキプリデア・グランミ

Limnocypridea posticontracta Zhang, 1985　リムノキプリデア・ポスティコントラクタ

Limnocypridea rara Zhang, 1985　リムノキプリデア・ララ

Limnocypridea redunca Zhang, 1985　リムノキプリデア・レドゥンカ

Limnocypridea tulongshanensis Zhang, 1985　リムノキプリデア・トゥロンシャネンシス

Luanpingella postacuta Yang, 1981　ルアンピンゲルラ・ポスタクタ

Mongolianella palmosa Mandelstam, 1955　モンゴリアネルラ・パルモサ

Mongolianella subtrapezoidea Yang, 1981　モンゴリアネルラ・スプトラペゾイデア

Yanshanina dabeigouensis (Yang, 1981)　ヤンシャニナ・ダベイゴウエンシス

Yumenia casta Zhang, 1985　ユメニア・カスタ

Yumenia jianchangensis (Su et Li, 1985)　ユメニア・ジアンチャンゲンシス

Subfamily Cypridinae Baird, 1845　キプリス亜科

Lycopterocypris infantinis Lubimova, 1956　リコプテロキプリス・インファンティニス

Mantelliana sp.　マンテルリアナ属の一種

Torinina obesa (Pang, 1984)　トリニナ・オベサ

Torinina tersa Sinitsa, 1992　トリニナ・テルサ

Yixianella marginulata Zhang, 1985　イシアネルラ・マルギヌラタ

Family Ilyocyprididae Kaufmann, 1900　イリオキプリス科

Subfamily Ilyocypridinae Kaufmann, 1900　イリオキプリス亜科

Rhinocypris jurassica (Martin, 1940)　リノキプリス・ジュラッシカ

Superfamily Darwinulacea　ダーウィヌラ上科

Family Darwinulidae Brady et Norman, 1889　ダーウィヌラ科

Darwinula leguminella (Forbes, 1855)　ダーウィヌラ・レグミネルラ

Darwinula oblonga (Roemer, 1839)　ダーウィヌラ・オブロンガ

　　　　Superfamily Cytheracea　キテレ上科
　　　　　　Family Limnocytheridae Klie, 1938　リムノキテレ科
　　　　　　　　Timiriasevia eminula Zhang, 1985　ティミリアセウィア・エミヌラ
　　　　　　　　Timiriasevia jianshangouensis Zhang, 1985　ティミリアセウィア・ジアンシャンゴウエンシス
　　　　　　　　Timiriasevia polymorpha Mandelstam, 1955　ティミリアセウィア・ポリモルファ
　Subclass Malacostraca　軟甲亜綱
　　　Order Decapoda　十脚目
　　　　Superfamily Astacoidea　ザリガニ上科
　　　　　　Family Cricoidoscelosidae Taylor, Schram et Shen, 1999（emend.）　クリコイドスケロスス科
　　　　　　　　Cricoidoscelosus aethus Taylor, Schram et Shen, 1999　クリコイドスケロスス・アエトゥス
　　　　　　　　Palaeocambarus licenti（Van Straelen, 1928）Taylor, Schram et Shen, 1999　パラエオカンバルス・リケンティ
　　　Order Hemicaridea　半エビ目
　　　　　　Family Spelaeogriphidae Gorden, 1957　スペレオグリフス科
　　　　　　　　Liaoningogriphus quadripartitus Shen, Taylor et Schram, 1998　リアオニンゴグリフス・クアドリパルティトゥス

Class Arachnida　クモ形綱
　　　Order Araneida　真正クモ目
　　　　　　Family Araneidae Koch et Berendt, 1854　コガネグモ科
　　　　　　　　Araneidae indet.　コガネグモ科だが属種不確定

Class Insecta　昆虫綱
　　　Order Ephemeroptera　カゲロウ目
　　　　　　　　Ephemeropsis trisetalis Eichwald, 1864　エフェメロプシス・トリセタリス
　　　Order Odonata　トンボ目
　　　　　　　　Aeschnidium heishankowense（Hong, 1965）　アエスクニディウム・ヘイシャンコウェンセ
　　　　　　　　Chrysogomphus beipiaoensis Ren, 1994　クリソゴンフス・ベイピアオエンシス
　　　　　　　　Congqingia rhora Zhang, 1992　コンキンギア・ロラ
　　　　　　　　Liogomphus yixianensis Ren et Guo, 1996　リオゴンフス・イシアネンシス
　　　　　　　　Mesocordulia boreala Ren et Guo, 1996　メソコルドゥリア・ボレアラ
　　　　　　　　Rudiaeschna limnobia Ren et Guo, 1996　ルディアエスクナ・リムノビア
　　　　　　　　Stylaeschnidium rarum Zhang et Zhang, 2001　スティラエスクニディウム・ラルム
　　　Order Blattaria　ゴキブリ目
　　　　　　　　Blattula exetenuata Ren, 1995　ブラットゥラ・エクステヌアタ
　　　　　　　　Blattula platypa Ren, 1995　ブラットゥラ・プラティパ
　　　　　　　　Blattula delicatula Ren, 1995　ブラットゥラ・デリカトゥラ
　　　　　　　　Karatauoblatta formosa Ren, 1995　カラタウオブラッタ・フォルモサ
　　　　　　　　Laiyangia delicatula Zhang, 1985　ライヤンギア・デリカトゥラ
　　　　　　　　Nipponoblatta acerba Ren, 1995　ニッポノブラッタ・アケルバ
　　　　　　　　Parablattula cretacea（Hong, 1982）　パラブラットゥラ・クレタケア

Order Dermaptera　ハサミムシ目

Archaeosoma serratum Zhang, 1993　アルカエオソマ・セルラトゥム
Longicerciata mesozoica Zhang, 1993　ロンギケルキアタ・メソゾイカ
Sinostaphylina nanligezhuangensis（Hong et Wang, 1990）シノスタフィリナ・ナンリゲズアンゲンシス

Order Orthoptera　直翅目

Falsirameus ravus Zhang, 1985　ファルシラメウス・ラウス
Habrohagla curtivenata Ren, 1995　ハブロハグラ・クルティウェナタ
Liaonemobius tanae Ren, 1998　リアオネモビウス・タナエ
Pseudacrida costata Lin, 1982　プセウダクリダ・コスタタ
Sinohagla pleioneura Ren, 1995　シノハグラ・プレイオネウラ

Order Phasmatodea　ナナフシ目

Aethephasma megista Ren, 1997　アエテファスマ・メギスタ
Hagiphasma paradoxa Ren, 1997　ハギファスマ・パラドクサ
Orephasma eumorpha Ren, 1997　オレファスマ・エウモルファ

Order Hemiptera　半翅目

Anomoscytina anomala Ren, Yin et Dou, 1998　アノモスキティナ・アノマラ
Anthoscytina aphthosa Ren, Yin et Dou, 1998　アントスキティナ・アフトサ
Caudaphis spinalis Zhang, Zhang, Hou et Ma, 1989　カウダフィス・スピナリス
Clypostemma xyphiala Popov, 1964　クリポステンマ・クシフィアラ
Lapicixius decorus Ren, Yin et Dou, 1998　ラピキクシウス・デコルス
Liaocossus hui Ren, Yin et Dou, 1998　リアオコッスス・フイ
Liaocossus beipiaoensis Ren, Yin et Dou, 1998　リアオコッスス・ベイピアオエンシス
Liaocossus exiguus Ren, Yin et Dou, 1998　リアオコッスス・エクシグウス
Liaocossus fengningensis Ren, Yin et Dou, 1998　リアオコッスス・フェンニンゲンシス
Liaocossus pingquanensis Ren, Yin et Dou, 1998　リアオコッスス・ピンクアネンシス
Mesanthocoris brunneus Hong et Wang, 1990　メサントコリス・ブルンネウス
Mesolygaeus laiyangensis Ping, 1928　メソリガエウス・ライヤンゲンシス
Miracossus ingentius Ren, Yin et Dou, 1998　ミラコッスス・インゲンティウス
Paroviparosiphum opimum Zhang, Zhang, Hou et Ma, 1989　パロウィパロシフム・オピムム
Pauropentacoris macrurata Ren, Zhu et Lu, 1995　パウロペンタコリス・マクルラタ
Schizopterax shandongensis Hong, 1984　スキゾプテラクス・シャンドンゲンシス
Sinaphis epichare Zhang, Zhang, Hou et Ma, 1989　シナフィス・エピカレ
Sinojassus brevispinalis Zhang, 1985　シノヤッスス・ブレウィスピナリス
Sinoviparosiphum lini Ren, 1995　シノウィパロシフム・リニ
Yanocossus guoi Ren, 1995　ヤノコッスス・グオイ

Order Coleoptera　甲虫目

Coptoclava longipoda Ping, 1928　コプトクラワ・ロンギポダ
Cretihaliplus chifengensis Ren, Zhu et Lu, 1995　クレティハリプルス・チフェンゲンシス
Cretihaliplus sidaojingensis Ren, Zhu et Lu, 1995　クレティハリプルス・シダオジンゲンシス
Geotrupoides fortus Ren, Zhu et Lu, 1995　ゲオトルポイデス・フォルトゥス

Glypta qingshilaensis Hong, 1984　グリプタ・キンシラエンシス
Hesterniasca obesa Zhang, Wang et Xu, 1992　ヘステルニアスカ・オベサ
Holcoribeus evittatus Zhang, 1992　ホルコリベウス・エウィッタトゥス
Notocupes laetus（Lin, 1982）ノトクペス・ラエトゥス
Notocupes tuanwangensis（Hong et Wang, 1990）ノトクペス・トゥアンワンゲンシス
Ovidytes gaoi Ren, Zhu et Lu, 1995　オウィディテス・ガオイ
Palaeoendomychus gymnus Zhang, 1992　パラエオエンドミクス・ギムヌス
Tetraphalerus lentus Ren, 1995　テトラファレルス・レントゥス
Sinosornia longiantenna Zhang, 1992　シノソルニア・ロンギアンテンナ

Order Neuroptera　脈翅目

Allopterus luianus Zhang, 1990　アルロプテルス・ルイアヌス
Choromyrmeleon othneius Ren et Guo, 1996　コロミルメレオン・オトネイウス
Drakochrysa sinica Yant et Hong, 1990　ドラコクリサ・シニカ
Kalligramma liaoningensis Ren et Guo, 1996　カルリグランマ・リアオニンゲンシス
Lasiosmylus newi Ren et Guo, 1996　ラシオスミルス・ネウィ
Lembochrysa miniscula Ren et Guo, 1996　レンボクリサ・ミニスクラ
Lembochrysa polyneura Ren et Guo, 1996　レンボクリサ・ポリネウラ
Limnogramma mira Ren, 2003　リムノグランマ・ミラ
Mesascalaphus yangi Ren, 1995　メサスカラフス・ヤンギ
Oloberotha sinica Ren et Guo, 1996　オロベロタ・シニカ
Oregramma gloriosa Ren, 2003　オレグランマ・グロリオサ
Siniphes delicates Ren et Yin, 2002　シニフェス・デリカテス
Sophogramma eucalla Ren et Guo, 1996　ソフォグランマ・エウカルラ
Sophogramma papilionacea Ren et Guo, 1996　ソフォグランマ・パピリオナケア
Sophogramma plecophlebia Ren et Guo, 1996　ソフォグランマ・プレコフレビア
Yanosmylus rarivenatus Ren, 1995　ヤノスミルス・ラリウェナトゥス

Order Raphidioptera　ラクダムシ目

Alloraphidia anomala Ren, 1997　アルロラフィディア・アノマラ
Alloraphidia longistigmosa Ren, 1994　アルロラフィディア・ロンギスティグモサ
Baissoptera grandis Ren, 1995　バイッソプテラ・グランディス
Baissoptera euneura Ren, 1997　バイッソプテラ・エウネウラ
Caloraphidia glossophylla Ren, 1997　カロラフィディア・グロッソフィルラ
Mesoraphidia amoena Ren, 1997　メソラフィディア・アモエナ
Mesoraphidia heteroneura Ren, 1997　メソラフィディア・ヘテロネウラ
Mesoraphidia sinica Ren, 1997　メソラフィディア・シニカ
Mioraphidia furcivenata（Ren, 1995）ミオラフィディア・フルキウェナタ
Phiradia myrioneura Ren, 1997　フィラディア・ミリオネウラ
Rudiraphidia liaoningensis（Ren, 1994）ルディラフィディア・リアオニンゲンシス
Siboptera fornicata（Ren, 1994）シボプテラ・フォルニカタ
Xynoraphidia polyphlebia（Ren, 1994）クシノラフィディア・ポリフレビア
Xynoraphidia shangyuanensis（Ren, 1994）クシノラフィディア・シャンユアネンシス
Yanoraphidia gaoi Ren, 1995　ヤノラフィディア・ガオイ

Order Mecoptera　シリアゲムシ目

Liaobittacus longantennatus Ren, 1993　リアオビッタクス・ロンガンテンナトゥス

Megabittacus colosseus Ren, 1997　メガビッタクス・コロッセウス

Megabittacus beipiaoensis Ren, 1997　メガビッタクス・ベイピアオエンシス

Orthophlebia liaoningensis Ren, 1997　オルトフレビア・リアオニンゲンシス

Sibirobittacus atalus Ren, 1997　シビロビッタクス・アタルス

Yanorthophlebia hebeiensis Ren, 1995　ヤノルトフレビア・ヘベイエンシス

Order Trichoptera　トビケラ目

Multimodus dissitus Ren, 1995　ムルティモドゥス・ディッシトゥス

Multimodus stigmaeus Ren, 1995　ムルティモドゥス・スティグマエウス

Multimodus? elongatus Ren, 1995　ムルティモドゥス？・エロンガトゥス

Tuanwangica aethoneura Zhang, 1985　トゥアンワンギカ・アエトネウラ

Order Diptera　双翅目

Alleremonomus xingi Ren, 1995　アルレレモノムス・クシンギ

Alleremonomus liaoningensis Ren, 1995　アルレレモノムス・リアオニンゲンシス

Allomyia ruderalis Ren, 1998　アルロミイア・ルデラリス

Archisolva cupressa Zhang, Zhang et Li, 1993　アルキソルウァ・クプレッサ

Atalosciophila yanensis Ren, 1995　アタロスキオフィラ・ヤネンシス

Basilorhagio venustus Ren, 1995　バシロラギオ・ウェヌストゥス

Chironomaptera gregaria (Grabau, 1923)　キロノマプテラ・グレガリア

Chironomaptera vesca Kalugina, 1976　キロノマプテラ・ウェスカ

Eopangonius pletus Ren, 1998　エオパンゴニウス・プレトゥス

Florinemestrius pulcherrimus Ren, 1998　フロリネメストリウス・プルケルリムス

Helempis eucalla Ren, 1998　ヘレンピス・エウカルラ

Helempis yixianensis Ren, 1998　ヘレンピス・イシアネンシス

Lepteremochaetus lithoecius Ren, 1998　レプテレモカエトゥス・リトエキウス

Lichnoplecia kovalevi Ren, 1995　リクノプレキア・コワレウィ

Manlayamyia dabeigouensis Zhang, 1991　マンラヤミイア・ダベイゴウエンシス

Oiobrachyceron limnogenus Ren, 1998　オイオブラキケロン・リムノゲヌス

Opiparifungivora aliena Ren, 1995　オピパリフンギウォラ・アリエナ

Orsobrachyceron chinensis Ren, 1998　オルソブラキケロン・キネンシス

Palaepangonius eupterus Ren, 1998　パラエパンゴニウス・エウプテルス

Pauromyia oresbia Ren, 1998　パウロミイア・オレスビア

Pleciomimella perbella Zhang, Zhang, Liu et Shangguan, 1986　プレキオミメルラ・ペルベルラ

Protapiocera megista Ren, 1998　プロタピオケラ・メギスタ

Protapiocera ischyra Ren, 1998　プロタピオケラ・イスキラ

Protempis minuta Ren, 1998　プロテンピス・ミヌタ

Protonemestrius beipiaoensis Ren, 1998　プロトネメストリウス・ベイピアオエンシス

Protonemestrius jurassicus Ren, 1998　プロトネメストリウス・ジュラッシクス

Order Hymenoptera　膜翅目

Allogaster ovata Ren, 1995　アルロガステル・オウァタ

Alloserphus saxosus Zhang et Zhang, 2001　アルロセルフス・サクソスス

Alloxyelula lingyuanensis Ren, 1995　アルロクシエルラ・リンユアネンシス

Angaridyela endemica Zhang et Zhang, 2000　アンガリディエラ・エンデミカ

Angaridyela exculpta Zhang et Zhang, 2000　アンガリディエラ・エクスクルプタ
Angaridyela robusta Zhang et Zhang, 2000　アンガリディエラ・ロブスタ
Angaridyela suspecta Zhang et Zhang, 2000　アンガリディエラ・ススペクタ
Baissodes grabaui Ren, 1995　バイッソデス・グレーボーイ
Beipiaoserphus elegans Zhang et Zhang, 2000　ベイピアオセルフス・エレガンス
Ceratoxyela decorosa Zhang et Zhang, 2000　ケラトクシエラ・デコロサ
Chengdeserphus petidatus Ren, 1995　チェンデセルフス・ペティダトゥス
Crephanogaster rara Zhang, Rasnitsyn et Zhang, 2002　クレファノガステル・ララ
Eopelecinus similaris Zhang, Rasnitsyn et Zhang, 2002　エオペレキヌス・シミラリス
Eopelecinus vicinus Zhang, Rasnitsyn et Zhang, 2002　エオペレキヌス・ウィキヌス
Eopelecinus shangyuanensis Zhang, Rasnitsyn et Zhang, 2002　エオペレキヌス・シャンユアネンシス
Gurvanotrupes exiguus Zhang et Zhang, 2001　グルワノトルペス・エクシグウス
Gurvanotrupes liaoningensis Zhang et Zhang, 2000　グルワノトルペス・リアオニンゲンシス
Gurvanotrupes stolidus Zhang et Zhang, 2001　グルワノトルペス・ストリドゥス
Heteroxyela ignota Zhang et Zhang, 2000　ヘテロクシエラ・イグノタ
Isoxyela rudis Zhang et Zhang, 2000　イソクシエラ・ルディス
Jeholoropronia pingi Ren, 1995　ジェホロロプロニア・ピンギ
Lethoxyela excurva Zhang et Zhang, 2000　レトクシエラ・エクスクルワ
Lethoxyela vulgata Zhang et Zhang, 2000　レトクシエラ・ウルガタ
Liadoxyela chengdeensis Ren, 1995　リアオドクシエラ・チェンデエンシス
Liaoropronia leonina Zhang et Zhang, 2001　リアオロプロニア・レオニナ
Liaoropronia regia Zhang et Zhang, 2001　リアオロプロニア・レギア
Liaoserphus perrarus Zhang et Zhang, 2001　リアオセルフス・ペルラルス
Liaotoma linearis Ren, 1995　リアオトマ・リネアリス
Liaoxyela antiqua Zhang et Zhang, 2000　リアオクシエラ・アンティクア
Manlaya flexuosa（Ren, 1995）　マンラヤ・フレクスオサ
Mesaulacinus rasnitsyni Ren, 1995　メサウラキヌス・ラスニツィニ
Ocnoserphus sculptus Zhang et Zhang, 2001　オクノセルフス・スクルプトゥス
Palaeathalia laiyangensis Zhang, 1985　パラエアタリア・ライヤンゲンシス
Pompiloperus sp.　ポンピロペルス属の一種
Procretevania pristina Zhang et Zhang, 2000　プロクレテワニア・プリスティナ
Protocyrtus validus Zhang et Zhang, 2001　プロトキルトゥス・ワリドゥス
Protoscolia imperialis Zhang Rasnitsyn et Zhang, 2002　プロトスコリア・インペリアリス
Protoscolia normalis Zhang, Rasnitsyn et Zhang, 2002　プロトスコリア・ノルマリス
Protoscolia sinensis Zhang, Rasnitzyn et Zhang, 2002　プロトスコリア・シネンシス
Saucrotrupes decorosus Zhang et Zhang, 2001　サウクロトルペス・デコロスス
Scalprogaster fossilis Zhang et Zhang, 2001　スカルプロガステル・フォッシリス
Scolichneumon rectivenius Ren, 1995　スコリクネウモン・レクティウェニウス
Scorpiopelecinus versatilis Zhang, Rasnitsyn et Zhang, 2002　スコルピオペレキヌス・ウェルサティリス
Shandongodes lithodes Zhang, 1985　シャンドンゴデス・リトデス
Sinopelecinus delicatus Zhang, Rasnitsyn et Zhang, 2002　シノペレキヌス・デリカトゥ

ス
    Sinopelecinus epigaeus Zhang, Rasnitsyn et Zhang, 2002　シノペレキヌス・エピガエウス
    Sinopelecinus magicus Zhang, Rasnitsyn et Zhang, 2002　シノペレキヌス・マギクス
    Sinopelecinus viriosus Zhang, Rasnitsyn et Zhang, 2002　シノペレキヌス・ウィリオスス
    Sinosepulca giganthoracalis Ren, 1995　シノセプルカ・ギガントラカリス
    Sinowestratia communicata Zhang et Zhang, 2000　シノウェストラティア・コンムニカタ
    Sinoxyela viriosa Zhang et Zhang, 2000　シノクシエラ・ウィリオサ
    Spherogaster coronata Zhang et Zhang, 2001　スフェロガステル・コロナタ
    Steleoserphus beipiaoensis Zhang et Zhang, 2001　ステレオセルフス・ベイピアオエンシス
    Stemmogaster celata Zhang, 1985　ステンモガステル・ケラタ
    Tanychora beipiaoensis Zhang et Rasnitsyn, 2003　タニコラ・ベイピアオエンシス
    Tanychora exquisita Zhang et Rasnitsyn, 2003　タニコラ・エクスクイシタ
    Tanychora sinensis Zhang, 1991　タニコラ・シネンシス
    Tanychora spinata Zhang et Rasnitsyn, 2003　タニコラ・スピナタ
    Tanychorella dubia Zhang et Rasnitsyn, 2003　タニコレルラ・ドゥビア
    Trematothoracoides liaoningensis Zhang, Zhang et Wei, 2001　トレマトトラコイデス・リアオニンゲンシス
    Tuphephialtites zherikhini Zhang, Rasnitsyn et Zhang, 2002　トゥフエフィアルティテス・ゼリクヒニ
    Xyelites lingyuanensis Zhang et Zhang, 2000　クシエリテス・リンユアネンシス
    Yanocleistogaster canaliculata Ren, 1995　ヤノクレイストガステル・カナリクラタ

Phylum Chordata　脊索動物門
 Subphylum Vertebrata　脊椎動物亜綱
  Class Osteichtyes　硬骨魚綱
   Subclass Actinopterygii　条鰭亜綱
    Order Acipenseriformes　チョウザメ目
     Family Peipiaosteidae Liu et Zhou, 1965　ペイピアオステウス科
      Peipiaosteus fengningensis Bai, 1983　ペイピアオステウス・フェンニンゲンシス
      Peipiaosteus pani Liu et Zhou, 1965　ペイピアオステウス・パニ
      Yanosteus longidorsalis Jin, Tian, Yang et Deng, 1995　ヤノステウス・ロンギドルサリス
     Family Polyodontidae Bonaparte, 1838　ヘラチョウザメ科
      Protopsephurus liui Lu, 1994　プロトプセフルス・リウイ
    Order Amiiformes　アミア目
     Family Sinamiidae Berg, 1940　シナミア科
      Sinamia zdanskyi Stensiö, 1935　シナミア・ツダンスキイ
   Superorder Osteoglossomorpha　アロワナ上目
     Family Lycopteridae Cockerell, 1925　リコプテラ科
      Lycoptera davidi (Sauvage, 1880)　リコプテラ・ダヴィディ
      Lycoptera fuxinensis Zhang, 2002　リコプテラ・フシネンシス

Lycoptera muroii (Takai, 1943)　リコプテラ・ムロイイ
Lycoptera sankeyushuensis (Ma et Sun, 1988)　リコプテラ・サンケユシュエンシス
Lycoptera sinensis Woodward, 1901　リコプテラ・シネンシス
Lycoptera tokunagai Saito, 1936　リコプテラ・トクナガイ
Family Kuyangichthyidae Liu, Ma et Liu, 1982　クヤンギクティス科
Jinanichthys longicephalus (Liu, Su, Huang et Zhang, 1963)　ジナニクティス・ロンギケファルス
Teleostei incertae sedis　分類位置不明の真骨魚類
Longdeichthys luojiaxiaensis Liu, 1982　ロンデイクティス・ルオジアシアエンシス

Class Amphibia Linnaeus, 1758　両生綱
　Subclass Lissamphibia Haeckel, 1866　平滑両生亜綱
　　Superorder Salientia Laurenti, 1768　跳躍上目
　　　Order Anura Rafinesque, 1815　無尾目
　　　　Family Discoglossidae Günther, 1859　スズガエル科
　　　　　Callobatrachus sanyanensis Wang et Gao, 1999　カルロバトラクス・サンヤネンシス
　　　　Family incertae sedis　科の分類不確定
　　　　　Liaobatrachus grabaui Ji et Ji, 1998　リアオバトラクス・グレーボーイ
　　　　　Mesophryne beipiaoensis Gao et Wang, 2001　メソフリネ・ベイピアオエンシス
　　Superorder Caudata Scopoli, 1777　具尾上目
　　　Order Urodela Duméril, 1806　有尾目
　　　　Family Cryptobranchidae Fitzinger, 1826　オオサンショウウオ科
　　　　　Chunerpeton tianyiensis Gao et Shubin, 2003　クネルペトン・ティアンイエンシス
　　　　Family incertae sedis　科の分類不確定
　　　　　Jeholotriton paradoxus Wang, 2000　ジェホロトリトン・パラドクスス
　　　　　Laccotriton subsolanus Gao, Cheng et Xu, 1998　ラッコトリトン・スプソラヌス
　　　　　Liaoxitriton zhongjiani Dong et Wang, 1998　リアオシトリトン・ゾンジアニ
　　　　　Sinerpeton fengshanensis Gao et Shubin, 2001　シネルペトン・フェンシャネンシス

Class Reptilia　爬虫綱
　Order Chelonia　カメ目
　　Suborder Cryptodira　潜頸亜目
　　　Family Sinemydidae Yeh, 1963　シネミス科
　　　　Manchurochelys liaoxiensis Ji, 1995　マンチュロケリス・リアオシエンシス
　　　　Manchurochelys manchoukuoensis Endo et Shikama, 1942　マンチュロケリス・マンチョウクオエンシス

　Subclass Diapsida　二弓亜綱
　　Order Choristodera　コリストデラ目
　　　Family incertae sedis　科の分類不確定
　　　　Hyphalosaurus lingyuanensis Gao, Tang et Wang, 1999　ヒファロサウルス・リンユアネンシス
　　　　　（＝ *Sinohydrosaurus lingyuanensis* Li, Zhang et Ji, 1999　シノヒドロサウルス・リンユアネンシス）
　　　　Ikechosaurus gaoi Lü, Kobayashi et Li, 1999　イケコサウルス・ガオイ

Monjurosuchus splendens Endo, 1940　モンジュロスクス・スプレンデンス

Infraclass Lepidosauromorpha　鱗竜下綱
　Order Squamata　有鱗目
　　Suborder Lacertilia　トカゲ亜目
　　　Infraorder Gekkota　ヤモリ下目
　　　　Family Ardeosauridae Camp, 1923　アルデオサウルス科
　　　　　Yabeinosaurus tenuis Endo et Shikama, 1942　ヤベイノサウルス・テヌイス
　　　Infraorder Scincomorpha　トカゲ下目
　　　　Family? Lacertidae Gray, 1825　カナヘビ科？
　　　　　Jeholacerta formosa Ji et Ren, 1999　ジェホラケルタ・フォルモサ
　　　Infraorder incertae sedis　下目の分類不確定
　　　　Family incertae sedis　科の分類不確定
　　　　　Dalinghosaurus longidigitus Ji, 1998　ダリンホサウルス・ロンギディギトゥス

Subclass Archosauromorpha　主竜形亜綱
　Order Pterosauria　翼竜目
　　Suborder Rhamphorhyncoidea　嘴口竜亜目
　　　Family Anurognathidae Khun, 1937　アヌログナトゥス科
　　　　Dendrorhynchoides curvidentatus（Ji et Ji, 1998）デンドロリンコイデス・クルウィデンタトゥス
　　　　Jeholopterus ningchengensis Wang, Zhou, Zhang et Xu, 2002　ジェホロプテルス・ニンチェンゲンシス
　　Suborder Pterodactyloidea　翼指竜亜目
　　　Family Anhangueridae Campos et Kellner, 1985　アンハングエラ科
　　　　Liaoningopterus gui Wang et Zhou, 2003　リアオニンゴプテルス・グイ
　　　Family Nyctosauridae Nicholson et Lydekker, 1889　ニクトサウルス科
　　　　Chaoyangopterus zhangi Wang et Zhou, 2003　チャオヤンゴプテルス・ザンギ
　　　Family Pterodactylidae Bonaparte, 1838　プテロダクティルス科
　　　　Eosipterus yangi（Ji et Ji, 1997）エオシプテルス・ヤンギ
　　　　Haopterus gracilis Wnag et Lü, 2001　ハオプテルス・グラキリス
　　　Family Tapejaridae Kellner, 1989　タペヤラ科
　　　　Sinopterus dongi Wang et Zhou, 2002　シノプテルス・ドンギ

　Order Saurischia　竜盤目
　　Suborder Theropoda　獣脚亜目
　　　Family Compsognathidae　コンプソグナトゥス科
　　　　Sinosauropteryx prima Ji et Ji, 1996　シノサウロプテリクス・プリマ
　　　Family Dromaeosauridae Matthew et Brown, 1922　ドロマエオサウルス科
　　　　Sinornithosaurus millenii Xu, Wang et Wu, 1999　シノルニトサウルス・ミルレニイ
　　　　Microraptor gui Xu, Zhou, Wang, Kuang, Zhang et Du, 2003　ミクロラプトル・グイ
　　　　Microraptor zhaoianus Xu, Zhou et Wang, 2000　ミクロラプトル・ザオイアヌス
　　　Family Troodontidae Gilmore, 1924　トロオドン科
　　　　Sinovenator changii Xu, Norell, Wang, Makovicky et Wu, 2002　シノヴェナトル・チャンギイ

Superfamily Therizinosauroidea　テリジノサウルス上科
　　Family incertae sedis　科の分類不確定
　　　　Beipiaosaurus inexpectus Xu, Tang et Wang, 1999　ベイピアオサウルス・イネクスペクトゥス
Infraorder Oviraptorosauria　オヴィラプトロサウルス下目
　　Family Caudipteridae Zhou et Wang, 2000　カウディプテリクス科
　　　　Caudipteryx zoui Ji, Currie, Norell et Ji, 1998　カウディプテリクス・ゾウイ
　　　　Caudipteryx dongi Zhou et Wang, 2000　カウディプテリクス・ドンギ
　　Family incertae sedis　科の分類不確定
　　　　Incisivosaurus gauthieri Xu, Cheng, Wang et Chang, 2002　インキシヴォサウルス・ガウティエリ
Theropoda, Family incertae sedis　獣脚類，科の分類不確定
　　　　Epidendrosaurus ningchengensis Zhang, Zhou, Xu et Wang, 2002　エピデンドロサウルス・ニンチェンゲンシス
　　　　Protarchaeopteryx robusta Ji et Ji, 1997　プロタルカエオプテリクス・ロブスタ
　　　　Yixianosaurus longimanus Xu et Wang, 2003　イシアノサウルス・ロンギマヌス

Order Ornithischia　鳥盤目
　Suborder Ankylosauria　よろい竜亜目
　　Family incertae sedis　科の分類不確定
　　　　Liaoningosaurus paradoxus Xu, Wang et You, 2001　リアオニンゴサウルス・パラドクスス
　Suborder Ceratopsia　角竜亜目
　　Family Psittacosauridae Osborn, 1923　プシッタコサウルス科
　　　　Hongshanosaurus houi You, Xu et Wang, 2003　ホンシャノサウルス・ホウイ
　　　　Psittacosaurus meileyingensis Sereno, Zhao, Cheng et Rao, 1988　プシッタコサウルス・メイレインゲンシス
　　　　Psittacosaurus mongoliensis Osborn, 1923　プシッタコサウルス・モンゴリエンシス
　　Neoceratopsia　新角竜類
　　　　Liaoceratops yanzigouensis Xu, Makovicky, Wang, Norell et You, 2002　リアオケラトプス・ヤンジゴウエンシス
　Suborder Ornithopoda　鳥脚亜目
　　Family incertae sedis　科の分類不確定
　　　　Jeholosaurus shangyuanensis Xu, Want et You, 2000　ジェホロサウルス・シャンユアネンシス
　　Infraorder Iguanodontia　イグアノドン下目
　　　Family incertae sedis　科の分類不確定
　　　　Jinzhousaurus yangi Wang et Xu, 2001　ジンゾウサウルス・ヤンギ

Class Aves　鳥綱
　Subclass Sauriurae　蜥鳥亜綱
　　Order and Family indet.　目および科の分類不確定
　　　　Jeholornis prima Zhou et Zhang, 2002　ジェホロルニス・プリマ
　　　　Sapeornis chaoyangensis Zhou et Zhang, 2002　サペオルニス・チャオヤンゲンシス
　　Order Confuciusornithiformes　孔子鳥目
　　　Family Confuciusornithidae Hou, Zhou, Gu et Zhang, 1995　孔子鳥科

Changchengornis hengdaoziensis Ji, Chiappe et Ji, 1999　チャンチェンゴルニス・ヘンダオジエンシス

Confuciusornis chuonzhous Hou, 1997　コンフキウソルニス・チュオンゾウス

Confuciusornis dui Hou, Martin, Zhou et Feduccia, 1999　コンフキウソルニス・ドゥイ

Confuciusornis sanctus Hou, Zhou, Gu et Zhang, 1995　コンフキウソルニス・サンクトゥス

Confuciusornis suniae Hou, 1997　コンフキウソルニス・スニアエ

Jinzhouornis yixianensis Hou, Zhou, Zhang et Gu, 2002　ジンゾウオルニス・イシアネンシス

Jinzhouornis zhangjiyingia Hou, Zhou, Zhang et Gu, 2002　ジンゾウオルニス・ザンジインギア

Subclass Enantiornithes Walker, 1981　エナンティオルニス（反鳥）亜綱

　Order Eoenantiornithiformes　エオエナンティオルニス（始反鳥）目

　　Family Eoenantiornithidae Hou, Martin, Zhou et Feduccia, 1999　エオエナンティオルニス（始反鳥）科

　　　Eoenantiornis buhleri Hou, Martin, Zhou et Feduccia, 1999　エオエナンティオルニス・ブレリ

　Order Liaoxiornithiformes　遼西鳥目

　　Family Liaoxiornithidae Hou, Zhou, Zhang et Gu, 2002　遼西鳥科

　　　Liaoxiornis delicatus Hou et Chen, 1999　リアオシオルニス・デリカトゥス

　Order Sinornithiformes　中国鳥目

　　Family Sinornithidae Hou, 1997　中国鳥科

　　　Sinornis santensis Sereno et Rao, 1992　シノルニス・サンテンシス

　Order Cathayornithiformes　華夏鳥目

　　Family Cathayornithidae Zhou, Jin et Zhang, 1992　華夏鳥科

　　　Eocathayornis walkeri Zhou, 2002　エオカタイオルニス・ウォーカーリ

　　　Cathayornis aberransis Hou, Zhou, Zhang et Gu, 2002　カタイオルニス・アベルランシス

　　　Cathayornis caudatus Hou, 1997　カタイオルニス・カウダトゥス

　　　Cathayornis yandica Zhou, Jin et Zhang, 1992　カタイオルニス・ヤンディカ

　　　Longchengornis sanyanensis Hou, 1997　ロンチェンゴルニス・サンヤネンシス

　　Family Cuspirostrisornithidae Hou, 1997　尖嘴鳥科

　　　Cuspirostrisornis houi Hou, 1997　クスピロストリソルニス・ホウイ

　　　Largirostrornis sexdentornis Hou, 1997　ラルギロストロルニス・セクスデントルニス

　Order Longipterygiformes　長翼鳥目

　　Family Longipterygidae Zhang, Zhou, Hou et Gu, 2000　長翼鳥科

　　　Longipteryx chaoyangensis Zhang, Zhou, Hou et Gu, 2000　ロンギプテリクス・チャオヤンゲンシス

　Enantiornithes, Order and Family indet.　エナンティオルニス（反鳥）類，目および科の分類不確定

　　Boluochia zhengi Zhou, 1995　ボルオチア・ゼンギ

　　Jibeinia luanhera Hou, 1997　ジベイニア・ルアンヘラ

　　Otogornis genghisi Hou, 1994　オトゴルニス・ゲンギシ

　　Protopteryx fengningensis Zhang et Zhou, 2000　プロトプテリクス・フェンニンゲンシス

Subclass Ornithurae　真鳥亜綱
　　　Order Liaoningornithiformes　遼寧鳥目
　　　　　Family Liaoningornithidae Hou, 1996　遼寧鳥科
　　　　　　　Liaoningornis longidigitus Hou, 1996　リアオニンゴルニス・ロンギディギトゥス
　　　Order Chaoyangiformes　朝陽鳥目
　　　　　Family Chaoyangidae Hou, 1997　朝陽鳥科
　　　　　　　Chaoyangia beishanensis Hou et Zhang, 1993　チャオヤンギア・ベイシャネンシス
　　　　　Family Songlingornithidae Hou, 1997　松嶺鳥科
　　　　　　　Songlingornis linghensis Hou, 1997　ソンリンゴルニス・リンヘンシス
　　　　　Family incertae sedis　科の分類不確定
　　　　　　　Yixianornis grabaui Zhou et Zhang, 2001　イシアノルニス・グレーボーイ
　　　Order Yanornithiformes Zhou et Zhang, 2001　燕鳥目
　　　　　Family Yanornithidae Zhou et Zhang, 2001　燕鳥科
　　　　　　　Yanornis martini Zhou et Zhang, 2001　ヤノルニス・マルティニ
　　　Order Gansuiformes Hou et Liu, 1984　甘粛鳥目
　　　　　Family Gansuidae Hou et Liu, 1984　甘粛鳥科
　　　　　　　Gansus yumenensis Hou et Liu, 1984　ガンスス・ユメネンシス

Class Mammalia　哺乳綱
　　　Order Triconodonta　三錐歯目
　　　　　Family incertae sedis　科の分類不確定
　　　　　　　Jeholodens jenkinsi Ji, Luo et Ji, 1999　ジェホロデンス・ジェンキンシ
　　　　　Family Repenomamidae Li, Wang, Wang et Li, 2000　レペノマムス科
　　　　　　　Repenomamus robustus Li, Wang, Wang et Li, 2000　レペノマムス・ロブストゥス
　　　　　Family Gobiconodontidae Chow et Rich, 1984　ゴビコノドン科
　　　　　　　Gobiconodon zofiae Li, Wang, Hu et Meng, 2003　ゴビコノドン・ゾフィアエ
　　　Order Multituberculata　多丘歯目
　　　　　Family Eobaataridae Kielan-Jaworowska, Dashzeveg et Trofimov, 1987　エオバアタル科
　　　　　　　Sinobaatar lingyuanensis Hu et Wang, 2002　シノバアタル・リンユアネンシス
　　　Order Symmetrodonta　相称歯目
　　　　　Family Spalacotheriidae Marsh, 1887　スパラコテリウム科
　　　　　　　Maotherium sinensis Rougier, Ji et Novacek, 2003　マオテリウム・シネンシス
　　　　　　　Zhangheotherium quinquecuspidens Hu, Wang, Luo et Li, 1997　ザンヘオテリウム・クインクエクスピデンス
　Infraclass Eutheria　真獣下綱
　　　Order and Family incertae sedis　目および科の分類不確定
　　　　　　　Eomaia scansoria Ji, Luo, Yuan, Wible, Zhang et Georgi, 2002　エオマイア・スカンソリア

Plantae　植物界

Division Charophyta　シャジクモ植物門
　Class Charophyceae　シャジクモ綱
　　　Order Charales　シャジクモ目
　　　　　Family Characeae L. Cl. Richard, 1815　シャジクモ科

Subfamily Aclistocharoideae Mädler, 1952　アクリストカラ亜科
Aclistochara huihuibaoensis S. Wang, 1965　アクリストカラ・フイフイバオエンシス
Aclistochara mundula Peck, 1941　アクリストカラ・ムンドゥラ
Subfamily Charoideae Leonhardi, 1863　シャジクモ亜科
Mesochara producta Liu et Wu, 1985　メソカラ・プロドゥクタ
Mesochara voluta（Peck, 1937）　メソカラ・ウォルタ
Mesochara xuanziensis Yang, 1983　メソカラ・シュアンジエンシス
Subfamily Nitelloideae Al. Braun et Migula, 1890　フラスコモ亜科
Peckisphaera multispira（Lu et Yuan, 1991）　ペッキスファエラ・ムルティスピラ
Peckisphaera verticillata（Peck, 1937）　ペッキスファエラ・ウェルティキルラタ
Peckisphaera paragranulifera（S. Wang, 1965）　ペッキスファエラ・パラグラヌリフェラ
Family Clavatoraceae Pia, 1927　クラヴァトル科
Atopochara trivolvis triquetra L. Grambast, 1968　アトポカラ・トリウォルウィス・トリクエトラ
Flabellochara harrisi（Peck, 1941）　フラベルロカラ・ハルリシ
Flabellochara hebeiensis Lu, Zhang et Zhao, 1981　フラベルロカラ・ヘベイエンシス
Family Porocharaceae L. Grambast, 1962　ポロカラ科
Subfamily Cuneatocharoideae Z. Wang et Huang, 1978　クネアトカラ亜科
Minhechara sp.　ミンヘカラ属の一種

Free-sporing plants　胞子植物類
　Bryophyta　コケ植物類
Muscites drepanophyllus Wu, 1999　ムスキテス・ドレパノフィルルス
Muscites tenellus Wu, 1999　ムスキテス・テネルルス
Thallites dasyphyllus Wu, 1999　タルリテス・ダシフィルルス
Thallites riccioites Wu, 1999　タルリテス・リッキオイテス
　Lycopsida　ヒカゲノカズラ類
Lycopodites faustus Wu, 1999　リコポディテス・ファウストゥス
　Sphenopsida　トクサ類
Equisetites longevaginatus Wu, 1999　エクイセティテス・ロンゲワギナトゥス
　Filicopsida　真正シダ類
Botrychites reheensis Wu, 1999　ボトリキテス・レヘエンシス
Coniopteris burejensis（Zalessky）Seward, 1904　コニオプテリス・ブレイエンシス
Coniopteris spectabilis Brick, 1953　コニオプテリス・スペクタビリス
Eboracia lobifolia（Phillips）Thomas, 1829　エボラキア・ロビフォリア

Seed plants　種子植物類
　Ginkgoales　イチョウ類
Baiera borealis Wu, 1999　バイエラ・ボレアリス
Baiera gracilis（Been Ms）Bunbary, 1851　バイエラ・グラキリス
Ginkgo apodes Zheng et Zhou, 2003　ギンゴ・アポデス
Ginkgoites sp.　ギンゴイテス属の一種
Sphenobaiera sp.　スフェノバイエラ属の一種
　Czekanowskiales　チェカノフスキア類

Czekanowskia? debilis Wu, 1999　チェカノフスキア？・デビリス
Solenites murrayana Lindley et Hutton, 1834　ソレニテス・ムルラヤナ
Sphenarion parilis Wu, 1999　スフェナリオン・パリリス

Coniferales　球果類

Brachyphyllum cf *japonicum* (Yokoyama) Ôishi, 1894　ブラキフィルルム・ヤポニクムの類似種
Brachyphyllum rhombicum Wu, 1999　ブラキフィルルム・ロンビクム
Cupressinocladus sp.　クプレッシノクラドゥス属の一種
Cyparissidium sp.　キパリッシディウム属の一種
Elatocladus leptophyllus Wu, 1999　エラトクラドゥス・レプトフィルルス
Pityocladus densifolius Wu, 1999　ピティオクラドゥス・デンシフォリウス
Pityospermum sp.　ピティオスペルムム属の一種
Schizolepis beipiaoensis Wu, 1999　スキゾレピス・ベイピアオエンシス
Schizolepis jeholensis Yabe et Endo, 1934　スキゾレピス・ジェホレンシス

Bennettitales　ベネティテス類

Tyrmia acrodonta Wu, 1999　ティルミア・アクロドンタ
Williamsonia bella Wu, 1999　ウィリアムソニア・ベルラ

Bennettitales?　ベネティテス類？

Rehezamites anisolobus Wu, 1999　レヘザミテス・アニソロブス
Rehezamites sp.　レヘザミテス属の一種

Gnetales　グネツム類

Liaoxia changii (Cao et Wu, 1997)　リアオシア・チャンギイ
Liaoxia chenii Cao et Wu, 1997　リアオシア・チェニイ
Chaoyangia liangii Duan, 1997　チャオヤンギア・リアンギイ

Angiospermae　被子植物類

Sinocarpus decussatus Leng et Friis, 2003　シノカルプス・デクッサトゥス

Angiospermae?　被子植物類？

Archaefructus liaoningensis Sun, Dilcher, Zheng et Zhou, 1998　アルカエフルクトゥス・リアオニンゲンシス
Archaefructus sinensis Sun, Dilcher, Ji et Nixon, 2002　アルカエフルクトゥス・シネンシス
Beipiaoa parva Dilcher, Sun et Zheng, 2001　ベイピアオア・パルワ
Beipiaoa rotunda Dilcher, Sun et Zheng, 2001　ベイピアオア・ロトゥンダ
Beipiaoa spinosa Dilcher, Sun et Zheng, 2001　ベイピアオア・スピノサ
Liaoningocladus boii Sun, Zheng et Mei, 2000 (*Potamogeton*? sp.; *Orchidites lancifolius* Wu, 1999; *Orchidites linearifolius* Wu, 1999)　リアオニンゴクラドゥス・ボイイ（ポタモゲトン属？の一種；　オルキディテス・ランキフォリウス；　オルキディテス・リネアリフォリウス）
Trapa? sp.　トラパ属？の一種

Plantae Incertae Sedis　分類位置不明の植物

Antholithus ovatus Wu, 1999　アントリトゥス・オワトゥス
Carpolithus sp.　カルポリトゥス属の一種
Erenia stenoptera Krassilov, 1982　エレニア・ステノプテラ
Lilites reheensis Wu, 1999　リリテス・レヘエンシス
Polygonites planus Wu, 1999　ポリゴニテス・プラヌス

Polygonites polyclonus Wu, 1999　ポリゴニテス・ポリクロヌス

Rhizoma elliptica Wu, 1999　リゾマ・エルリプティカ

Typhaera fusiformis Krassilov, 1982　ティファエラ・フシフォルミス

Spores and pollen　胞子と花粉

Bryophyte spores　コケ植物の胞子

Stereisporites antiquasporites (Welson et Webster, 1946) Dettmann, 1963　ステレイスポリテス・アンティクアスポリテス

Pteridophyte spores　シダ植物の胞子

Cyathidites minor Couper, 1953　キアティディテス・ミノル

Leptolepidites verrucosus Couper, 1953　レプトレピディテス・ウェルコスス

Osmundacidites wellmanii Couper, 1953　オスムンダキディテス・ウェルマニイ

Baculatisporites comaumensis (Cookson, 1953) Potonié, 1956　バクラティスポリテス・コマウメンシス

Neoraistrickia equalis (Cookson et Dettmann, 1958) Pu et Wu, 1985　ネオライストリッキア・エクアリス

Lycopodiumsporites austroclavatidites (Cookson, 1953) Potonié, 1956　リコポディウムスポリテス・アウストロクラワティディテス

Klukisporites pseudoreticulatus Couper, 1958　クルキスポリテス・プセウドレティクラトゥス

Cicatricosisporites australiensis (Cookson, 1953) Balme, 1957　キカトリコシスポリテス・アウストラリエンシス

Cicatricosisporites pacificus (Bolchovitina, 1961) Zhang, 1965　キカトリコシスポリテス・パキフィクス

Schizaeoisporites certus (Bolchovitina, 1956) Gao et Zhao, 1976　スキザエオイスポリテス・ケルトゥス

Tenuangulasporis qiuchengensis (Wang et Li, 1981) Jia, 1986　テヌアングラスポリス・キウチェンゲンシス

Tenuangulasporis microverrucosus (Zhang, 1984) Jia, 1986　テヌアングラスポリス・ミクロウェルコスス

Densoisporites microrugulatus Brenner, 1963　デンソイスポリテス・ミクロルグラトゥス

Cyclocristella senticosa Phillips et Felix, 1971　キクロクリステルラ・センティコサ

Gymnospermous pollen　裸子植物の花粉

Perinopollenites elatoides Couper, 1958　ペリノポルレニテス・エラトイデス

Classopollis annulatus (Verbitskaya, 1962) Li, 1984　クラッソポルリス・アンヌラトゥス

Ginkgocycadophytus nitidus (Balme, 1957) de Jersey, 1962　ギンゴキカドフィトゥス・ニティドゥス

Jugella claribaculata Mtchedlishvili et Shakhmundes, 1973　ユゲルラ・クラリバクラタ

Ephedripites sp.　エフェドリピテス属の一種

Jiaohepollis annulatus Yu et Miao, 1984　ジアオヘポルリス・アンヌラトゥス

Jiaohepollis flexuosus (Miao, 1982) Miao et Yu, 1984　ジアオヘポルリス・フレクスオスス

Callialasporites dampieri（Balme, 1957）Dev, 1961　カルリアラスポリテス・ダンピエリ
Bicestopollis wulanensis Li, 1983　ビケストポルリス・ウラネンシス
Caytonipollenites pallidus（Reissinger, 1950）Couper, 1958　カイトニポルレニテス・パルリドゥス
Quadraeculina anellaeformis Maljawkina, 1949　クアドラエクリナ・アネルラエフォルミス
Quadraeculina limbata Maljawkina, 1949　クアドラエクリナ・リンバタ
Protoconiferus funarius（Naumova, 1937）Bolchovitina, 1956　プロトコニフェルス・フナリウス
Protopinus sp.　プロトピヌス属の一種
Pseudopicea variabiliformis（Maljawkina, 1949）Bolchovitina, 1956　プセウドピケア・ワリアビリフォルミス
Pseudopicea rotundiformis（Maljawkina, 1949）Bolchovitina, 1956　プセウドピケア・ロトゥンディフォルミス
Pinuspollenites divulgatus（Bolchovitina, 1956）Qu, 1980　ピヌスポルレニテス・ディウルガトゥス
Abietineaepollenites pectinellus（Maljawkina, 1949）Liu, 1982　アビエティネアエポルレニテス・ペクティネルルス
Abiespollenites spp.　アビエスポルレニテス属の数種
Piceaepollenites sp.　ピケアエポルレニテス属の一種
Cedripites pusillus（Zauer, 1954）Krutzsch, 1971　ケドリピテス・プシルルス
Cedripites microsaccoides Song et Zheng, 1981　ケドリピテス・ミクロサッコイデス
Podocarpidites multesimus（Bolchovitina, 1956）Pocock, 1962　ポドカルピディテス・ムルテシムス
Podocarpidites ornatus Pocock, 1962　ポドカルピディテス・オルナトゥス

研究機関・組織の略称

AMNH	American Museum of Natural History	アメリカ自然史博物館
CAS	Chinese Academy of Sciences	中国科学院
CIB	Chengdu Institute of Biology, Chinese Academy of Sciences	中国科学院成都生物研究所
CMNH	Carnegie Museum of Natural History	カーネギー自然史博物館
CNU	Capital Normal University（Beijing）	首都師範大学（北京）
FMNH	The Field Museum of Natural History	フィールド自然史博物館
GPH	Geological Publishing House（Beijing）	地質出版社（北京）
IHB	Institute of Hydrobiology, Chinese Academy of Sciences	中国科学院水生生物研究所
IVPP	Institute of Vertebrate Paleontology and Paleoanthropology, Chinese Academy of Sciences	中国科学院古脊椎動物古人類研究所
KIB	Kunming Institue of Botany, Chinese Academy of Sciences	中国科学院昆明植物研究所
KU	University of Kansas	カンザス大学
NIGP	Nanjing Institute of Geology and Palaeontology, Chinese Academy of Sciences	中国科学院南京地質古生物研究所
NRM	Naturhistoriska riksmuseet（Swedish Museum of Natural History）	スウェーデン自然史博物館
PKU	Peking University	北京大学
SAPE	Society of Avian Paleontology and Evolution	古鳥類学会
ZMUA	Zoological Museum, University of Amsterdam	アムステルダム大学動物学博物館

監訳者あとがき

　私は，地質学の中でも，下部白亜系の化石層序と国際対比をおもに行っている．目的は白亜紀前期の生物群や環境を調べて，この時代の地史を明らかにすることである．そうなると，たとえば太平洋に面する千葉県の銚子層群のような海成層，内陸の群馬県に位置する山中（さんちゅう）白亜系のように海成層と非海成層が互層するもの，日本海に近く非海成層が優勢な手取層群，さらに海をへだてた大陸側の熱河層群のような非海成層が，東から西にかけて順次配列し，しかも生成時の同時性を示唆している点がとても気になる．当時は今の日本海が存在せず，日本と中国は陸続きであった．

　純粋に海成層だけの対比だと，私の専門とする示準化石アンモナイトを活用して，すっきりと対比が行えるのであるが，海成層と非海成層の対比となると，一筋縄ではいかない．そこが難しいところでもあるが，また逆に地質学の面白いところでもある．このような場合には，それぞれの地層の独自性をいかして，時代決定をするという総合的な地質学的配慮が必要になる．熱河層群の場合には，全層に多量に含まれる凝灰岩の放射性元素の質量分析を数層群からのサンプリングをもとに行って，近年になって時代を確定した好例となっている（本文 p.12, 16 の地質柱状図を参照）．

　中国東北部の遼寧省西部は，リコプテラと称する小さな魚類化石を多産することで昔からよく知られ，戦前や戦中の世代の方々は，満州みやげとして日本にもしばしば持ち込まれていたことをご記憶かもしれない．熱河層群は火山噴出岩で構成され，厚さ約 2500 m に及ぶ破砕岩類からなり，かつてはジュラ紀後期の堆積物とみなされたものであるが，今日では白亜紀前期のバレミアン初期からアルビアン初期にわたることが確実とされる．この熱河層群から産する化石生物のすべてを含めて熱河生物群と称する．この生物群を示す化石は，戦後の学術雑誌に多数発表されてきたし，特に羽毛を備えた小型肉食恐竜の発見とその研究成果は，単に論文だけでなく，新聞・テレビなどで喧伝されるので，皆の知るところとなった．

　とはいっても断片的な報道では深く掘り下げるまでにはいたらないし，多数にのぼる一次文献にあたるというのは，専門の古生物学者以外の方々には難しい．そのような状況を打開すべく，2001 年にまず『熱河生物群』と題する中国語の本が出版された．引き続き 2003 年の末には，大幅に加筆改訂された英語版の豪華本が同じく上海科学技術出版社から発行された．本書はその本 "The Jehol Biota" の全訳である（なお，同書は英語圏向けに "The Jehol Fossils" として Academic Press から刊行される）．執筆者は，それぞれ専門分野の研究者 30

名からなり，ほとんど中国科学アカデミーの古脊椎動物学古人類学研究所と南京地質学古生物学研究所のメンバーによる．このような豪華本が，まず中国人研究者たちの協力により，中国の出版社から発行されたことを，心からお祝いしたい．

　近年，熱河層群が世界的に注目されている1つの理由は，いうまでもないことではあるが，羽毛の生えた恐竜たちや，多種類の鳥たちの化石の産出であり，本書にも詳述されている．シノサウロプテリクス（中華竜鳥），カウディプテリクス（尾羽竜），ベイピアオサウルス（北票竜），シノルニトサウルス（中国鳥竜），ミクロラプトルなど，羽毛が残された理由は，死因が火山灰の降る無酸素環境によるもので，酸素による腐敗を免れたうえに，きめの細かい凝灰岩中に堆積したため，羽毛のような微細な構造を壊さないで保存することができたという．今風にいうとまさに保存ラーゲルシュテッテンの典型例である．

　いろいろな恐竜の羽毛の特徴をそれぞれ詳しく調べていくと，羽毛のタイプがいくつかに分かれ，段階的に進化していったことがわかる．それぞれの新しく出現した特徴は，次の段階で出現する新しい特徴の基礎となっている．このように，個々の恐竜の羽が伸びていく様子は，長い地質時代の時間の流れの中で羽がどのように進化してきたかを語ってくれそうだ．こうして，発生を通して進化の過程を解明しようとして，新しく復活した分野がある．進化発生生物学（略してエボ・デボという）誕生のきっかけをつくったのが，ほかでもない熱河生物群の羽毛恐竜たちである．熱河生物群は，その繁栄時期には，西シベリアからモンゴル，新疆（しんきょう）ウイグル自治区，朝鮮半島，日本の北陸地方にまで及んでいたらしい．日本で恐竜が繁栄した時期の一部と重なる点でも興味深い．

2007年10月

小畠郁生

事項索引

ア 行

アブレステリア（*Abrestheria*） 32
アルカエフルクトゥス（*Archaefructus*） 146, 156
アルレステリア（*Allestheria*） 35
アンプロワルワタ属の一種（*Amplovalvata* sp.） 26
アンボネルラ（*Ambonella*） 32

イケコサウルス（*Ikekosaurus*） 80
イシアネルラ（*Yixianella*） 39
イチョウ属（*Ginkgo*） 144
イチョウ類（Ginkgoales） 143
インキシヴォサウルス（*Incisivosaurus*） 14, 97

ウィエラエルラ（*Vieraella*） 63
ウィンケレステス（*Vincelestes*） 132, 133
ウェイチャンゲルラ（*Weichangella*） 31
ウェルウィッチア（*Welwitschia*） 146
ヴェロキラプトル（*Velociraptor*） 94

エオシプテルス（*Eosipterus*） 15, 84, 88
エオセステリア-エフェメロプシス-リコプテラ群集（E-E-L生物群） 3, 11
エオセステリア-ディエステリア（*Eosestheria-Diestheria*）群集 32
エオセステリア-ヤンジエステリア（*Eosestheria-Yanjiestheria*）群集 35
エオセステリオプシス（*Eosestheriopsis*） 35
エオパラキプリス（*Eoparacypris*） 37
エオマイア（*Eomaia*） 17, 132
エクイセティテス（*Equisetites*） 140
エピデンドロサウルス（*Epidendrosaurus*） 97
エフェドラ（*Ephedra*） 146
エフェドリテス属（*Ephedrites*） 146
エフェドリピテス（*Ephedripites*） 163
エフェメロプシス（*Ephemeropsis*） 3
エボラキア（*Eboracia*） 143
エラトクラドゥス（*Elatocladus*） 145
燕鳥（ヤノルニス）（*Yanornis*） 19, 90, 122, 123
エンドテリウム（*Endotherium*） 124

オルキディテス（*Orchidites*） 156, 158

カ 行

貝形虫類 36
貝甲類 32
会鳥（サペオルニス）（*Sapeornis*） 19, 90, 110, 115, 123
カウディプテリクス（*Caudipteryx*） 5, 15, 23, 89, 94, 102
カエル類 60
科学革命 1
華夏鳥（カタイオルニス）（*Cathayornis*） 15, 19, 90, 107, 113, 114, 123
化石産地の分布 11
花粉 161
カメ類 71
ガルバ（*Galba*） 27
カルポリトゥス類（*Carpolithus*） 150
カルロバトラクス（*Callobatrachus*） 15

義県層 7, 10
——下部の層序 16
義県鳥（イシアノルニス）（*Yixianornis*） 19, 122, 123
キプリデア（*Cypridea*） 38
キプリデア（ウルウェルリア亜属）（*Cypridea*（*Ulwellia*）） 39
キプリデア亜属（*Cypridea*（*Cypridea*）） 38
球果植物類（Coniferales） 145
恐竜 92
魚類 54
ギンゴイテス属（*Ginkgoites*） 144
キンポウゲ属（*Ranunculus*） 5

グネツム（*Gnetum*） 146
グネツム類（gnetales） 5, 146, 155
クネルペトン（*Chunerpeton*） 64
九仏堂層 10
クモ類 45, 53
クラッソポルリス（*Classopollis*） 163
クリプトバアタル（*Kryptobaatar*） 129
グルワネルラ属（*Gurvanella*） 146
グレーボー（Amadeus W. Grabau） 2, 11

ケイロキプリデア（*Cheilocypridea*） 39
原羽鳥（プロトプテリクス）（*Protopteryx*） 17, 114, 115, 119, 123

孔子鳥（コンフキウソルニス）（*Confuciusornis*） 15, 17, 108-111, 115, 120, 123
コケ植物類（Bryophyta） 139
古地理図 6, 7
コニオプテリス（*Coniopteris*） 143
ゴビコノドン（*Gobiconodon*） 14, 126, 132, 133
コリストデラ類 74
金剛山層 19

昆虫類　45
コンプソグナトゥス（*Compsognathus*）　94

サ 行

ザプティキウス（*Zaptychius*）　26
ザリガニ類（crayfish）　40
サンショウウオ類　64
三錐歯類（tricondonts）　124, 129
サンタイサウルス（*Santaisaurus*）　81
ザンヘオテリウム（*Zhangheotherium*）　15, 129, 131-133

ジェホロサウルス（*Jeholosaurus*）　14
ジェホロデンス（*Jeholodens*）　15, 132
ジェホロトリトン（*Jeholotriton*）　67
ジェホロプテルス（*Jeholopterus*）　85, 86, 89
四合屯　9, 10
ジナニクティス（*Jinanichthys*）　19, 54, 59
シナミア（*Sinamia*）　23, 54, 56, 57
シノヴェナトル（*Sinovenator*）　14, 95
シノカルプス（*Sinocarpus*）　157
シノコノドン（*Sinoconodon*）　124, 132
シノサウロプテリクス（*Sinosauropteryx*）　5, 15, 17, 86, 89, 93, 94, 102
シノバアタル（*Sinobaatar*）　17, 128, 129, 132
シノプテルス（*Sinopterus*）　23, 88, 89
シノルニトサウルス（*Sinornithosaurus*）　5, 15, 17, 89, 94, 102, 120
始反鳥（エオエナンティオルニス）（*Eoenantiornis*）　115, 123
ジベイリムナディア（*Jibeilimnadia*）　32
ジャイロゴナイト（gyrogonite）　134, 136-138
シャジクモ類　134, 135
ジュンガリカ（*Djungarica*）　38
真獣類（entherians）　131, 132
真正シダ類（Filicopsida）　143
ジンゾウサウルス（*Jinzhousaurus*）　17, 89
スキザエオイスポリテス（*Schizaeoispolites*）　163
スキゾレピス（*Schizolepis*）　145
スフェナリオン（*Sphenarion*）　145
スフェノバイエラ属（*Sphenbaiera*）　144

尖山溝層　15
センテステリア（*Sentestheria*）　32
相称歯類（symmetrodonts）　129
ソレニテス（*Solenites*）　145

タ 行

大王杖子層　17
ダーウィヌラ（*Darwinula*）　37
多丘歯類（multituberculates）　126, 132
チェカノフスキア類（Czekanowskiales）　144

チャオヤンゴプテルス（*Chaoyangopterus*）　23, 88, 89
中国鳥（シノルニス）（*Sinornis*）　15, 90, 107
朝陽鳥（チャオヤンギア）（*Chaoyangia*）　19, 122, 123
長翼鳥（ロンギプテリクス）（*Longipteryx*）　19, 115, 119, 123
鳥類　107
沈水植物　156

通常科学　1

ディエステリア（*Diestheria*）　35
ティミリアセウィア（*Timiriasevia*）　38
デンドロリンコイデス（*Dendrorhynchoides*）　15, 84, 89
トゥルガイ海峡　6
トクサ（*Equisetum*）　140
トクサ類（Sphenopsida）　140
ドブシジミ（スファエリウム）（*Sphaerium*）　30
ドラコケリス（*Dracochelys*）　73
トリアドバトラクス（*Triadobatrachus*）　63
トリニナ（*Torinina*）　37

ナ 行

二枚貝類　29
ネオミオドン（*Neomiodon*）　28
ネストリア-ケラテステリア（*Nestoria-Keratestheria*）群集　32
熱河生物群　2, 3, 6
　　――の分布域　4
熱河層群　3, 11
　　――の生層序　12
熱河鳥（ジェホロルニス）（*Jeholornis*）　19, 90, 111-113, 123
熱河統（Jehol Series）　3
熱河動物群（Jehol Fauna）　2
年代推定　7
ノトバトラクス（*Notobatrachus*）　63

ハ 行

バイエラ属（*Baiera*）　144
ハオプテルス（*Haopterus*）　15, 85, 88
波羅赤層　19
波羅赤鳥（ボルオチア）（*Boluochia*）　114, 115
パラダイム　1
パラモエルレリティア（*Paramoelleritia*）　36
パレオプセフルス（*Paleopsephurus*）　56
ヒカゲノカズラ類（Lycopsida）　140
被子植物（Angiospermae）　146, 154
ヒドロビア（*Hydrobia*）　28
ヒファロサウルス（*Hyphalosaurus*）　17, 76-79
ヒラマキミズマイマイ（*Gyraulus*）　26

腹足類　25
プシッタコサウルス（*Psittacosaurus*）　14, 15
プセウダリニア（*Pseudarinia*）　26
プセフルス（シナチョウザメ）（*Psephurus*）　56
プティコスティルス（*Ptychostylus*）　26, 28
ブラキフィルルム（*Brachyphyllum*）　145
プロタルカエオプテリクス（*Protarchaeopteryx*）　5, 15, 89, 94, 102
プロトプセフルス（*Protopsephurus*）　15, 23, 54
プロバイカリア（*Probaicalia*）　26

ベイピアオサウルス（*Beipiaosaurus*）　5, 15, 86, 89, 94, 102
ベイピアオステウス（*Peipiaosteus*）　54, 55
ペッキスファエラ（*Peckisphaera*）　134
ベネティテス類（Bennettitales）　146
ヘンケロテリウム（*Henkelotherium*）　133

胞子　161
ボトリキテス（*Botrychites*）　143
哺乳類　124, 132
ポンピロペルス属の一種（*Pompiloperus* sp.）　52

マ 行

マンチュロケリス（*Manchurochelys*）　17, 23, 71, 73
マンチュロドン（*Manchurodon*）　124

ミクロラプトル（*Microraptor*）　5, 94, 97, 102
ミンヘカラ（*Minhechara*）　134

メソカラ（*Mesochara*）　134
メソフリネ（*Mesophryne*）　15, 63
メンイナイア（*Mengyinaia*）　30

モルガヌコドン（*Morganucodon*）　124, 132
モンジュロスクス（*Monjurosuchus*）　17

ヤ 行

ヤノステウス（*Yanosteus*）　15, 23, 54, 55
ヤベイノサウルス（*Yabeinosaurus*）　81, 82
ヤンシャニナ（*Yanshanina*）　38

有鱗類　81
ユメニア（*Yumenia*）　39
ユメネステリア（*Yumenestheria*）　35

翼竜類　23, 84

ラ 行

ラーゲルシュテッテン　6

リアオケラトプス（*Liaoceratops*）　14
リアオテリウム（*Liaotherium*）　124
リアオニンゴグリフス（*Liaoningogriphus*）　40, 43
リアオニンゴサウルス（*Liaoningosaurus*）　89, 106
リアオニンゴプテルス（*Liaoningopterus*）　23, 88, 89
陸家屯層（部層）　13
リコプテラ（*Lycoptera*）　3, 54, 57, 58
リノキプリス（*Rhinocypris*）　37
リムノキプリデア（*Limnocypridea*）　39
遼西鳥（リアオシオルニス）（*Liaoxiornis*）　17, 115
両生類　60
遼寧鳥（リアオニンゴルニス）（*Liaoningornis*）　120
リリテス（*Lilites*）　156

ルアンピンゲルラ（*Luanpingella*）　37

レエシデルラ（*Reesidella*）　26
レペノマムス（*Repenomamus*）　14, 126, 132, 133

ロンデイクティス（*Longdeichthys*）　54, 59

分類群索引

A

Abiespollenites spp.　163
Abietineaepollenites pectinellus　163
Abrestheria　32
Acadiocaris novascotica　43
Acipenser sinensis　55
Aclistochara
　　A. huihuibaoensis　135, 136
　　A. mundula　135, 137
Aeschnidium heishankowense　46, 47
Allestheria　35
Alloraphidia longistigmosa　49
Ambonella　32
Amplovalvata sp.　26
Angiospermae　146
Antholithus ovatus　151
　　A. sp.　152, 153
Archaefructus　146, 156
　　A. liaoningensis　5, 15, 155, 156
　　A. sinensis　17, 155-157
Arguniella lingyuanensis　30
　　A. yanshanensis　30
Atopochara trivolvis triquetra　135-138

B

Baculatisporites comaumensis　161
Baiera　144
　　B. borealis　145
Bairdestheria middendorfii　3
Beipiaoa
　　B. parva　155, 160
　　B. rotunda　155, 160
　　B. spinosa　155, 159, 160
Beipiaosaurus　5, 15, 86, 102
　　B. inexpectus　16, 94, 95
Bennettitales　146
Bicestopollis wulanensis　163
Boluochia zhengi　114
Bombina orientalis　62, 63
Botrychites reheensis　142, 143
Brachyphyllum　145
Bryophyta　139

C

Callialasporites dampieri　163
Callobatrachus　15
　　C. sanyanensis　16, 60-62, 64
Carpolithus　150
Cathayornis　15, 19, 90, 107, 113
　　C. yandica　21, 113
Caudipteryx　5, 15, 102
　　C. dongi　17, 94, 98, 99
　　C. zoui　17, 93, 94
Caytonipollenites pallidus　161
Cedripites
　　C. microsaccoides　163
　　C. pusillus　163
Chaoyangia　19, 122
　　C. beishanensis　123
　　C. liangii　5, 146, 149, 155
Chaoyangopterus　23, 88
　　C. zhangi　19, 84, 85, 90
Cheilocypridea　39
Chironomaptera gregaria　46, 50
　　C. vesca　50
Chunerpeton　64
　　C. tianyiensis　15, 67, 68
Cicatricosisporites　163
　　C. australiensis　163
　　C. pacificus　162, 163
Classopollis annulatus　161
Compsognathus　94
Confuciusornis　15, 17, 108
　　C. sanctus　15
Coniferales　145
Coniopteris　143
Crephanogaster rara　52
Cricoidoscelosus aethus　41, 42
Cyathidites minor　161
Cyclocristella senticosa　163
Cypridea　38
Cypridea (*Cypridea*)　38
　　C. (*Cypridea*) *dabeigouensis*　38
　　C. (*Cypridea*) *jingangshanensis*　39
　　C. (*Cypridea*) *sihetunensis*　38
　　C. (*Cypridea*) *zaocishanensis*　39
Cypridea (*Ulwellia*)　39
　　C. (*Ulwellia*) *beipiaoensis*　38
Cyprinotus sp.　36

Czekanowskiales 144

D

Dalinghosaurus longidigitus 82
Darwinula 37
　D. leguminella 38
Dendrorhynchoides 15
　D. curvidentatus 17, 84
Densoisporites microrugulatus 161
Diestheria 35
　D. jeholensis 35
　D. yixianensis 34, 35
Djungarica 38
Dsungaripterus weii 84

E

Eboracia 143
　E. lobifolia 143
Elatocladus 145
　E. leptophyllus 147
Endotherium 124
Eocyzicus mongolianus 32
Eoenantiornis 115
　E. buhleri 117
Eomaia 17
　E. scansoria 17, 131, 132
Eoparacypris 37
Eosestheria
　E. jingangshanensis 35
　E. lingyuanensis 35
　E. middendorfii 3
　E. aff. middendorfii 35
　E. ovata 34, 35
Eosestheriopsis 35
Eosipterus 15
　E. yangi 84
Ephedra 146
Ephedripites sp. 161
Ephedrites 146, 155
Ephemeropsis 3
　E. trisetalis 45
Epidendrosaurus ningchengensis 15, 97, 102
Equisetites 140
　E. longevaginatus 140, 141
Equisetum 140
Eragrosites changii 5, 146, 155
Erenia stenoptera 149, 155

F

Filicopsida 143
Flabellochara
　F. harrisi 134
　F. hebeiensis 134-136, 138

Florinemestrius pulcherrimus 53

G

Galba 27
　G. sphaira 26
Ginkgo 144
　G. adiantoides 144
　G. apodes 144
　G. biloba 143, 144
　G. yimaensis 144
Ginkgoales 143
Ginkgocycadophytus nitidus 161
Ginkgoites 144
Gnetum 146
Gobiconodon 14, 126
　G. zofiae 126, 127
Gurvanella 146
　G. dictyptera 5
Gyraulus 26
　G. loryi 27
　G. sp. 27

H

Haopterus 15, 88
　H. gracilis 16, 84, 85
Henkelotherium 133
Huanhepterus quingyangensis 84
Hydrobia 28
Hyphalosaurus 17, 76
　H. lingyuanensis 17, 76, 77

I

Ikechosaurus
　I. gaoi 79, 80
　I. sunailinae 77
Incisivosaurus 14
　I. gauthieri 95, 101

J

Jeholacerta formosa 82, 83
Jeholodens 15
　J. jenkinsi 16, 124, 125
Jeholopterus ningchengensis 15, 84-88
Jeholornis 19, 90, 111
　J. prima 112
Jeholosaurus 14
　J. shangyuanensis 102, 104
Jeholotriton paradoxus 14, 65-67
Jiaohepollis 163
　J. annulatus 163
　J. flexuosus 163
Jibeilimnadia 32

Jibeinia luanhera 19
Jinanichthys 19, 54, 59
　J. longicephalus 59
Jinzhousaurus 17
　J. yangi 17, 104, 105
Jugella claribaculata 163

K

Klukisporites pseudoreticulatus 161
Kryptobaatar 129

L

Laccotriton subsolanus 64, 65
Leptolepidites verrucosus 161
Liaobatrachus grabaui 64
Liaoceratops 14
　L. yanzigouensis 104
Liaoningocladus 158
　L. boii 158
Liaoningogriphus 40, 43
　L. quadripartitus 43, 44
Liaoningopterus 23, 88
　L. gui 19, 84, 85, 91
Liaoningornis 120
　L. longidigitus 16, 120
Liaoningosaurus paradoxus 104, 106
Liaotherium 124
Liaoxia chenii 5, 146, 149, 155
Liaoxiornis 17, 115
　L. delicatus 17, 116
Liaoxitriton zhongjiani 67, 69
Lilites reheensis 150, 155, 159
Limnocypridea 39
Longdeichthys 54, 59
Longipteryx 19, 115
　L. chaoyangensis 21, 119
Luanpingella 37
　L. postacuta 37
Lycopodites faustus 140
Lycopodiumsporites austroclavatidites 161
Lycopsida 140
Lycoptera 3, 54
　L. davidi 17
　L. fuxinensis 15
　L. gansuensis 58
　L. joholensis 54
　L. joholensis var. *minor* 54
　L. muroii 58
　L. sinensis 15, 58
　L. tokunagai 17

M

Manchurochelys 17, 71

M. donghai 71
M. liaoxiensis 71, 72
M. manchoukuoensis 71
Manchurodon 124
Maotherium sinensis 131
Mengyinaia 30
　M. mengyinensis 30
　M. tugrigensis 30
Mesochara 134
　M. producta 136, 138
　M. stipitata 135
　M. voluta 135, 136, 138
　M. xuanziensis 136, 137
Mesolygaeus laiyangensis 46, 50
Mesophryne 15
　M. beipiaoensis 62-64
Microraptor 5
　M. gui 19, 23, 91, 97, 103
　M. zhaoianus 19, 21, 91, 94, 100
Minhechara sp. 138
Monjurosuchus 17
　M. splendens 74-76
Morganucodon 124
Muscites tenellus 139

N

Nakamuranaia chingshanensis 30
Neomiodon 28
Neoraistrickia equalis 161
Nestoria pissovi 33
Nippononaia sinensis 31
　N. cf. *tetoriensis* 31
Noripterus complicidens 84
Notobatrachus 63
Notocupes laetus 49
Nyctosaurus gracilis 88

O

Orchidites 158
　O. lancifolius 155, 159
　O. linearifolius 155, 159
Osmundacidites wellmanii 161, 162

P

Palaeocambarus licenti 41, 43
Paleopsephurus 56
Paramoelleritia 36
Peckisphaera 134
　P. multispira 136, 138
　P. paragranulifera 137, 138
　P. verticillata 135, 137
Peipiaosteus 54
　P. fengningensis 17

P. pani　15, 55
Perinopollenites elatoides　163
Piceaepollenites spp.　163
Pinuspollenites divulgatus　162, 163
Podocarpidites
　P. multesimus　163
　P. ornatus　162, 163
Podocarpites reheensis　159
Pompiloperus sp.　52
Potamogeton jeholensis　5, 154, 155
Potamogeton? sp.　154, 156, 158
Probaicalia　26
　P. gerassimovi　26
　P. vitimensis　26
Prolebias davidi　3, 54, 58
Protarchaeopteryx　5, 15, 94, 102
　P. robusta　17, 94
Protoconiferus funarius　162, 163
Protonemestrius
　P. beipiaoensis　53
　P. jurassicus　47, 53
Protopinnus sp.　163
Protopsephurus　15, 54
　P. liui　17, 19, 56
Protopteryx　17, 115
　P. fengningensis　19, 118
Psephurus　56
Pseudarinia　26
　P. yushugouensis　27
Pseudopicea
　P. rotundiformis　163
　P. variabiliformis　163
Psittacosaurus　14, 15
　P. meileyingensis　104
Ptychostylus　26
　P. harpaeformis　27
　P. philippii　26

Q

Quadraeculina limbata　163

R

Ranunculus　5
　R. jeholensis　155
Reesidella　26
Rehezamites anisolobus　148
Repenomamus　14
　R. robustus　125
Rhinocypris　37
　R. jurassica　38
Rhynchosaurus orientalis　74

S

Santaisaurus　81
Sapeornis　19, 90, 110
　S. chaoyangensis　111
Schizaeoisporites certus　162, 163
Schizolepis　145
　S. beipiaoensis　145, 146
Scorpiopelecinus versatilis　52
Sentestheria　32
Shinisaurus crocodilurus　74, 76
Sinamia　54, 56
Sinerpeton fengshanensis　65
Sinobaatar　17
　S. lingyuanensis　17, 128, 129
Sinocarpus　157
　S. decussatus　5, 155, 157-159, 163
Sinoconodon　124
Sinohydrosaurus lingyuanensis　76
Sinopterus　23, 88
　S. chaoyangensis　85
　S. dongi　19, 84, 89, 90
Sinornis　15, 90, 107
　S. santensis　19
Sinornithosaurus　5, 15, 17, 102
　S. millenii　16, 94, 96, 97
Sinosauropteryx　5, 15, 17, 86, 102
　S. prima　16, 92, 93
Sinovenator　14
　S. changii　95, 100
Solenites　145
　S. murrayana　145
Sphaerium　30
　S. anderssoni　30
　S. jeholense　30
　S. pujiangense　30
Sphenarion　145
Sphenbaiera　144
Sphenopsida　140
Stereisporites antiquasporites　161

T

Tanychora beipiaoensis　52
Tenuangulasporis　163
　T. microverrucosus　161, 163
　T. qiuchengensis　163
Tetoria cf. *yokoyamai*　31
Thallites riccioites　139
Timiriasevia　38
　T. jianshangouensis　38
Torinina　37
　T. tersa　37
Trapa? sp.　155, 160
Triadobatrachus　63

Typhaera fusiformis 150, 155
Tyrmia acrodonta 148

V

Velociraptor 94
Vieraella 63
Vincelestes 133

W

Weichangella 31
　W. qingquanensis 31
Welwitschia 146
Williamsonia bella 148

Y

Yabeinosaurus tenuis 81, 82
Yanornis 19, 90, 122
　Y. martini 21, 120
Yanosteus 15, 54
　Y. longidorsalis 19, 56
Yanshanina 38
Yixianella 39
　Y. marginulata 39
Yixianornis 19, 122
　Y. grabaui 23, 121, 122
Yixianosaurus longimanus 17
Yumenestheria 35
Yumenia 39
　Y. casta 39
　Y. jianchangensis 39

Z

Zaptychius 26
Zhangheotherium 15
　Z. quinquecuspidens 15, 124, 129-131

監訳者

小畠 郁生
（おばた いくお）

1929年　福岡県に生まれる
1956年　九州大学大学院（理学研究科）博士課程中退
　　　　国立科学博物館地学研究部長
　　　　大阪学院大学国際学部教授を経て
現　在　国立科学博物館名誉館員・理学博士

訳者

池田 比佐子
（いけだ ひさこ）

1955年　福岡県に生まれる
1980年　九州大学大学院文学研究科修士課程修了
現　在　翻訳家

熱河生物群化石図譜
　―羽毛恐竜の時代―
　　　　　　　　　　　　　　　定価はカバーに表示

2007年11月20日　初版第1刷

監訳者　小　畠　郁　生
訳　者　池　田　比佐子
発行者　朝　倉　邦　造
発行所　株式会社　朝倉書店

東京都新宿区新小川町6-29
郵便番号　162-8707
電　話　03(3260)0141
FAX　03(3260)0180
http://www.asakura.co.jp

〈検印省略〉

ⓒ 2007〈無断複写・転載を禁ず〉

中央印刷・渡辺製本

ISBN 978-4-254-16258-5　C 3644　　Printed in Japan

小畠郁生監訳　池田比佐子訳

恐 竜 野 外 博 物 館

16252-3　C3044　　A4変判　144頁　本体3800円

現生の動物のように生き生きとした形で復元された仮想の観察ガイドブック。〔内容〕三畳紀（コエロフィシス他）／ジュラ紀（マメンチサウルス他）／白亜紀前・中期（ミクロラプトル他）／白亜紀後期（トリケラトプス，ヴェロキラプトル他）

D.パーマー著　小畠郁生監訳　加藤 珪訳

化 石 革 命
―世界を変えた発見の物語―

16250-9　C3044　　A5判　232頁　本体3600円

化石の発見・研究が自然観や生命観に与えた「革命」的な影響を8つのテーマに沿って記述。〔内容〕初期の発見／絶滅した怪物／アダム以前の人間／地質学の成立／鳥から恐竜へ／地球と生命の誕生／バージェス頁岩と哺乳類／DNAの復元

C.ミルソム・S.リグビー著　小畠郁生監訳　舟木嘉浩・舟木秋子訳

ひとめでわかる 化石のみかた

16251-6　C3044　　B5判　164頁　本体4600円

古生物学の研究上重要な分類群をとりあげ，その特徴を解説した教科書。〔内容〕化石の分類と進化／海綿／サンゴ／コケムシ／腕足動物／棘皮動物／三葉虫／軟体動物／筆石／脊椎動物／陸上植物／微化石／生痕化石／先カンブリア代／顕生代

H.A.アームストロング・M.D.ブレイジャー著　前静岡大 池谷仙之・前京大 鎮西清高訳

微 化 石 の 科 学

16257-8　C3044　　B5判　288頁　本体9500円

Microfossils（2nd ed, 2005）の翻訳。〔内容〕微古生物学の利用／生物圏の出現／アクリターク／渦鞭毛藻／キチノゾア／スコレコドント／花粉・胞子／石灰質ナノプランクトン／有孔虫／放散虫／珪藻／珪質鞭毛藻／介形虫／有毛虫／コノドント

D.E.G.ブリッグス他著　大野照文監訳　鈴木寿志・瀬戸口美恵子・山口啓一訳

バージェス頁岩 化石図譜

16245-5　C3044　　A5判　248頁　本体5400円

カンブリア紀の生物大爆発を示す多種多様な化石のうち主要な約85の写真に復元図をつけて簡潔に解説した好評の"The Fossils of the Burgess Shale"の翻訳。わかりやすい入門書として，また化石の写真集としても楽しめる。研究史付

K.A.フリックヒンガー著　小畠郁生監訳　舟木嘉浩・舟木秋子訳

ゾルンホーフェン化石図譜Ⅰ

16255-4　C3644　　B5判　224頁　本体14000円

ドイツの有名な化石産地ゾルンホーフェン産出の化石カラー写真集。Ⅰ巻ではジュラ紀後期の植物と無脊椎動物化石など約600点を掲載。〔内容〕概説／海綿／腔腸動物／腕足動物／軟体動物／蠕虫類／甲殻類／昆虫／棘皮動物／半索動物

K.A.フリックヒンガー著　小畠郁生監訳　舟木嘉浩・舟木秋子訳

ゾルンホーフェン化石図譜Ⅱ

16256-1　C3644　　B5判　196頁　本体12000円

ドイツの有名な化石産地ゾルンホーフェン産出のカラー化石写真集。Ⅱ巻では記念すべき「始祖鳥」をはじめとする脊椎動物化石など約370点を掲載。〔内容〕魚類／爬虫類／鳥類／生痕化石／プロブレマティカ／ゾルンホーフェンの地質

R.T.J.ムーディ・A.Yu.ジュラヴリョフ著　小畠郁生監訳

生命と地球の進化アトラスⅠ
―地球の起源からシルル紀―

16242-4　C3044　　A4変判　148頁　本体8800円

プレートテクトニクスや化石などの基本概念を解説し，地球と生命の誕生から，カンブリア紀の爆発的進化を経て，シルル紀までを扱う（オールカラー）。〔内容〕地球の起源／生命の起源／始生代／原生代／カンブリア紀／オルドビス紀／シルル紀

D.ディクソン著　小畠郁生監訳

生命と地球の進化アトラスⅡ
―デボン紀から白亜紀―

16243-1　C3044　　A4変判　148頁　本体8800円

魚類，両生類，昆虫，哺乳類的爬虫類，爬虫類，アンモナイト，恐竜，被子植物，鳥類の進化などのテーマをまじえながら白亜紀まで概観する（オールカラー）。〔内容〕デボン紀／石炭紀前期／石炭紀後期／ペルム紀／三畳紀／ジュラ紀／白亜紀

I.ジェンキンス著　小畠郁生監訳

生命と地球の進化アトラスⅢ
―第三紀から現代―

16244-8　C3044　　A4変判　148頁　本体8800円

哺乳類，食肉類，有蹄類，霊長類，人類の進化，および地球温暖化，現代における種の絶滅などの地球環境問題をとりあげ，新生代を振り返りつつ，生命と地球の未来を展望する（オールカラー）。〔内容〕古第三紀／新第三紀／更新世／完新世

J.O.ファーロウ・M.K.ブレット-サーマン編　小畠郁生監訳

恐 竜 大 百 科 事 典

16238-7　C3544　　B5判　648頁　本体24000円

恐竜は，あらゆる時代のあらゆる動物の中で最も人気の高い動物となっている。本書は「一般の読者が読むことのできる，一巻本で最も権威のある恐竜学の本をつくること」を目的として，専門の恐竜研究者47名の手によって執筆された。最先端の恐竜研究の紹介から，テレビや映画などで描かれる恐竜に至るまで，恐竜に関するあらゆるテーマを，多数の図版をまじえて網羅した百科事典。〔内容〕恐竜の発見／恐竜の研究／恐竜の分類／恐竜の生態／恐竜の進化／恐竜とマスメディア

上記価格（税別）は2007年10月現在